整数的性质

南秀全初等数学系列

南秀全 编著

◎ 十进制整数及其多项式表示
◎ 带余除法与余数分类
◎ 整值多项式
◎ 整数整除问题的证明方法
◎ 竞赛题选讲

哈尔滨工业大学出版社

内容提要

本书根据初中数学竞赛大纲中关于整数论的要求,对大纲所列的每一个内容的方法和技巧都作了较为全面的论述.书中选取的大量例题和习题,基本上选自国内外各类数学竞赛试题,全部习题都给出了解答或提示.本书对于学生自学或教师、家长辅导学生极为方便,也为各地初中数学竞赛命题提供了有用的参考资料.

图书在版编目(CIP)数据

整数的性质/南秀全编著. —哈尔滨:哈尔滨工业大学出版社,2012.11(2022.9 重印)
ISBN 978-7-5603-3747-0

Ⅰ.①整… Ⅱ.①南… Ⅲ.①整数-初中-教学参考资料 Ⅳ.①G634.613

中国版本图书馆 CIP 数据核字(2012)第 176403 号

策划编辑　刘培杰　张永芹
责任编辑　李长波
封面设计　卞秉利
出版发行　哈尔滨工业大学出版社
社　　址　哈尔滨市南岗区复华四道街 10 号　邮编 150006
传　　真　0451-86414749
网　　址　http://hitpress.hit.edu.cn
印　　刷　哈尔滨市石桥印务有限公司
开　　本　787 mm×960 mm　1/16　印张 20　字数 198 千字
版　　次　2012 年 11 月第 1 版　2022 年 9 月第 2 次印刷
书　　号　ISBN 978-7-5603-3747-0
定　　价　38.00 元

(如因印装质量问题影响阅读,我社负责调换)

前 言

数 $\cdots,-4,-3,-2,-1,0,1,2,3,4,\cdots$ 统称为整数.整数虽然看起来很简单,但它却有着极其深刻的性质.在数学中有一门叫"整数论"或"数论"的分支专门研究它.数论是一古老的数字分支,在公元前3世纪古希腊数学家欧几里得著的《几何原本》中的第八、九、十章,就是专门记载历史上有关数论的成就的.例如,用辗转相除法求最大公约数的步骤,至今仍称为欧几里得算法.我国的《九章算术》、《孙子算经》中也有不少关于数论的论述.

数论是古希腊人首创的,它始终是活跃着的,不断出现新的问题,获得新成果的一门数学.17世纪法国数学家费马对数论作出了巨大的贡献,他的工作决定了这门学科的早期研究方向.德国数学家高斯说过:"数学是科学的皇后,数论是数学的皇后."这说明大数学家早就认识到数论在数学中享有的独特地位.

由于数论的命题含义往往浅显易懂,比较具体,能提供朴素的背景,而其解决问题所用的方法颇具技巧,因而它是培养和训练青少年掌握逻辑推理与灵活多变的思维的一个有效途径.在各级数学奥林匹克的试题中,几乎都离不开初等数论的题目,而且在深度和广度上都在不断地提高.

在这本小册子里,我们力求在初中数学范围内,介绍有关整数的基本知识和解题思路.书中所选的例题、习题大都是最新的国内外数学竞赛中的试题,对部分例题还作了进一步的研讨(如背景、拓展等).希望读者通过阅读例题,解答每节后的习题,达到系统掌握数论的基本知识和解题思路、技巧的效果.

由于编者水平有限,加上时间仓促,书中疏漏和不足之处在所难免,敬请读者批评指正.

编 者
2012年6月

目录

一、整除的定义与基本性质 //1

二、十进制整数及其多项式表示 //11

三、自然数可整除性的特征 //27

四、素数与合数 //44

五、算术基本定理 //61

六、最大公约数与最小公倍数 //81

七、整数的末位数字 //97

八、带余除法与整数分类 //111

九、数谜问题 //141

十、整数整除问题的证明方法 //159

十一、整值多项式 //192

十二、数学竞赛中的整数杂题 //206

参考答案 //241

编辑手记 //292

一、整除的定义与基本性质

初中学生在小学里,就已经初步接触到了整数的一些性质,但在中学里,不再专门学习和研究整数问题,加上一些与整除有关的问题的解法需要较高的技巧,许多学生在参加数学竞赛时,对有关整数性质的问题往往感到很困难,甚至无从下手.因此,本书就向读者介绍与整数性质有关的内容和解法技巧.

本书中,如无特殊说明,字母都表示整数.

整数包括正整数(自然数)、负整数和零.我们知道,两个整数 a 和 b 的和、差与积仍然是整数,但 a 与 b 的商就不一定是整数,所以我们有必要引进整除的概念.

定义 对于整数 a 与 $b(b \neq 0)$,若存在整数 q,使等式 $a = bq$ 成立,那么称 b 整除 a 或 a 能被 b 整除,这时称 a 是 b 的倍数,b 是 a 的约数,并记作 $b \mid a$. 若不存在这样的整数 q,则称 b 不能整除 a,记作 $b \nmid a$.

整数的性质

关于整数的整除性有下面一些性质：

性质1 如果 $a \mid b, b \mid c$，那么 $a \mid c$.

性质2 如果 $a \mid b$，那么对任意整数 k，有 $a \mid kb$.

性质3 如果 $a \mid b, a \mid c$，那么对任意整数 k, l 有 $a \mid (kb \pm lc)$.

证明 因为 $a \mid b, a \mid c$，所以 $b = aq_1, c = aq_2$（q_1, q_2 为整数）.

所以 $kb \pm lc = kaq_1 \pm laq_2 = (kq_1 \pm lq_2)a$.

而 $kq_1 \pm lq_2$ 是整数，因此，$a \mid (kb \pm lc)$.

性质1,2 的证明方法与此证法相仿，请读者自己完成.

性质4 如果 $m \mid ab, (m, a) = 1$，那么 $m \mid b$.

证明 因为 $m \mid ab$，而 $a \mid ab$，所以 ab 是 m 和 a 的公倍数. 又因为最大公约数 $(m, a) = 1$，所以最小公倍数 $[m, a] = ma$，由于两个数的最小公倍数是这两个数的公倍数的约数，因而有 $ma \mid ab$，即 $m \mid b$.

性质5 如果 $a \mid c, b \mid c$，且 $(a, b) = 1$，那么 $ab \mid c$.

证明 由 $a \mid c, b \mid c$ 可知 c 是 a, b 的公倍数，因为 $(a, b) = 1$，所以 $[a, b] = ab$.

由于两个数的公倍数能被这两个数的最小公倍数整除，所以 $ab \mid c$.

性质6 如果 $a \mid m, b \mid m$，那么 $[a, b] \mid m$.

性质7 如果 p 是质数，且 $p \mid ab$，则 $p \mid a$ 或 $p \mid b$.

性质8 n 个连续自然数之积必能被 $1 \times 2 \times 3 \times \cdots \times n$ 整除.

这个结论的证明要用到较多知识，故从略.

下面仅就一个特殊情况予以证明.

三个连续的自然数之积能被6整除.

2

一、整除的定义与基本性质

证明 设三个连续的自然数为 $n, n+1, n+2$（n 为自然数）。因为两个连续的自然数中必有一个是偶数，所以三个连续的自然数中至少有一个是偶数。所以 $2 \mid n(n+1)(n+2)$。

又因为三个连续的自然数中一定有一个是 3 的倍数，所以 $3 \mid n(n+1)(n+2)$。

因为 $(2,3)=1$，所以 $6 \mid n(n+1)(n+2)$。

说明：以后我们可以直接应用性质 8 的结论来论证一些问题。

在解决与整除有关的问题时，还常用到下列公式：

基本性质 对任意一正整数 n 以及整数 a, b，总有

$$a - b \mid a^n - b^n \quad (a \neq b)$$

成立。

例如，因为

$$a^3 - b^3 = (a-b)(a^2 + ab + b^2)$$

所以

$$a - b \mid a^3 - b^3$$

一般地，由乘法可得

$$(a-b)(a^{n-1} + a^{n-2}b + a^{n-3}b^2 + \cdots + ab^{n-2} + b^{n-1}) = a^n - b^n$$

所以

$$a - b \mid a^n - b^n \quad (a \neq b, n \text{ 为正整数})$$

推论 1 当 n 为正奇数时，有

$$a + b \mid a^n + b^n$$

这是因为 $a - (-b) \mid a^n - (-b)^n$，而 n 为奇数，所以

$$(-b)^n = -b^n$$

即

$$a + b \mid a^n + b^n$$

整数的性质

推论 2　当 n 为正偶数时,有 $a+b \mid a^n - b^n$.

推论 3　对任给的整数 a,b 及正整数 n,必有某整数 k,使得 $(a+b)^n = a^n + kb$.

因为 $(a+b) - a \mid (a+b)^n - a^n$,所以有整数 k 使
$$(a+b)^n - a^n = k[(a+b)-a] = kb$$
所以
$$(a+b)^n = a^n + kb$$

例 1　已知 a,b,c,d 为整数,且 $ab+cd$ 能被 $a-c$ 整除,证明 $ad+bc$ 也能被 $a-c$ 整除.

证明　因为 $ad+bc = ad+bc+ab-ab+cd-cd = (ab+cd)+(a-c)(d-b)$,又因为
$$a-c \mid ab+cd,\quad a-c \mid (a-c)(d-b)$$
由性质 3,得
$$a-c \mid [(ab+cd)+(a-c)(d-b)]$$
即
$$a-c \mid ad+bc$$

例 2　(1) x,y 均为整数,若 $5 \mid x+9y$,求证:
$$5 \mid 8x+7y$$
(2) x,y,z 均为整数,若 $11 \mid 7x+2y-5z$,求证:
$$11 \mid 3x-7y+12z$$

(1987 年北京市初二数学竞赛题)

(1)**分析**　已知 $5 \mid x+9y$,要证 $5 \mid 8x+7y$,只需将 $8x+7y$ 设法凑成 $x+9y$ 的倍式与 5 的倍式的代数和.

证明　因为 $5 \mid x+9y$,所以 $5 \mid 2x+18y$. 显然 $5 \mid 10x+25y$,但
$$(10x+25y)-(2x+18y) = 8x+7y$$
所以

4

一、整除的定义与基本性质

$$5 \mid 8x + 7y$$

(2) **分析** 仿(1),充分利用已知条件 $11 \mid 7x + 2y - 5z$,将 $3x - 7y + 12z$ 或 $k(3x - 7y + 12z)$ 设法凑成 $7x + 2y - 5z$ 与 z 的倍式与 11 的倍式的代数和,其中只要 $(11, k) = 1$ 即可.

证明 因为 $4(3x - 7y + 12z) + 3(7x + 2y - 5z) = (12x - 28y + 48z) + (21x + 6y - 15z) = 11(3x - 2y + 3z)$.

所以
$$11 \mid 11(3x - 2y + 3z)$$
且
$$11 \mid 7x + 2y - 5z$$
所以
$$11 \mid 4(3x - 7y + 12z)$$
又
$$(11, 4) = 1$$
所以
$$11 \mid 3x - 7y + 12z$$

例3 设 n 是整数,求证:$M = n^3 + \dfrac{3}{2}n^2 + \dfrac{n}{2}$ 为整数,且 M 是 3 的倍数.

证法1 把 M 化成 $M = \dfrac{1}{2}n(2n^2 + 3n + 1)$ 后可知,只要能证 M 能被 2 整除且含因数 3 即可.

但
$$M = \frac{1}{2}n(2n^2 + 3n + 1) = \frac{1}{2}n(n+1)(2n+1)$$
因为 $n(n+1)$ 是两个连续自然数之积,必为偶数,所

整数的性质

以 $\frac{1}{2}n(n+1)$ 为整数,故 M 为整数.

再把 M 改写成 $M = \frac{1}{8} \cdot 2n \cdot (2n+1)(2n+2)$,因为 $2n, 2n+1, 2n+2$ 是三个连续自然数,其中必有一个是 3 的倍数,从而 M 必是 3 的倍数.

证法 2 因为 $n^3 + \frac{3}{2}n^2 + \frac{n}{2} = \frac{1}{2}n(n+1)(2n+1) = \frac{1}{2}[n(n+1)(n+2) + n(n+1)(n-1)]$,而

$$6 \mid n(n+1)(n+2)$$
$$6 \mid n(n+1)(n-1)$$

所以 $n^3 + \frac{3}{2}n^2 + \frac{1}{2}n$ 是整数,且

$$3 \mid n^3 + \frac{3}{2}n^2 + \frac{1}{2}n$$

例 4 设 n 是正整数,求证: $73 \mid 8^{n+2} + 9^{2n+1}$.

证明 $8^{n+2} + 9^{2n+1} = 64 \cdot 8^n + 9 \cdot 81^n =$
$$73 \times 8^n - 9 \times 8^n + 9 \times 81^n =$$
$$73 \times 8^n + 9(81^n - 8^n)$$

因为
$$81 - 8 \mid 81^n - 8^n$$
即
$$73 \mid 81^n - 8^n$$
所以
$$73 \mid 8^{n+2} + 9^{2n+1}$$

例 5 求证: $7 \mid 2222^{5555} + 5555^{2222}$.

证明 $2222^{5555} + 5555^{2222} =$
$$(2222^{5555} + 4^{5555}) + (5555^{2222} - 4^{2222}) -$$

一、整除的定义与基本性质

$$(4^{5555} - 4^{2222})$$

因为
$$7 \mid 2222 + 4, 7 \mid 5555 - 4, 7 \mid 64 - 1$$

又
$$2222 + 4 \mid 2222^{5555} + 4^{5555}$$
$$5555 - 4 \mid 5555^{2222} - 4^{2222}$$
$$64 - 1 \mid (64^{1111} - 1) \cdot 4^{2222}$$

所以
$$7 \mid (2222^{5555} + 5555^{2222})$$

说明 以上几例,除用到了整除的一些基本知识外,主要还运用了拼凑、拆项的技巧.

例 6 设 a 是正整数,$a < 100$,且 $a^3 + 23$ 能被 24 整除,那么这样的 a 的个数为多少?

(1991 年全国高中数学联赛题)

解 只要考虑 $24 \mid a^3 - 1$. 因
$$a^3 - 1 = (a - 1)[a \cdot (a + 1) + 1]$$
且 $a(a+1) + 1$ 为奇数,故必有 $2^3 \mid (a - 1)$. 若 $a - 1$ 不能被 3 整除,则 3 整除 $a(a + 1)$,从而 $a(a + 1) + 1$ 不能被 3 整除. 因此,若要 $24 \mid a^3 - 1$,必有 $3 \mid (a - 1)$. 于是 $a = 24k + 1$(k 为整数). 在 $a < 100$ 范围内,a 可取 1,25,49,73,97,一共 5 个.

例 7 求证:$1^k + 2^k + 3^k + \cdots + n^k$ 能被 $1 + 2 + \cdots + n$ 整除,其中 n 为正整数,k 为正奇数.

证明 记 $S = 1^k + 2^k + 3^k + \cdots + n^k$,因为
$$1 + 2 + \cdots + (n - 1) + n + n + (n - 1) + \cdots +$$
$$2 + 1 = n(n + 1)$$

所以
$$1 + 2 + \cdots + n = \frac{n(n + 1)}{2}$$

整数的性质

(1) 若 n 为正偶数,则
$$S = (1^k + n^k) + [2^k + (n-1)^k] + \cdots + \left[\left(\frac{n}{2}\right)^k + \left(\frac{n}{2}+1\right)^k\right]$$

因为 k 为正奇数,所以 S 中各项都被 $n+1$ 整除,从而 $n+1 \mid S$. 又
$$S = [1^k + (n-1)^k] + [2^k + (n-2)^k] + \cdots + \left[\left(\frac{n}{2}-1\right)^k + \left(\frac{n}{2}+1\right)^k\right] + \left[\left(\frac{n}{2}\right)^k + n^k\right]$$

因为 k 为正奇数,所以 S 中各项都能被 $\frac{n}{2}$ 整除,从而 $\frac{n}{2} \mid S$. 而 $(\frac{n}{2}, n+1) = 1$,所以
$$\frac{n(n+1)}{2} \mid S$$

(2) 若 n 为奇数,则
$$S = (1^k + n^k) + (2^k + (n-1)^k) + \cdots + \left[\left(\frac{n-1}{2}\right)^k + \left(\frac{n+3}{2}\right)^k\right] + \left(\frac{n+1}{2}\right)^k$$
$$\frac{n+1}{2} \mid S$$

又
$$S = [1^k + (n-1)^k] + \cdots + \left[\left(\frac{n-1}{2}\right)^k + \left(\frac{n+1}{2}\right)^k\right] + n^k$$

所以 $n \mid S$. 而 $\left(n, \frac{n+1}{2}\right) = 1$,所以 $\frac{n(n+1)}{2} \mid S$.

一、整除的定义与基本性质

练习一

1. 已知 $n \mid 10a - b, n \mid 10c - d$,求证:$n \mid ad - bc$.

2. 求证:$n(n+1)(2n+1)$ 能被 6 整除.

3. 若 n 为自然数,则 $n^3 + 5n$ 为 6 的倍数;$n^5 - n$ 能被 30 整除.

4. 若 $6 \mid a + b + c$,求证:$6 \mid a^3 + b^3 + c^3$.

5. 已知 $7^{82} + 8^{161}$ 能被 57 整除,求证:$7^{83} + 8^{163}$ 也能被 57 整除.

  (1986 年齐齐哈尔市初中数学竞赛题)

6. 已知 $7 \mid 13x + 8y$,求证:$7 \mid 9x + 5y$.

7. 求证:$19 \mid (5^{2n+1} \cdot 2^{n+2} + 3^{n+2} \cdot 2^{2n+1})$,其中 n 为正整数.

8. 求证:$20 \mid 53^{53} - 33^{33}$.

9. 设 a, n 为正整数,试证 $a^{n+2} + (a+1)^{2n+1}$ 能被 $a^2 + a + 1$ 整除.

10. 对自然数 n,求证:

(1) $13 \mid 11^{n+2} + 12^{2n+1}$;

(2) $120 \mid n^5 - 5n^3 + 4n$;

(3) $\dfrac{n^5}{5} + \dfrac{n^3}{3} + \dfrac{n}{15}$ 为一整数.

11. 求证:三个连续奇数的平方和加 1,能被 12 整除,但不能被 24 整除.

12. 若 $4x - y$ 能被 3 整除,则 $4x^2 + 7xy - 2y^2$ 能被 9 整除.

13. 试证:对任意自然数 n,$3 \times 5^{2n+1} + 2^{3n+1}$ 能被 17

整数的性质

整除.

14. 求证:不存在这样的整数 n,使得 $n^2+n+1986$ 能被 1 985 整除.

15. 求证:n 为奇数时,n^2-1 能被 8 整除,而 3^n-1 不能被 8 整除.

(1983 年广西壮族自治区初中数学竞赛题)

16. 求证:在任意 1 987 个连续整数中,一定有一个能被 1 987 整除,而且只有一个能被 1 987 整除.

(1987 年南昌市初中数学竞赛题)

17. 若有整数 x,y,z,使 $19 \mid 4x+5y-12z$,则必有

(A) $16 \mid 6x-3y+z$.　　(B) $19 \mid 6x-2y+z$.

(C) $38 \mid 10x-4y+2z$.　　(D) $19 \mid 6x-2y+3z$.

十进制整数及其多项式表示

二

对于两位数来说,我们可以将它表示为$\overline{ab}$或$10a+b$的形式,对于三位数我们也可以将它表示为$\overline{abc}$或$100a+10b+c$的形式,其中a,b,c是$0,1,2,\cdots,9$中的数,且$a\neq 0$. 那么,对于任意位的自然数,我们又怎样来表示它呢?

一般地,一个十进制的$n+1$位自然数N可以表示为
$$N=\overline{a_n a_{n-1}\cdots a_1 a_0}$$
或$N=a_n\times 10^n+a_{n-1}\times 10^{n-1}+\cdots+a_1\times 10+a_0$

其中a_i都是整数,$0\leq a_i\leq 9(i=0,1,2,\cdots,n)$,且$a_n\neq 0$.

上面后者的表示方法称为自然数N的多项式表示法. 自然数N最左边的一位数字a_n称为整数的首位数字,最右边的一位数字a_0称为N的末位数字,而且$10^n\leq N<10^{n+1}$.

整数的性质

随着计算机的蓬勃发展,除十进位制外,二进位制,十六进位制等计数法已被广泛使用. 更一般地,我们可类似于十进制给出 b 进位制的定义:

给定一个大于 1 的自然数 b(b 进位制的基),可将任一正整数 N 唯一地表示成下列形式
$$N = a_n \cdot b^n + a_{n-1} \cdot b^{n-1} + \cdots + a_1 b + a_0$$
其中 $a_i = 0, 1, 2, \cdots, b-1 (i = 0, 1, 2, \cdots, n)$,而 n 为十进位制数,$a_n \neq 0$.

简记为 $N = (a_n a_{n-1} \cdots a_1 a_0)_b$.

整数的多项式表示,在解决数学竞赛中的某些问题时,是一种很有用的方法. 一般是由题设得出一个关系式,通过整数的多项式表示,转化为求不定方程的正整数解(有时包括 0). 但是,如果能结合每个问题自身的特点,还是有一定的技巧的,下面通过例题介绍处理这方面的方法与技巧.

例 1 小于 100 大于 10 的自然数中,当数字交换位置后所得的数比原数增加 9 的数共有几个? 这些数是几?

(1986 年河北省初中数学竞赛题)

解 设原数为 $10x + y(1 \leq x \leq 9, 1 \leq y \leq 9, x, y$ 均为自然数),则新数为 $10y + x$. 根据题意有
$$10x + y + 9 = 10y + x$$
即 $x + 1 = y$. 而 x 可取 $1, 2, 3, \cdots, 8$ 这八个数,故共得八个数,它们是 $12, 23, 34, 45, 56, 67, 78, 89$.

例 2 一个六位数,如果它的前三位数码与后三位数码完全相同,顺序也相同,则 $7, 11, 13$ 是此六位数的约数.

(1983 年湖北省初中数学竞赛题)

二、十进制整数及其多项式表示

分析 由于 $7, 11, 13$ 互质，本题即为证明 $7 \times 11 \times 13 = 1001$ 为此六位数的约数，可将此数用整数的多项式表示法表示，从而推出结论.

证明 设此数为 $N = \overline{abcabc}(a \neq 0)$，则有
$N = a \times 10^5 + b \times 10^4 + c \times 10^3 + a \times 10^2 + b \times 10 + c =$
$100\,100a + 10\,010b + 1\,001c =$
$7 \times 11 \times 13(100a + 10b + c)$

由于 a, b, c 均为整数，所以 $100a + 10b + c$ 也是整数，于是 $7, 11, 13$ 都是 N 的约数.

例3 将一个三位数的数字重新排列所得的最大的三位数减去最小的三位数正好等于原数，求这个三位数.

（1988 年江苏省初中数学竞赛题）

解 设三位数的三个数字为 a, b, c，若 $\overline{abc}$ 最大，则 $\overline{cba}$ 最小，且
$\overline{abc} - \overline{cba} = (100a + 10b + c) - (100c + 10b + a) =$
$99(a - c)$

即所求的三位数是 99 的倍数，而在这样的三位数 198, 297, 396, 495, 594, 693, 792, 891 中仅有 495 符合题意. 故所求的三位数为 495.

此题用到一个三位整数与其反序数之差为 99 的倍数这一事实. 如果不用这个结果，要分别就各种情况进行讨论，解答过程将极为繁琐.

例4 有一若干位正整数，它的前两位数字相同，将它的数字倒排得一新数，新数与原数之和为 10 879. 试求原数.

分析 首先需确定原数是几位数，若原数为五位

整数的性质

数,则它至少是$\overline{11***}$,大于10 879,与已知条件不符. 若原数为三位数,则原数与新数之和至多是$2 \times 999 = 1\ 998$,它比10 879 小,也与已知条件不符,所以原数必为四位数. 这样,就可以用自然数的多项式表示法来表示这个四位数,进而根据已知条件求出该数.

解 由于原数必定是四位数,且它的前两位数字相同,不妨设四位数为$a \times 10^3 + a \times 10^2 + b \times 10 + c$,其中$a, b, c$均是整数,且$0 \leqslant b, c \leqslant 9, 1 \leqslant a \leqslant 9$,由题意得

$$(a \times 10^3 + a \times 10^2 + b \times 10 + c) + (c \times 10^3 + b \times 10^2 + a \times 10 + a) = 10\ 879$$

即

$$(a + c) \times 10^3 + (a + b) \times 10^2 + (a + b) \times 10 + (a + c) = 10\ 879$$

由此得

$$a + c = 9$$

且

$$a + b = 17$$

由于

$$a = 17 - b \geqslant 17 - 9 = 8$$

所以$a = 8$或$a = 9$.

若$a = 8$,则$c = 1, b = 9$,此时原数为8 891;
若$a = 9$,则$c = 0, b = 8$,此时原数为9 980.
因此,所求的数是8 891 或9 980.

例5 在一种室内游戏中,魔术师要求一个参加者想好一个三位数($\overline{abc}$),然后,魔术师再要求他记下五个数acb, bac, cab, cba, bca,并把它们加起来,求出和

二、十进制整数及其多项式表示

N,只要讲出 N 的大小,魔术师就能识别出原数 $\overline{abc}$ 是什么数,如果设 $N=3\,194$,请你做魔术师,求出数 $(\overline{abc})$ 来.

分析 由题目所给条件不难写出下式:
$$\overline{acb}+\overline{bac}+\overline{bca}+\overline{cab}+\overline{cba}+\overline{abc}=N+\overline{abc}$$
由自然数的多项式表示,上式即为
$$100(2a+2b+2c)+10(2a+2b+2c)+$$
$$(2a+2b+2c)=3\,194+\overline{abc}$$
即
$$222(a+b+c)=222\times 14+86+\overline{abc} \qquad ①$$
所以
$$222\mid 86+\overline{abc}$$
于是设
$$86+\overline{abc}=222n',\quad \overline{abc}=222n+136$$

因 $\overline{abc}$ 为三位数,n 依次取 $0,1,2,3$,可得 $\overline{abc}=136,358,570,802$. 解到此处时尚不能确定哪一个是所求的解. 若进行试验,显然笨拙,回头观察式①,不难发现,其中隐含着
$$222(a+b+c)>222\times 14$$
即
$$a+b+c>14$$
这样我们可以确定解是
$$\overline{abc}=358$$

例 6 求一切正整数,它的首位数码是 6,去掉这个 6,所得到的整数是原数的 $\frac{1}{25}$.

整数的性质

(1970 年加拿大数学竞赛题)

解 首位数码为 6 的正整数具有的形式为
$$6 \times 10^n + m \quad (0 \leqslant m < 10^n)$$
故有 $m = \dfrac{1}{25}(6 \times 10^n + m)$,即 $m = 2^{n-2}5^n$,故所求的数具有的形式为
$$6 \times 10^n + 2^{n-2}5^n = 6 \times 10^n + 10^{n-2}5^2 = 625 \times 10^{n-2}$$
即为
$$625, \quad 6\,250, \quad 62\,500, \cdots$$

例7 求一个四位数,它能被 11 整除,且所得的商是这个四位数的数字和的 10 倍.

解 设 $\overline{abcd} = 110(a + b + c + d)$,显然 $d = 0$.则有
$$\overline{abc} = 11(a + b + c)$$
$$89a = 10c + b = \overline{cb}$$
显然 $a = 1, c = 8, b = 9$.

所以原四位数为 1 980.

例8 在六位数 $\overline{31xy13}$ 中,x, y 皆大于 5,且此数可被 13 整除,求四位数 $\overline{1xy9}$.

解 设 $n = \overline{31xy13} = 3 \cdot 10^5 + 10^4 + x \cdot 10^3 + y \cdot 10^2 + 13 = 310\,013 + 10^3 x + 10^2 y = 13 \times (23\,847 + 77x + y) - (x + 4y - 2)$.

设 $x + 4y - 2$ 是 13 的倍数,而 $6 \leqslant x, y \leqslant 9$,所以
$$28 \leqslant x + 4y - 2 \leqslant 43$$
所以
$$x + 4y - 2 = 39$$
$$6 \leqslant x = 41 - 4y \leqslant 9$$

二、十进制整数及其多项式表示

所以
$$32 \leqslant 4y \leqslant 35$$
所以
$$y = 8$$
所以
$$x = 9$$

所以 $x = 9, y = 8$. 故所求的四位数为 1 989.

说明 此题主要通过数的整数性,方法亦较特别.

例 9 求证:12,1 122,111 222,… 中任何一个数都是相邻两个自然数的乘积.

分析 要证这串数中的任何一个都是相邻两个自然数的乘积,只需在这串数中任取一个数,然后将它用自然数的多项式表示法表示,再设法将它因式分解成两个相邻的自然数的乘积即可.

证明 这串数中的任意一数都可用自然数的多项式表示法表示为

$$\underbrace{11\cdots1}_{n\text{个}}\underbrace{22\cdots2}_{n\text{个}} = \underbrace{11\cdots1}_{n\text{个}} \times 10^n + 2 \times \underbrace{11\cdots1}_{n\text{个}} =$$

$$\underbrace{11\cdots1}_{n\text{个}} \times (10^n + 2) = \frac{1}{9} \times \underbrace{99\cdots9}_{n\text{个}} \times (10^n + 2) =$$

$$\frac{1}{9}(10^n - 1)(10^n + 2) = \frac{10^n - 1}{3} \cdot \left(\frac{10^n - 1}{3} + 1\right)$$

由于 $\frac{10^n - 1}{3} = \frac{1}{3} \times \underbrace{99\cdots9}_{n\text{个}} = \underbrace{33\cdots3}_{n\text{个}}$ 为自然数,所以 $\frac{10^n - 1}{3}$ 与 $\frac{10^n - 1}{3} + 1$ 是两个连续的自然数.

因此,12,1 122,111 222,… 中任何一个数都是相邻两个自然数的乘积.

整数的性质

例 10 试求这样的四位数,这个数和它的反序数(也是四位数)都能被 78 整除.

(前苏联数学竞赛题)

解 设所求四位数为 $N = \overline{xyzt}$,其反序数 $N' = \overline{tzyx}$. 于是 $78 \mid N, 78 \mid N'$,不失一般性,不妨设 $x \geq t$,于是

$$N + N' = 1\,001(x+t) + 110(y+z)$$

因为

$$78 \mid N + N'$$

所以

$$13 \times 6 \mid 1\,001(x+t) + 110(y+z)$$

由 $13 \mid 1\,001$ 及 $13 \nmid 110$,即有 $13 \mid y+z$.

而 $0 \leq y+z \leq 13$,所以 $y+z = 0$ 或 $y+z = 13$.

当 $y+z = 0$ 时,$y = 0, z = 0$.

由 $13 \times 6 \mid 1\,001(x+t)$ 知 $6 \mid x+t$.

而 $0 < x+t \leq 18$,所以 $x+t = 6$ 或 12 或 18.

当 $x+t = 6$ 时,$N = 5\,001, 4\,002, 3\,003, 2\,004, 1\,005$. 但它们都不是 78 的倍数.

当 $x+t = 12$ 时,同上法可验证符合条件者仅为

$$N = 6\,006$$

当 $x+t = 18$ 时,容易验证此时没有合乎条件的 N.

又若 $y+z = 13$,令 $N + N' = 78k$,则

$$78k = 1\,001(x+t) + 1\,430$$

即

$$6 \times 13k = [7(x+t) + 10] \times 143$$
$$6k = 11 \times [7(x+t) + 10]$$

所以

$$6 \mid 7(x+t) + 10$$

二、十进制整数及其多项式表示

又 $0 < x+t \leqslant 18(x \neq 0, t \neq 0$ 且 x 和 t 都是偶数$)$,所以 $x+t \geqslant 4$,经验证 $x+t$ 可取 8 或 14.

在 $x+t=8$ 的条件下,取 $x=6$,则 $t=2$. 此时 $N=\overline{6yz2}$. 又 $y+z=13$,则 $z=13-y$,于是
$$N = 6 \times 10^3 + y \times 10^2 + (13-y) \times 10 + 2$$
所以
$$78k = 6\,132 + 90y$$
$$13k = (78+y) \times 13 + 8 + 2y$$
所以
$$13 \mid 8 + 2y$$
所以 $y=9, z=4$,此时
$$N = 6\,942, \quad N' = 2\,496$$

又在 $x+t=8$ 的条件,取 $x=4$,则 $t=4$,此时 $N=\overline{4yz4}, z=13-y$,于是
$$N = 4 \times 10^3 + y \times 10^2 + (13-y) \times 10 + 4$$
所以
$$78k = 4\,004 + 90y$$
$$13 \times 6k = 1\,001 \times 4 + 91y - y$$
所以 $13 \mid y$,知 $y=0$,但与 $y+z=13$ 矛盾.

综上所述,所求的 N 为 $6\,006, 6\,942, 2\,496$.

说明 将整数"倒序"或去掉"首"、"尾"构造的一类数学命题是竞赛中常见的题型.

下面我们再讨论一道竞赛题.

例 11 求证:不存在这样的整数,把它的首位数移到末位之后,得到的数是原数的两倍.

(1985 年第 17 届加拿大数学竞赛题)

证法 1 用反证法. 假设这样的整数存在,它是个 n 位整数$(n \geqslant 2)$. 首位数字为 a,其余各位数字依次为

整数的性质

$b_1, b_2, \cdots, b_{n-1}$,依题意有
$$2 \times \overline{ab_1b_2\cdots b_{n-1}} = \overline{b_1b_2\cdots b_{n-1}a}$$
即
$$2(a \times 10^{n-1} + \overline{b_1b_2\cdots b_{n-1}}) = \overline{b_1b_2\cdots b_{n-1}} \times 10 + a$$

设 $\overline{b_1b_2\cdots b_{n-1}} = M$,则 M 为 $n-1$ 位整数,则
$$8M = a(2 \times 10^{n-1} - 1)$$

因为 $2 \times 10^{n-1} - 1$ 为奇数,8 与 $2 \times 10^{n-1} - 1$ 互质,所以 $8 \mid a$.

因为 $1 \leq a \leq 9$,所以 $a = 8$. $M = 2 \times 10^{n-1} - 1 = 1\underbrace{99\cdots 9}_{n-1 \text{个}}$,即 M 为 n 位数,与前述 M 为 $n-1$ 位数矛盾.故原命题正确.

证法 2 假设这样的整数存在,设为 N,是个 n 位数,首位数字是 $a(1 \leq a \leq 9)$,则依题意得
$$10N - a \times 10^n + a = 2N$$
所以
$$8N = a(10^n - 1) = a \times \underbrace{99\cdots 9}_{n \text{个}} \qquad ①$$

由于 8 与 $\underbrace{99\cdots 9}_{n \text{个}}$ 互质,所以 $a = 8$,$N = \underbrace{99\cdots 9}_{n \text{个}}$. N 的首位数为 9,与首位 $a = 8$ 矛盾,故原命题正确.

分析 此题所以不存在整数解的关键是式 ① 中的 8 与 $\underbrace{99\cdots 9}_{n \text{个}}$ 互质. 而 $8 = 10 - 2$,故当将原命题条件中的 2 倍改为偶数倍时,依然成立,因此可以推广为下述命题.

命题 求证:不存在这样的整数,把它的首位数移到末位以后,得到的数是原数的偶数倍.

那么将 2 倍改为奇数倍问题是否有解呢? 这就要

二、十进制整数及其多项式表示

进一步寻求问题有解的条件. 假设将2倍改为m倍时, 有解, 显然, m只须讨论3,5,7,9, 这时从基本关系式 ① 入手

$$(10 - m)N = a(10^n - 1)$$

易知当$m = 5$时, 因5与$\underbrace{99\cdots9}_{n个}$互质, 故问题无解.

当$m = 7$时, 得$3N = a \cdot \underbrace{99\cdots9}_{n个}$, 所以$N = \underbrace{33\cdots3}_{n个} \cdot a$.

当$a = 1, 2, \cdots, 9$任何数时, N的首位数均为a, 故此时问题无解.

同理, 当$m = 9$时, 问题也无解.

余下我们讨论$m = 3$的情形, 此时基本关系式为$7N = a \cdot \underbrace{99\cdots9}_{n个}$. 当$n \leq 5$时, $7 \nmid \underbrace{99\cdots9}_{n个}$. 但当$n = 6$时, $999\ 999 \div 7 = 142\ 857$.

所以

$$N = a \times 142\ 857$$

当$a = 1$时, $N = 142\ 857$; $a = 2$时, $N = 285\ 714$都满足题意, 不难证明$a \geq 3$时, 问题无解.

这样, 我们得到了下述问题的解答.

问题1 求满足下列条件的整数, 把它的首位数字移到末位之后, 得到的数是原来的3倍.

值得注意的是问题1的解不只是142 857和285 714两个数, 而是无穷多个解, 一般表示为$n = 6k$(k为自然数)时, 有解$\underbrace{142\ 857\ 142\ 857\ \cdots\ 142\ 857}_{第k个}$及$\underbrace{285\ 714\ 285\ 714\ \cdots\ 285\ 714}_{第k个}$.

再仔细观察问题1的两个答案, 不难发现$285\ 714 = 2 \times 142\ 857$. 这启发我们发现: 一个整数如果将它的前两位数字移到它的末位之后, 得到的数可以为原数的

整数的性质

两倍.于是有

问题 2 求满足下列条件的整数,把它的前两位数字移到它的末两位之后,得到的数是原数的 2 倍.

解 设所求的整数为 N,前两位数为 $a(10 \leqslant a \leqslant 99)$,则依题意得
$$100N - a \times 10^{n-2} + a = 2N$$
所以
$$98N = a(10^{n-2} - 1) = a \cdot \underbrace{99\cdots9}_{(n-2)\text{个}}$$
而 $98 = 7 \times 14$,所以 $a = 14, N = 142\,857$,满足题意.进而无穷多个解 $N = \underbrace{142\,857\,142\,857\cdots142\,857}_{\text{第}k\text{组}}$ 都满足题意.

在本节的最后,我们再来讨论两道非十进制数多项式表示法的应用.

例 12 x 的三进制表示法是
$$12\ 112\ 211\ 122\ 211\ 112\ 222$$
则 x 在九进制中表示式最左边一位是 (   )

(第 32 届美国中学生数学竞赛题)

(A) 2   (B) 3   (C) 4   (D) 5

解 按常规方法,只要将 x 的三进制表示法转换成十进制的表示法,再将十进制表示法转换成九进制表示法,问题就获解.但这种方法对位数较多的数就显得繁琐了,下面给出的是另一种解法.因为 $3^2 = 9$,所以把 x 从右到左每两位分成一段得
$$x = 12'11'22'11'12'22'11'11'22'22'$$
最左是 12(三进制)
$$12_{(3)} = 1 \times 3 + 2 = 5$$
$x = 12\ 112\ 211\ 122\ 211\ 112\ 222 =$

二、十进制整数及其多项式表示

$$1 \times 3^{19} + 2 \times 3^{18} + 1 \times 3^{17} + \cdots +$$
$$2 \times 3^2 + 2 \times 3 + 2 =$$
$$(1 \times 3^{19} + 2 \times 3^{18}) + (1 \times 3^{17} + 1 \times 3^{16}) + \cdots +$$
$$(2 \times 3 + 2) =$$
$$(3 \times 3^{18} + 2 \times 3^{18}) + (3 \times 3^{16} + 1 \times 3^{16}) + \cdots +$$
$$(2 \times 3 + 2) =$$
$$(3 + 2)(3^2)^9 + (3 + 1)(3^2)^8 + \cdots +$$
$$(2 \times 3 + 2)$$

由此可见,这时已将 x 写成以 9 为幂的形式,也就是九进制表示法. 因此,x 的九进制的第一位数字是 $3 + 2 = 5$.

例 13 设 1 987 可以在 b 进制中写出三位数 xyz 且 $x + y + z = 1 + 9 + 8 + 7$,试确定出所有的 x, y, z 及 b.

(1987 年加拿大数学竞赛题)

解 由题设有

$$xb^2 + yb + z = 1\ 987 \quad (x \geqslant 1) \qquad ①$$
$$x + y + z = 25 \qquad ②$$

① − ②,得

$$(b - 1)[(b + 1)x + y] = 1\ 962$$

所以

$$(b - 1) \mid 1\ 962 = 2 \times 9 \times 109$$

又 $b^3 > 1\ 987, b^2 < 1\ 987$,所以 $12 < b < 45$.

从而 $b - 1 = 2 \times 9 = 18$,即 $b = 19$. 而由算式

$$\begin{array}{r} 19 \overline{)1\ 987} \\ 19 \overline{)104} \cdots 11 \\ 5 \cdots 9 \end{array}$$

可得

$$1\ 987 = 5 \times 19^2 + 9 \times 19 + 11$$

整数的性质

所以
$$x = 5, \quad y = 9, \quad z = 11, \quad b = 19$$

说明:此题是在 $b = 19$ 进制中求解,所以 $1 \leqslant x$, $y \leqslant 19$. 因此,$z = 11$ 是完全符合题意的. 此题的技巧是,在求得 $b = 19$ 时,用算式直接求解 $19^2 x + 19y + z = 1\,987$ 的正整数解,方法别致.

练习二

1. (1) 如果一个完全平方数的 8 进制表示式是 $(ab3c)_8$,其中 $a \neq 0$,那么 c 是 （ ）

（1982 年美国中学生数学竞赛题）

(A) 0 　　(B) 1 　　(C) 3 　　(D) 4

(2) 用十进制表示时,整数 a 由 1 985 个 8 组成,而整数 b 由 1 985 个 5 组成. 问整数 $9ab$ 的十进制表示式中各位数字之和是 （ ）

（1985 年美国中学生数学竞赛题）

(A) 15 880　(B) 17 856　(C) 17 865　(D) 17 874

(3) 以 a 进位的数 47 与以 b 进位的数 74 相等,假设 a, b 都是正整数,即 $a + b$ 的最小可能值是 （ ）

（1971 年美国中学生数学竞赛题）

(A) 13 　　(B) 14 　　(C) 21 　　(D) 24

2. (1) 设 a, b, c, d 是 0 或小于 10 的自然数,$\overline{abcd} + \overline{abc} + \overline{ab} + a = 1\,989$. 求 a, b, c, d 的值.

（第 6 届"缙云杯"初 90 级数学邀请赛题）

(2) 设 n 为正整数,如果将 n 的首位数字去掉后所

二、十进制整数及其多项式表示

得到的数是 n 的 $\frac{1}{15}$,那么一切具有上述性质的 n 为 _____.

(1987 年四川省初中数学竞赛题)

3. 试证:$\underbrace{44\cdots4}_{n\text{个}}\underbrace{22\cdots2}_{n\text{个}}$ 恒为二相邻整数之积.

4. 设有六位数 $\overline{1abcde}$ 乘以 3 后,变为 $\overline{abcde1}$,求这个数.

(1956 年上海市中学数学竞赛题)

5. 写出具有下列性质的一个自然数:个位数字是 2,将这个 2 移到该数的最高位数字的左边,得出的新数是原数的两倍.

(1987 年温州市初中数学竞赛题)

6. 证明没有这样的整数,去掉它的第一个数码 6 所得结果是原数的 $\frac{1}{35}$.

(1970 年加拿大数学竞赛题)

7. 解方程(求 x,y,z) $\overline{xyzzyx} = \overline{xzyyx}$,其中 $\overline{xyz}$ 和 $\overline{zyx}$ 是三位整数,$\overline{xzyyx}$ 是五位正整数.

(1978 年广东省中学数学竞赛题)

8. 求具有下列性质的最小自然数 n.

(1)n 的个位数是 6;

(2)若将 n 的个位数字 6 移到其余各位数字之前,所得新数是 n 的 4 倍.

(第 4 届 IMO 试题)

9. 有一个四位数,已知其十位数字减去 1 等于个位数字,其个位数字加上 2 等于百位数字,把这个四位数的四个数字反着顺序排列成的数与原数之和等于

整数的性质

9 878,试求这个四位数.

10. 把一个四位数的各位数字按反序排列成的一个新的四位数字正好是原数的四倍,求原数.

(1988 年南京市奥林匹克学校选拔赛题)

11. 求最小的正整数 n,它的个位数字是 5,将 5 移至其余数字前面,所得的数与 757 的和是原数 n 的三倍.

12. 把 19,20,21,…,79,80 诸数连写成数 $A = 192021…7980$,证明 $1980 \mid A$.

(1980 年全苏数学竞赛题)

13. N 是由 5 个不同的非零数字组成的 5 位数,且 N 等于这 5 个数字中取 3 个不同数字构成的所有三位数的和,求 N.

(1991 年第 6 届拉丁美洲数学奥林匹克试题)

14. 圆周上有 9 个数码,已知从某一位起把这时数码按顺时针方向记下,得到的是一个 9 位数且能被 27 整除. 证明:如果从任何一位起把这些数码按顺时针方向记下的话,那么所得的一个 9 位数也能被 27 整除.

(1990 年全国初中数学通讯赛题)

15. 一个自然数的末位数为 3,如果把末位数 3 移到最前面,新得的自然数为原来的两倍. 求满足这样条件的最小的自然数.

(1985 年苏联函授学校招生试题)

16. 求一切比自己数目字和大 12 倍的三位数.

(1985 年苏联函授学校招生试题)

17. 试证:$1111\underbrace{22\cdots2}_{2\,000\text{个}}1111$ 可被 137 整除.

自然数可整除性的特征

三

我们经常遇到这样的问题,给出一个自然数,要判断它能否被3整除,或者能否被11整除,等等.因此,本节就有关的自然数所具有的特征,以及怎样进行判断等问题作一些介绍.

在整除性问题中,常用到整数 M 能被 2,3,5,7,9,11,13 等整数整除的一些法则,现罗列如下:

(1) 被2(或5)整除的判别法.如果自然数的末位数能被2(或5)整除,那么它就能被2(或5)整除.

(2) 被3(或9)整除的判别法.如果自然数的各位数字之和能被3(或9)整除,那么它就能被3(或9)整除.

(3) 被4(或25)整除的判别法.如果自然数的末两位能被4(或25)整除,那么它就能被4(或25)整除.

整数的性质

(4) 被 8 整除的判别法. 如果自然数的末三位数能被 8 整除,那么它能被 8 整除.

(5) 被 11 整除的判别法. 如果自然数的偶数位上的数字之和与奇数位上的数字之和的差能被 11 整除,那么它就能被 11 整除.

(6) 被 7,11,13 整除的判别法. 如果自然数的奇位千进位的总和与偶位千进位的总和的差能被 7,11,13 整除,那么该数能被 7,11,13 整除.

例如,判断数 4 480 066 206 能否被 7,11,13 整除. 先分节得 4,480,066,206. 奇位千进位之和为 480 + 206 = 686,偶位千进位之和为 4 + 066 = 70,奇位千进位之和与偶位千进位之和的差是 686 - 70 = 616,因为 7 | 616,11 | 616,而 13 ∤ 616.

因为 4 480 066 206 能被 7,11 整除,但不能被 13 整除.

以上介绍的整数整除性的数码特征,在解题中的应用十分广泛,下面举例说明它们的应用.

例 1 已知 $N = \overline{13xy45z}$ 能被 792 整除,则 x, y, z 分别等于几?

解 因为 $792 = 8 \times 9 \times 11$,而 $N = \overline{13xy400} + (50 + z)$. 因为 $8 | N$,而上式中的 $\overline{13xy400}$ 显然能被 8 整除数,因而 $8 | 50 + z$,所以 $z = 6$.

因为 $792 = 8 \times 99$,所以 $99 | N$.

$N = 100^3 + \overline{3x} \cdot 100^2 + \overline{y4} \cdot 100 + 56 =$

$(100^3 - 1) + \overline{3x} \cdot (100^2 - 1) + \overline{y4}(100 - 1) +$

$\overline{3x} + \overline{y4} + 57$

因为 $100^3 - 1, 100^2 - 1, 100 - 1$ 都是 99 的倍数,所以

三、自然数可整除性的特征

$\overline{3x} + \overline{y4} + 57$ 是 99 的倍数,而

$$\overline{3x} + \overline{y4} + 57 = 10y + x + 91 = \overline{yx} - 8 + 99$$

所以 $\overline{yx} - 8$ 是 99 的倍数,所以 $y = 0, x = 8$. 所以
$$N = 1\,380\,456$$

例 2 设 $\overline{a679b}$ 是一个十进制的五位数,可被 72 整除,试决定 a 与 b 的值.

(1980 年加拿大数学竞赛题)

解 一个整数可被 72 整除,由于 8 和 9 互素,则仅当它同时被 8 和 9 整除.

若 $\overline{79b}$ 能被 8 整除,则得到唯一的 $b = 2$. 于是这个五位数为 $\overline{a6792}$.

为了求 a,仅当 $a + 6 + 7 + 9 + 2 = 24 + a$ 能被 9 整除,由此又可得到唯一的 $a = 3$.

于是 $a = 3, b = 2$.

由以上两个例题可知,每知道一个整除性质即可知道诸数字之间的一个关系式,因此可以得到一个数字必须满足的方程. 这是一种常用的、行之有效的方法.

例 3 在十进位写法中,自然数 n 的各位数字只由 1 或 0 组成,且 $225 \mid n$,求最小的 n.

(1989 年全国初中数学联赛题)

解 因为 $225 = 9 \times 25$,所以 $9 \mid n, 25 \mid n$. 可见 n 中出现 1 的个数为 9 个,或 18 个,或 27 个,等等,但要 n 最小,自然取 9 个 1 为宜. 又由 $25 \mid n$,所以 $100 \mid 4n$,可见 n 的个位和十位数字为 0. 这样 $n = \underbrace{11\cdots1}_{9\text{个}}00$ 即为所求.

整数的性质

例 4 用六个不同的非零数字写出的一个六位数,能被 37 整除. 求证:将这个六位数的各位数字调换,至少还可以得到 23 个不同的数,也能被 37 整除.

(1980 年第 14 届全苏数学竞赛题)

证明 因为 $37 \mid 999$,所以六位数 $\overline{a_1b_1c_1a_2b_2c_2} = \overline{a_1b_1c_1}(999+1) + \overline{a_2b_2c_2}$ 能被 37 整除的充要条件是 $\overline{a_1b_1c_1} + \overline{a_2b_2c_2} = (a_1+a_2)100 + (b_1+b_2)10 + (c_1+c_2)$ 能被 37 整除. 由于在这个式子中 a_1 与 a_2, b_1 与 b_2, c_1 与 c_2 是对称的,所以通过将这各对数进行对称可以得到七个六位数,也能被 37 整除.

又因 $10(100a+10b+c) = 999a+(100b+10c+a)$,所以由 $\overline{a_1b_1c_1a_2b_2c_2}$ 能被 37 整除可知, $\overline{b_1c_1a_1b_2c_2a_2}, \overline{c_1a_1b_1c_2a_2b_2}$ 也能被 37 整除,再用前述对换的方法,这两个数又可分别得到七个数,能被 37 整除. 所以,这样就得到了 23 个能被 37 整除的数.

例 5 n 是具有下列性质的最小整数,它是 15 的倍数,而且每一位数字都是 0 或 8,求 $\dfrac{n}{15}$.

(1984 年第 2 届美国数学邀请赛试题)

解 由于 n 是 15 的倍数,所以 n 既是 5 的倍数,又是 3 的倍数.

因为 n 是 5 的倍数,所以它的个位数字只能是 0 或 5,又由题设,n 的每一位数字是 0 或 8,所以 n 的个位数字是 0.

又因为 n 是 3 的倍数,所以 n 中 8 的个数应是 3 的倍数,又要求 n 最小,所以有 3 个 8,于是 $n = 8\,880$, $\dfrac{n}{15} = 592$.

三、自然数可整除性的特征

例6 试求所有能被 11 整除的三位数,使得所得之商等于该三位数的各位数字的平方和.

(1960 年第 2 届 IMO 试题)

分析 设所求三位数为 $z = a \cdot 10^2 + b \cdot 10 + c$. 其中 $1 \leqslant a \leqslant 9, 0 \leqslant b, c \leqslant 9$. 因 $z = a \cdot 10^2 + b \cdot 10 + c = 11(9a + b) + (a - b + c)$,而 $11 \mid z$,故 $11 \mid a - b + c$. 由 a, b, c 的限制,有 $-8 \leqslant a - b + c \leqslant 18$,故 $a - b + c = 0$ 或 $a - b + c = 11$. 又由题设 $z = a \cdot 10^2 + b \cdot 10 + c = 11(a^2 + b^2 + c^2)$,问题化为在一定限制条件下求解不定方程.

解 设所求三位数为 $z = 100a + 10b + c$,其中 $1 \leqslant a \leqslant 9, 0 \leqslant b, c \leqslant 9$.

因为 $11 \mid z$,所以 $11 \mid a - b + c$,而 $-8 \leqslant a - b + c \leqslant 18$,故 $a - b + c = 0$ 或 $a - b + c = 11$.

又由题设,a, b, c 满足方程

$$a \cdot 10^2 + b \cdot 10 + c = 11(a^2 + b^2 + c^2)$$

故 a, b, c 满足方程组

$$\begin{cases} a - b + c = 0 \\ a \cdot 10^2 + b \cdot 10 + c = 11(a^2 + b^2 + c^2) \end{cases} \quad ①$$

或

$$\begin{cases} a - b + c = 11 \\ a \cdot 10^2 + b \cdot 10 + c = 11(a^2 + b^2 + c^2) \end{cases} \quad ②$$

解方程组①得

$$10a + c = 2(a^2 + ac + c^2) \quad ③$$

故知 $10a + c$ 为偶数,故 c 为偶数,故 c 的可能值为 $0, 2, 4, 6, 8$. 代入验算可知这些值中只有 $c = 0$ 能使方程③有意义(将方程③变形为 $a = \frac{1}{5}(5 - c \pm$

整数的性质

$\sqrt{25-8c-3c^2}$)更容易判断).此时在 a,b,c 的限制条件下,求得 $a=5, b=5$. 所求三位数为 $z=550$.

解方程组 ②,得

$10a+c = 131 + 2(a^2 + c^2 + ac - 11a - 11c)$ ④

因其右端为奇数,故 c 为奇数,c 的可能值为 $1,3,5,7,9$. 代入式 ④ 验算只有 $c=3$ 为可能,此时 $a=8, b=0$ 符合限制条件,故 $z=803$.

故所求三位数有 550 和 803 两个.

例 7 由 $0,1,2,3,4,5,6$ 这七个数字能组成许多没有重复数字的七位数字,其中有一些是 55 的倍数. 在这些 55 的倍数中,求出最大的和最小的.(要写出推理过程)

(第 5 届全国部分省市初中数学通讯赛题)

解 设这样的七位数的奇数位上的四个数字的和为 A,偶数位上的三个数字的和为 B,则 $|A-B| = 11k$(k 为自然数).

$A+B = 0+1+2+3+4+5+6 = 21$

即 $A+B = 21$.

因为 A,B 都是小于 21 的正数,所以 $|A-B| < 21$,又因为 $A+B$ 为奇数,所以 $A-B \neq 0$,即 $k \neq 0$. 从而只能有 $k=1$,即 $|A-B| = 11$. 所以,A 和 B 中一个是 $\dfrac{21+11}{2} = 16$,另一个是 $\dfrac{21-11}{2} = 5$.

由于 $0,1,2,3,4,5,6$ 中最小的四个数的和是 $6(>5)$,所以 $A=16, B=5$.

这七个数中三数之和为 5 的只有 $0,1,4$ 和 $0,2,3$ 两种,所以

或者 $B = 0+1+4, A = 2+3+5+6$,

三、自然数可整除性的特征

或者 $B = 0 + 2 + 3, A = 1 + 4 + 5 + 6$.

由于 0 总在三个数那一组中(即偶数位上),所以 0 不可能是末位数,因为所求数是 55 的倍数,所以末位数必是 5.

要得到最小数,第一位数是 1,第二位数是 0,第三位数是 4,这样得到最小数是 1 042 635.

要得到最大数,第一位数是 6,第 2 位数是 4,第三位数是 3,这样得到最大数是 6 431 205.

例8 绕着圆周写了 1 995 个数字(都是 0~9 的自然数). 已知从某一位置开始按顺时针方向读出这些数字,得到的 1 995 位数能被 27 整除. 求证:从任何一个位置开始按顺时针方向读出这些数字所得到的 1 995 位数,都能被 27 整除.

分析 如图 1 所示,假设从位置 a_1 开始所得到的 1 995 位数是

$$A = \overline{a_1 a_2 \cdots a_{1\,995}}$$

能被 27 整除. 现只须证明

$$B = \overline{a_2 a_3 \cdots a_{1\,995} a_1}$$

能被 27 整除,那么其余的均可依此类推,问题就可以解决了.

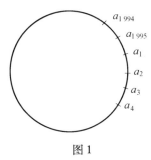

图 1

整数的性质

证明 因为 $A = a_1 \times 10^{1994} + a_2 \times 10^{1993} + \cdots + a_{1994} \times 10 + a_{1995}$

$B = a_2 \times 10^{1994} + a_3 \times 10^{1993} + \cdots + a_{1985} \times 10 + a_1$

所以

$10A - B = a_1 \times 10^{1995} - a_1 = (10^{1995} - 1)a_1 =$

$\underbrace{99\cdots9}_{1995\text{个}}a_1 = 9a_1 \times \underbrace{11\cdots1}_{1995\text{个}}$

因为 $3 \mid 1\,995$,所以 $3 \mid \underbrace{11\cdots1}_{1995\text{个}}$.

所以

$$27 \mid 10A - B$$

由于已知 A 能被 27 整除,所以 B 也能被 27 整除,于是命题成立.

说明 这是一道"年份题". 在试题中出现了 1995 年的年份数字,生动有趣.

例 9 有一个 1 994 位数 A 能被 9 整除,它的各位数字之和为 a,a 的各位数字之和为 b,b 的各位数字之和为 c,问 c 是多少?

解 由于 A 的各位数字 $\leqslant 9$,那么

$$a \leqslant 9 \times 1\,994 = 17\,946$$

即 a 最多是一个五位数,而五位数的各位数字之和为 b,显然有

$$b \leqslant 9 \times 5 = 45$$

也就是说 b 最多只能是两位数,而两位数的各位数字之和 c,显然有

$$c \leqslant 9 \times 2 = 18$$

由于 $9 \mid A$,因而 $9 \mid a$,$9 \mid b$,$9 \mid c$.

所以 c 只能是 18 或 9.

当 $c = 18$ 时,两位数字之和为 18 的数只有 99,即

三、自然数可整除性的特征

$b=99$,这与$b\leqslant 45$矛盾,所以$c=9$.

例 10 (1)有一个n位数,将这个n位数的数字,按逆序重新排列得一个新数. 试证:新数与原数之差是9的整数倍.

(2)今有甲乙二人,如果甲从差中去掉一个数字,将剩余几个数字之和告诉乙,问乙如何能猜中去掉的这个数字,为什么?在什么情况下猜出的数字不唯一,为什么?

证明 (1)设n位数为N,那么
$$N=a_n\times 10^{n-1}+a_{n-1}\times 10^{n-2}+\cdots +a_2\times 10+a_1$$
这里$a_i(i=1,2,\cdots,n)$中的每一个是$0\sim 9$的十个数字中的一个,且$a_n\neq 0$. 把N各位上的数字依次按逆序排列所得的新数为N',则N'可表示为
$$N'=a_1\times 10^{n-1}+a_2\times 10^{n-2}+\cdots +a_{n-1}\times 10+a_n$$
作两数之差$M=N'-N$,于是
$$M=a_1(10^{n-1}-1)+a_2(10^{n-3}-1)\times 10+\cdots -$$
$$a_{n-1}\times 10(10^{n-3}-1)-a_n(10^{n-1}-1)$$
可以看出,$10^{n-1}-1,10^{n-3}-1,\cdots,10^{n-3}-1,10^{n-1}-1$的每一个都是9的倍数,所以$M=N'-N$一定也是9的倍数.

(2)设甲从差数中去掉的数字是x,并知差数的数字和减去x等于a. 并由上述结论可知$a+x$一定是9的倍数,令$a+x=9q$(q是不小于0的整数),则$x=9q-a$是在$[0,9]$间的整数,所以$0\leqslant 9q-a\leqslant 9$,故当$a$确定时,$q$也随之确定. 从而由$x=9q-a$,可以求得$x$. 例如,从5 175中,若去掉一个数字,剩下的数字和$a=11$,由$x=9q-11,0\leqslant 9q-11\leqslant 9$,可得$q=2$,所以$x=9\times 2-11=7$. 只有当$a$是9的倍数时,$x=0$或

整数的性质

$x = 9$. 即在差数的数字和中减去去掉的数字是 9 的倍数时,猜出的数字不唯一.

说明 下面我们来寻求"反序数".

因为 $2\,178 \times 4 = 8\,712$,所以 $2\,178$ 与 $8\,712$ 称为互为"反序数",是否还有其他形式的"反序数"?

一般地,求数 $\overline{a_n a_{n-1} \cdots a_2 a_1}$,使得

$$\overline{a_n a_{n-1} \cdots a_2 a_1} \times k = \overline{a_1 a_2 \cdots a_{n-1} a_n} \qquad ①$$

$k = 2,3,\cdots,9$. $a_n \neq 0, a_1 \neq 0$. $a_2, a_3, \cdots, a_{n-1}$ 可取 $0, 1, \cdots, 9$.

当 $n = 1$ 时,显然无解;

当 $n = 2$ 时,即求 $\overline{a_2 a_1} \times k = \overline{a_1 a_2}$.

即

$$k(10a_2 + a_1) = 10a_1 + a_2$$
$$10(a_1 - ka_2) = ka_1 - a_2$$

取 $ka_1 - a_2 = 10l$,则 $a_1 - ka_2 = l$.

相加得

$$(k+1)(a_1 - a_2) = 11l$$

因为 11 是质数,且 $a_1 - a_2 < 11, k + l < 11$,所以只能 $l = 0$. 此时 $a_1 = a_2, k = 1$,不合所求,所以 $n = 2$ 时也无解.

当 $n = 3$ 时,用类似的方法可以证明仍然无解.

当 $n = 4$ 时,即求

$$\overline{a_4 a_3 a_2 a_1} \times k = \overline{a_1 a_2 a_3 a_4}.$$

取 $k = 9$,则 $a_4 = 1$,从而 $a_1 = a_4 k = 9$. 于是

$$(1\,000 + 100a_3 + 10a_2 + 9) \times 9 =$$
$$9\,000 + 100a_2 + 10a_3 + 1$$
$$89a_3 + 8 = a_2$$

三、自然数可整除性的特征

所以 $a_3 = 0, a_2 = 8$,所求的数为 1 089.

于是我们求得了一个新的反序数
$$1\ 089 \times 9 = 9\ 801$$

取 $k = 8$,则 $a_4 = 1$,从而 $a_1 \geqslant a_4 k$,a_1 只可能为 8 或 9. 但 $a_1 \times k = 8 \times 8$ 或 9×8 的末位数数字不为 $a_4 = 1$,因此无解.

用类似的方法可证明,当 $k = 7, 6, 5, 3, 2$ 时,仍然无解.

取 $k = 4, a_4$ 只能取 1 或 2. $ka_1 = 4a_1$ 的末位数字应为 a_4,从而 a_1 只能取 3 或 8,而且对应的 $a_4 = 2$. 又因 $a_1 \geqslant a_4 k = 2 \times 4 = 8$,所以 $a_1 = 8$. 于是
$$\overline{2a_3 a_2 8} \times 4 = \overline{8a_2 a_3 2}$$
$$(2\ 000 + 100a_3 + 10a_2 + 8) \times 4 =$$
$$8\ 000 + 100a_2 + 10a_3 + 2$$
$$39a_3 + 3 = 6a_2$$

解得 $a_3 = 1, a_2 = 7$,所以所求数为 2 178.

因此,四位数中只有 1 089 和 2 178 有此性质.

当 $n \geqslant 4$,要使式 ① 成立,必须满足 $a_n \cdot k \leqslant 9$,$a_1 \cdot k$ 的末位数字与 a_n 相同,得 $k = 9, a_n = 1, a_1 = 9$ 或 $k = 4, a_n = 2, a_1 = 8$. 于是式 ① 变为
$$\overline{1a_{n-1}\cdots a_2 9} \times 9 = \overline{9a_2 \cdots a_{n-1} 1} \qquad ②$$
或
$$\overline{2a_{n-1}\cdots a_2 8} \times 4 = \overline{8a_2 \cdots a_{n-1} 2} \qquad ③$$

当 $n = 4$ 时,要使式 ① 成立,必须满足 $9a_{n-1} \leqslant 9$,$(a_2 \times 9 + 8)$ 的末位数字与 a_{n-1} 相同,$a_2 \geqslant a_{n-1} \times 9$,得 $a_{n-1} = 0, a_2 = 8$.

于是式 ② 变为

整数的性质

$$\overline{10a_{n-2}\cdots a_389} \times 3 = \overline{98a_3\cdots a_{n-1}01} \qquad ④$$

当 $n = 4$ 时,有 $1\,089 \times 9 = 9\,801$;

当 $n = 5$ 时,有 $10\,989 \times 9 = 98\,901$;

当 $n \geqslant 6$ 时,要使式 ④ 成立,必须满足 $a_3 \times 9 + 8$ 的末位数字与 a_{n-1} 相同,$a_{n-2} \times 9$ 的十位数字为 7 或 8,得

$$a_{n-2} = 9, a_3 = 9 \text{ 或 } a_{n-2} = 8, a_3 = 0$$

于是式 ④ 变为

$$\overline{109a_{n-3}\cdots a_4989} \times 9 = \overline{989a_4\cdots a_{n-3}901} \qquad ⑤$$

或

$$\overline{108a_{n-3}\cdots a_4089} \times 9 = \overline{980a_4\cdots a_{n-3}801} \qquad ⑥$$

当 $n = 6$ 时,有 $109\,989 \times 9 = 989\,901$;

当 $n = 7$ 时,有 $1\,099\,989 \times 9 = 9\,899\,901$;

当 $n \geqslant 8$ 时,要使式 ⑥ 成立,必须满足

$$\begin{cases} a_4 \cdot 9 \text{ 的末位数是 } a_{n-3} \\ a_{n-3} \cdot 9 \text{ 的十位数是 } 8 \end{cases}$$

所以

$$\begin{cases} a_{n-3} = 9 \\ a_4 = 1 \end{cases}$$

于是式 ⑥ 变为

$$\overline{1\,089a_{n-4}\cdots a_51\,089} \times 9 = \overline{9\,801a_5\cdots a_{n-4}9\,801}$$

当 $n = 8$ 时,有 $10\,891\,089 \times 9 = 98\,019\,801$;

当 $n = 9$ 时,有 $108\,901\,089 \times 9 = 980\,109\,801$;

$$\vdots$$

当 $n \geqslant 8$ 时,要使式 ⑤ 成立,必须满足

$$\begin{cases} a_4 \times 9 + 8 \text{ 的末位数与 } a_{n-3} \text{ 相同} \\ a_{n-3} \times 9 \text{ 的十位数是 } 7 \text{ 或 } 8 \end{cases}$$

三、自然数可整除性的特征

所以

$$\begin{cases} a_{n-3} = 9 \\ a_4 = 9 \end{cases} \text{或} \begin{cases} a_{n-3} = 8 \\ a_4 = 0 \end{cases}$$

这与 $n \geq 6$ 时,式④的情况相同. 当 $a_{n-3} = 8, a_4 = 0$ 时,可以综合前面结果,得出反序数,如

$$1\ 098\ 910\ 989 \times 9 = 9\ 890\ 198\ 901$$

$$\vdots$$

对于式③也可用同样的方法研究.

按照这样的方法寻求下去,不难得到一系列反序数:

$$1\underbrace{099\cdots989}_{m-1\text{个}} \times 9 = \underbrace{9899\cdots901}_{m-1\text{个}}$$

$$2\underbrace{199\cdots978}_{m-1\text{个}} \times 4 = \underbrace{8799\cdots912}_{m-1\text{个}}$$

$$1\underbrace{099\cdots989}_{m-1\text{个}}1\underbrace{099\cdots989}_{m-1\text{个}} \times 9 =$$

$$\underbrace{9899\cdots901}_{m-1\text{个}}\underbrace{9899\cdots901}_{m-1\text{个}}$$

$$10\underbrace{8900\cdots0108}_{m-1\text{个}}9 \times 9 = \underbrace{980100\cdots09801}_{m-1\text{个}}$$

$$\underbrace{10891089\cdots1089}_{m\text{个}1\ 089} \times 9 = \underbrace{9801\cdots98019801}_{m\text{个}9\ 801}$$

当然,我们还可以求出反序数的公式,由于超出了初中范围,这里从略.

练习三

1.(1)下列四个数中,有一个是1到15这15个整数的乘积,这个数是　　　　　　　　　　(　　)

(A)1 307 674 368 000　(B)1 307 674 368 500

39

整数的性质

(C) 1 307 674 368 200   (D) 1 307 674 368 010

(1987年湖北省数学奥林匹克学校初中数学竞赛题)

(2) 任意调换五位数12 345 各数位上数字的位置,所得五位数中质数的个数是 ( )

(A) 4   (B) 8   (C) 12   (D) 0

(1986年江苏省初中数学竞赛题)

(3) 某中学初三年级有13个课外兴趣小组,各组人数如下表:

组别	1	2	3	4	5	6	7	8	9	10	11	12	13
人数	2	3	5	7	9	10	11	14	13	17	21	22	24

一天下午,学校同时举办语文、数学两个讲座. 已知有12个小组去听讲座,其中听语文讲座是听数学讲座人数的6倍. 还剩下1个小组在教室讨论问题,这一组是 ( )

(A) 第4组   (B) 第7组
(C) 第9组   (D) 第12组

(1987年江苏省初中数学竞赛题)

(4) 一个六位数 $\overline{a1991b}$ 能被12整除,这样的六位数共有 ( )

(A) 4   (B) 6   (C) 8   (D) 12

(1991年浙江省初中数学竞赛题)

(5) N 为1 992位的自然数,其中数字1, 2, …, 8在 N 中出现的次数都是9的倍数,如果各位数字之和为 N_1, N_1 各位数字之和为 N_2, N_2 各位数字之和为 N_3, 则 N_3 的值是 ( )

(A) 3   (B) 6   (C) 9   (D) 12

(1992年浙江省初中数学竞赛题)

三、自然数可整除性的特征

2.（1）已知四位数 $A=\overline{6**8}$ 能被 236 整除，则 A 除以 236 的商是_____．

（1988 年上海市初二数学竞赛题）

（2）能被 33 整除的 6 位数 $\overline{19xy87}$ 的个数是_____．

（1987 年上海市初中数学竞赛题）

（3）在 $1,2,\cdots,1988$ 这 1988 个自然数中，最多能取_____个数，使在所取的数中，任意两个数的和能被 100 整除．

（1988 年上海市初二数学竞赛题）

（4）在所有的五位数中，各个数字之和等于 43，且被 11 整除的数是_____．

（1988 年江苏省初中数学竞赛题）

（5）形如 $\underbrace{19891989\cdots1989}_{n\text{个}1989}129$，且能被 11 整除的最小数是_____．

（1989 年上海市初二数学竞赛题）

（6）由偶数数码（零除外）组成的且能被 16 整除的最小五位数是_____．

（1988 年上海市初一数学竞赛题）

（7）若自然数 n 的各位数码之和为 1 988，则 n 的最小值是_____．

（1988 年上海市初三数学竞赛题）

（8）九位数 $\overline{32*35717*}$ 能被 72 整除，其中每个星号"*"表示一个数码，那么这个九位数是_____．

（1989 年上海市初一数学竞赛题）

（9）能被 11 整除的最小 9 位数是_____．

（1989 年"五羊杯"初中数学竞赛题）

整数的性质

3. 任给一个 n 位数,把这个 n 位数的数码任意排列得到一个新数. 证明:新数与原数之差必是 9 的倍数.

4. 设 $N = \overline{2x78}$ 表示一个四位数,若 $17 \mid N$,试决定 x 表示什么数字?

5. 求一个能被 11 整除的最小六位数,其首位是 7,其余各位数字均不相同.

6. 已知八位数 $n = \overline{141x28y3}$ 能被 99 整除,求 x 与 y.

7. 从 0,3,5,7 四个数字中任选三个,排成能同时被 2,3,5 整除的三位数,这样的三位数有几个,它们是多少?

8. 已知一个六位数 $\overline{6x6x6x}$ 能被 11 整除,这样的六位数有几个,它们是多少?

9. 设 $3^{10\,000}$ 的数字之和为 A,A 的数字之和为 B,B 的数字之和为 C,求 C.

10. 初一年级有 72 名学生,他们会餐共交了 $\overline{*52.7*}$ 元钱($*$ 表示辨认不清的数字),问每人交了多少钱?

11. 用数码 1,2,3,4,5,6 各十个,随意排成一个六十位数 n,证明:n 一定是 3 的倍数.

12. 由数码 0,1,2,3,4,5 能否组成各位数码不同而又能被 11 除尽的六位数.

13. 试证:假设六位数 N 的前三位数码组成的数 a 与后三位数码组成的数 b 之差 $b - a$ 能被 7 整除,当且仅当 $7 \mid N$.

14. 自然数 a 的各位数字之和用 $S(a)$ 表示. 证明:

三、自然数可整除性的特征

如果 $S(a)=S(2a)$,则 a 能被 9 整除.

15. 试求两个不同的自然数,它们的算术平均数 A 与几何平均数 G 都是两位数,其中 A,G 中一个可由另一个交换个位和十位数字得到.

(1992 年浙江省初中数学竞赛题)

素数与合数

　　一个大于1的正整数 a，如果除了1和本身以外不能再被其他正整数整除时，这个正整数称为素数(或称质数)；如果大于1的正整数，除了有1和它本身这两个约数外，还能被另外的正整数整除时，这个正整数称为合数(也称为复合数)．

　　这样，全体自然数可分为三类：

　　(1) 单位数1：1既不是质数也不是合数．

　　(2) 素数．只有两个约数的自然数．

　　(3) 合数．有两个以上约数的自然数．

　　如果 b 是 a 的约数，且 b 是质数，则 b 称为 a 的质约数(也称为质因数，素约数)．

　　关于质数有下列基本性质：

　　性质1　质数有无穷多个，最小的质数是2，但不存在最大的质数．

四、素数与合数

性质 2 设 n 是任一大于 1 的整数,那么 n 的大于 1 的最小正因数 p 必是素数,且当 n 为合数时,$p \leq \sqrt{n}$.

证明 先用反证法证明命题的第一部分. 如 p 不是素数,由定义,它除 1 及本身外,还有一个正因数 q,因此,$1 < q < p$,且 $q \mid p$. 又由假设 $p \mid n$,所以 $q \mid n$,即 q 也是 n 的大于 1 的因数,这与 p 是 n 的大于 1 的最小正因数的假设相矛盾,故 p 是素数.

现证后一部分. 当 n 是合数时,记 $n = pm$,此时 $m > 1$,因不然,若 $m = 1$,就有 $n = p$ 是素数,由于 p 是 n 的大于 1 的最小正因数,所以 $p \leq m$,从而 $p^2 \leq pm = n$,证得 $p \leq \sqrt{n}$.

推论 设整数 $n > 1$,若所有小于 n 的素数都不能整除 n,那么 n 是素数.

利用性质 2,在给定正整数 n 以后,我们可以提供一个求出不大于 n 的所有素数的方法. 例如,要求不大于 50 的全体素数,由于不大于 $\sqrt{50} < 8$ 的素数是 2,3,5,7,故由性质 2,在 $2, 3, 4, \cdots, 50$ 中的合数必有一素因数为 2 或 3 或 5 或 7,留下 2,3,5,7 外,顺次划去它们的倍数. 即先划去 2 的倍数,再划去 3 的倍数,再依次划去 5 的及 7 的倍数:

2 3 ̶4̶ 5 ̶6̶ 7 ̶8̶ ̶9̶ ̶1̶0̶ 11 ̶1̶2̶ 13 ̶1̶4̶ ̶1̶5̶ ̶1̶6̶ 17 ̶1̶8̶
19 ̶2̶0̶ ̶2̶1̶ ̶2̶2̶ 23 ̶2̶4̶ ̶2̶5̶ ̶2̶6̶ ̶2̶7̶ ̶2̶8̶ 29 ̶3̶0̶ 31 ̶3̶2̶ ̶3̶3̶ ̶3̶4̶ ̶3̶5̶
̶3̶6̶ 37 ̶3̶8̶ ̶3̶9̶ ̶4̶0̶ 41 ̶4̶2̶ 43 ̶4̶4̶ ̶4̶5̶ ̶4̶6̶ 47 ̶4̶8̶ ̶4̶9̶ ̶5̶0̶

余下的数 2,3,5,7,11,13,17,19,23,29,31,37,41,43,47 就是不超过 50 的全体素数. 用这种方法可逐步地把素数筛选出来. 此法称为埃拉托塞尼(Eratosthenes,古希腊数学家,前 276—前 195)筛法.

整数的性质

下面给出性质 1 的证明：

用反证法. 设若只有有限个素数,记为 $p_1, p_2, \cdots, p_k$,即除 $p_1, p_2, \cdots, p_k$ 外无另外的素数,讨论数 $p_1 p_2 \cdots p_k + 1 = N$. 因若 $N > 1$,由性质 2,N 有一个大于 1 的素因数 p. 现证这个素数 p 异于 $p_1, p_2, \cdots, p_k$ 中的任何一个. 事实上,若 $p = p_i (1 \leq i \leq k)$,那么 $p \mid p_1 p_2 \cdots p_k$,又 $p \mid N$,所以 $p \mid 1$,这与 p 是素数相矛盾. 因此,p 是素数 $p_1, p_2, \cdots, p_k$ 以外的一个素数,与假设矛盾. 这样,证得素数个数是无穷的.

性质 3　2 是一切质数中唯一的一个偶数,也是最小的质数.

这个性质是显然的,但它的应用是十分广泛的.

在近年来的各种数学竞赛中,质数与合数常扮演着重要角色.

例 1　如果质数 p, q 满足关系式 $3p + 5q = 31$,那么 $\log_2 \dfrac{p}{3q+1}$ 的值是多少?

(1988 年全国初中数学联赛题)

解　由条件知,$3p$ 和 $5q$ 必是一奇一偶,设 $3p$ 是偶数,则 p 是偶数,又 p 是质数,故 $p = 2$,从而可得 $q = 5$,所以 $\log_2 \dfrac{p}{3q+1} = \log_2 \dfrac{1}{8} = -3$；

若 $5q$ 是偶数,则 q 为偶数,同样因 q 为质数,故 $q = 2$,从而 $p = 7$. 所以

$$\log_2 \dfrac{p}{3q+1} = \log_2 \dfrac{7}{3 \times 2 + 1} = \log_2 1 = 0$$

所以 $\log_2 \dfrac{p}{3q+1}$ 的值是 -3 或 0.

例 2　求证:对于每个自然数 n,数

四、素数与合数

$$n = \underbrace{11\cdots12}_{n\text{个}}\underbrace{11\cdots1}_{n\text{个}}$$

是合数.

(1987年全俄数学竞赛题)

分析 要证 n 是合数,只需证明此数是两个大于1的自然数的乘积即可.

证明 因为 $\underbrace{11\cdots12}_{n\text{个}}\underbrace{11\cdots1}_{n\text{个}} =$

$$\underbrace{11\cdots1}_{n+1\text{个}}\underbrace{00\cdots0}_{n\text{个}} + \underbrace{11\cdots1}_{n+1\text{个}} =$$

$$\underbrace{11\cdots1}_{n+1\text{个}} \times (10^n + 1)$$

对于 $n \geq 1$ 的自然数,$\underbrace{11\cdots1}_{n+1\text{个}}$ 和 $10^n + 1$ 均是大于1的自然数,所以所给的数是合数.

例3 解方程 $x(x+y) = z + 120$,其中 x, y 是质数,z 是奇质数.

("天府杯"91级数学竞赛题)

解 因 z 是奇质数,故 $z + 120$ 是奇数,即 $x(x+y)$ 是奇数,可知 $x, x+y$ 都是奇数,所以 y 是偶数,又 y 为质数,所以 $y = 2$.

原方程变为 $x(x+2) = z + 120$,即

$$z = x^2 + 2x - 120 = (x-10)(x+12)$$

又因 z 是奇质数,所以 $x - 10 = 1, x + 12 = -2$,解得 $x = 11, z = 23$.

故原方程的解为 $x = 11, y = 2, z = 23$.

例4 若 n 是自然数,且 $\dfrac{n^3 - 1}{5}$ 是质数,求 n 的值.

(1989年北京市初二数学竞赛题)

解 $n^3 - 1$ 是5的倍数,所以 n^3 的个位数必须是1或6.

整数的性质

如果 n^3 的个位数是 1,那么 n^3-1 的个位数必定是 0,个位是 0 的数是偶数,被 5 除所得商不是素数,故只能取使 n^3 的个位是 6 的自然数.

设 $n = 10x + 6$,则
$$\frac{n^3-1}{5} = \frac{(n-1)(n^2+n+1)}{5} = $$
$$\frac{(10x+5)(n^2+n+1)}{5} = $$
$$(2x+1)(n^2+n+1)$$

因为 $\frac{n^3-1}{5}$ 是质数,所以 $x=0$,即 $n=6$.

例 5 求证:存在无穷多个自然数 a,使得数 $z = n^4 + a$ 对于任意自然数 n 均为合数.

(1969 年第 11 届 IMO 试题)

分析 本题的关键在于找出一系列自然数 a,使得 $n^4 + a$ 能分解成两个大于 1 的因数之积.

证明 设 $a = 4m^4 (m=2,3,\cdots)$,则
$$n^4 + a = n^4 + 4m^4 = n^4 + 4m^2n^2 + 4m^4 - 4m^2n^2 = $$
$$(n^2 + 2m^2)^2 - 4m^2n^2 = $$
$$(n^2 + 2m^2 - 2mn)(n^2 + 2m^2 + 2mn) = $$
$$[(m+n)^2 + m^2][(n-m)^2 + m^2]$$

因为
$$1 < (n-m)^2 + m^2 < n^4 + 4m^4 = n^4 + a$$
所以对于无限多个 $a = 4m^2 (m=2,3,\cdots)$,$n^4 + a$ 都是合数.

例 6 若 m,n 都是质数,方程 $x^2 - mx + n = 0$ 有正整数根 k 和 t,求 $m^n + n^m + k^t + t^k$ 的值.

(1990 年湖北黄冈地区初中数学竞赛题)

解 因为 n 为质数,又 $kt = n$,所以 k,t 中一个为

四、素数与合数

1,一个为 n. 所以 $k+t=n+1=m$. 由已知 m 为质数,n 为质数,且 m,n 是连续的自然数,所以 $n=2,m=3$.

故 $m^n+n^m+k^t+t^k=20$.

例7 已知当 n 为自然数时,关于 x 的一元二次方程 $2x^2-8nx+10x-n^2+35n-76=0$ 的二根为质数,试解此方程.

(1990年山西省初中数学竞赛题)

解 设质数 x_1,x_2 为方程的二根. 由韦达定理知: $x_1+x_2=4n-5$ 为奇数,故 x_1,x_2 必为一奇一偶,又都是质数,故其中必有一个为 2. 不妨设 $x_1=2$,所以 $x_2=4n-7$. 所以 $2(4n-7)=\frac{1}{2}(-n^2+35n-76)$,解得 $n=3$ 或 $n=16$. 分别代入原方程解得 $x_2=5$ 或 $x_2=57$(不合题意,舍去)

故原方程的根为 $x_1=2,x_2=5$.

例8 求方程 $x^y+1=z$ 的质数解.

(1987年湖北省数学奥林匹克学校初中数学竞赛题)

解 就 x,y 的奇偶性进行讨论.

(1)若 x 为奇数,则不论 y 为奇数还是偶数,x^y 都是奇数,于是 x^y+1 是偶数,即 z 为偶数. 又因为 z 是质数,所以 $z=2$.

于是 $x^y=1$,得 $x=1,y=1$. 但 1 不是质数,即 $x=1,y=1,z=2$ 不是方程的质数解,故方程没有 x 为奇数的质数解.

(2)若 x 为偶数,因为 x 为质数,所以 $x=2$.

当 y 为奇数时,因为 y 是质数,所以 $y>1$,于是 2^y+1 能被 $(2+1)$ 整除,则 2^y+1 是 3 的倍数. 所以 $z=3,y=1$ 不是质数. 故方程没有 y 为奇数的质数解.

整数的性质

当 y 为偶数时,此时 $x=2, y=2$. 所以 $z=2^2+1=5$ 是质数.

故方程有唯一的质数解 $x=2, y=2, z=5$.

例 9 设 p, q 为质数,方程 $x^2+p^2x+q^3=0$ 在 p, q 为何值时有整数根?

(1985 年苏州市高中数学竞赛题)

解 由 $x^2+p^2x+q^3=0$ 可知
$$x<0$$
且
$$x(x+p^2)=-q^3$$
x 是 q^3 的约数.

因为 q 是质数,所以 $x=-1$ 或 $x=-q^2$, 或 $x=-q^3$.

(1) 当 $x=-1$ 时, $p^2-1=q^3, p^2, q^3$ 一奇一偶, p, q 一奇一偶. 其中必有一个为 2, 显然 $p=3, q=2$.

(2) 当 $x=-q^2$ 时, $p^2-q^2=q, q=(p+q)(p-q)$, 这不可能.

(3) 当 $x=-q^3$ 时, $p^2-q^3=1$. 仍有 $p=3, q=2$. 所以原方程为 $x^2+9x+8=0$. 它的根为 $x_1=-1, x_2=-8$.

例 10 设 a, b, c, d 是自然数,并且 $a^2+b^2=c^2+d^2$,证明 $a+b+c+d$ 一定是合数.

(1990 年北京市初二数学竞赛复赛题)

分析 因为 a, b, c, d 为自然数,且 $a^2+b^2=c^2+d^2$. 由奇偶性分析易知 a, b, c, d 中奇数的个数只能是偶数个.

若其中有 0 个奇数,即 a, b, c, d 均为偶数,则 $a+b+c+d$ 必为大于 2 的偶数,显然为合数.

若其中有 2 个奇数,那么 a, b, c, d 必为二奇二偶, $a+b+c+d$ 亦为大于 2 的偶数,显然为合数.

若 a, b, c, d 全为奇数, $a+b+c+d$ 同样是大于 2

四、素数与合数

的偶数,所以仍为合数.

例 11 求证:如果 p 和 $p+2$ 都是大于 3 的素数,那么 6 是 $p+1$ 的因数.

(第 5 届加拿大数学竞赛题)

证明 任一个大于 3 的素数都能表示成 $6n+1$ 或 $6n-1$ 的形式之一.

若 $p=6n+1$,则 $p+2=6n+3=3(n+1)$ 是合数,所以只有 $p=6n-1$,而 $p=6n-1$ 即 $p+1=6n$,故 6 是 $p+1$ 的因数.

说明 形如 $6n+1$ 和 $6n-1$ 的数不一定都是质数,如 $6\times4+1=25,6\times6-1=35$.

例 12 求这样的质数,当它加上 10 和 14 时仍为质数.

(1981 年基辅数学奥林匹克试题)

分析 由于质数的分布不规则,我们只能从最小的质数试起,希望由此找到所要求的质数,然后再设法加以证明.

解 因为 $2+10=12,2+14=16$,所以质数 2 不适合;

$3+10=13,3+14=17$,所以质数 3 合要求;

$5+10=15,5+14=19$,所以质数 5 不适合;

$7+10=17,7+14=21$,所以质数 7 不适合;

$11+10=21,11+14=25$,所以质数 11 不适合;

$$\vdots$$

从上面观察,3 符合要求,但符合题设要求的质数是否只有 3 呢?

设 b 为符合条件的质数,b 被 3 除有三类情况:

$$b=3k+1 \qquad ①$$

整数的性质

$$b = 3k - 1 \quad ②$$
$$b = 3k \quad ③$$

当 $b = 3k + 1$ 时,$b + 14 = 3k + 15 = 3(k + 5)$ 是合数;

当 $b = 3k - 1$ 时,$b + 10 = 3k - 1 + 10 = 3(k + 3)$ 是合数. 所以 b 只能是 $3k$ 的形式,但由题意又是质数,故 k 只能为 1,即所求质数是 3 且只能是 3.

例 13 求证:$F_5 = 2^{2^5} + 1$ 是合数($F_n = 2^{2^n} + 1$ 型数称为费尔马数).

证明 这是因为
$F_5 = 2^{2^5} + 1 = 2^4(2^7)^4 + 1 =$
$(2^7 \times 5 - 5^4 + 1)(2^7)^4 + 1 =$
$(1 + 2^7 \times 5)(2^7)^4 + 1 - (2^7 \times 5)^4 =$
$(1 + 2^7 \times 5)\{(2^7)^4 + [(1 - 5) \times 2^7][1 + (5 \times 2^7)^2]\} = 641 \times 6\,700\,417$

例 14 若 a 为自然数,则 $a^4 - 3a^2 + 9$ 是质数还是合数?给出你的证明.

(1986 年广州、福州、重庆、武汉四市初中数学竞赛试题)

解 当 a 为自然数时,$a^4 - 3a^2 + 9$ 是质数还是合数与 a 的值有关. 例如,当 $a = 1$ 时,$a^4 - 3a^2 + 9 = 7$ 是质数,当 $a = 3$ 时,$a^4 - 3a^2 + 9 = 3^4 - 3 \cdot 3^2 + 9 = 9 \times 7$ 是合数.

但是由等式
$a^4 - 3a^2 + 9 = (a^2 + 3a + 3)(a^2 - 3a + 3)$
可知,如果 $a^4 - 3a^2 + 9$ 为质数,那么 $a^2 + 3a + 3$ 或 $a^2 - 3a + 3$ 必有一个为 1,因 $a^2 + 3a + 3 > 3$,故 $a^2 - 3a + 3 = 1$,即 $a = 1$ 或 $a = 2$.

因此,当 $a \neq 1$ 和 2 时,$a^4 - 3a^2 + 9$ 为合数;当 $a =$

1 或 2 时,易证 $a^4 - 3a^2 + 9$ 为质数.

例 15 若两个整数 u, v 使 $u^2 + uv + v^2$ 被 9 整除,则 u 和 v 都能被 3 整除.

证明 由于
$$u^2 + uv + v^2 = (u-v)^2 + 3uv \qquad ①$$
依题设 $9 \mid (u^2 + uv + v^2)$,从而 $3 \mid (u^2 + uv + v^2)$,故由式①得 $3 \mid u - v$,且 $3 \mid uv$. 因 3 是素数,由此推出 $3 \mid u$ 或 $3 \mid v$,结合已证得的 $3 \mid u - v$,立即推出 3 整除 $(u-v) - u$,即 $3 \mid v$. 同理可证 $3 \mid u$.

例 16 写出 10 个连续的自然数,每一个都是合数.

解法 1 设这 10 个连续的自然数为 $k+2, k+3, \cdots, k+11$.

显然,若 k 是 $2, 3, 4, \cdots, 11$ 的倍数,则此 10 个数必定全是合数,故令 $k = 2 \times 3 \times 4 \times \cdots \times 11$,得
$$2 \times 3 \times \cdots \times 11 + 2$$
$$2 \times 3 \times \cdots \times 11 + 3$$
$$\vdots$$
$$2 \times 3 \times \cdots \times 11 + 11$$
是 10 个连续的合数.

解法 2 用筛法,把自然数从小到大依次划去 2 的倍数、3 的倍数、5 的倍数 ……,直至划出 10 个连续的合数为止. 于是,可得到一个答案.

一般地,在给定一个任意大的自然数 N 后,可取 $k = (N+1)!$,那么 $(N+1)! + 2, (N+1)! + 3, \cdots, (N+1)! + (N+1)$ 这 N 个连续的自然数都是合数.

例 17 求证:能够找到 1 993 个连续的自然数,它

整数的性质

们中恰好只有一个质数.

分析 直接寻找适合于题设的 1 993 个自然数,简直像在大海里捞针.但只要设计一种方法,同上例,按照这个方法实施,就一定能找到一组适合条件的自然数.

证明 设 $N = 1 \times 2 \times \cdots \times 1\,993 + 1$,因为质数有无数多个,我们取大于 N 的最小质数 p,这时由 $N+1, N+2, \cdots, N+1\,993$ 均为合数,所以这个大于 N 的最小质数 p 一定大于 $N+1\,992$,即 $p \geqslant N+1\,993$.

这就保证了在 N 和 p 之间至少有 1 992 个合数,所以 $p-1, p-2, p-3, \cdots, p-1\,991, p-1\,992$ 恰为 1 992 个连续的合数,而 p 是质数,所以

$$p-1\,992, p-1\,991, \cdots, p-2, p-1, p$$

是满足条件的 1 993 个连续自然数.

例 18 $\overline{a_1 a_2 \cdots a_{2\,000}}$ 是按如下规则写出的一个两千位的自然数(其中 a_i 代表阿拉伯数码):a_1,接着按规则写 $a_2, a_3, \cdots$,当 a_i 已写出时,接着写 $a_i + 1$ 时,要使两位数 $\overline{a_i a_{i+1}}$ 是 17 或 23 的倍数($i = 1, 2, \cdots, 1\,999$).若按照上述规则写出一个两千位的自然数的各数码 a_i 中,1,9,8,7 这四个数码都出现过,求证:写出的这个两千位自然数必定是合数.

(1987 年北京市高一数学竞赛题)

证明 两位数中,17 的倍数有 17,34,51,68,85;23 的倍数有 23,46,69,92,显然按规则如图 1 所示.

其中 $6 \to 9 \to 2 \to 3$ 可循环,$6 \to 8 \to 5 \to 1 \to 7$ 循环中止. 由题设,1,9,8,7 都出现过,故可循环 399 段,不可循环仅 1 段.

所以这两千位数的数字之和为

54

四、素数与合数

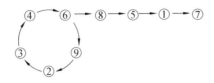

图 1

$(6+9+2+3+4) \times 399 + (6+8+5+1+7) = 3(8 \times 399 + 9)$

因此这个两千位数是 3 的倍数,于是该数是合数.

例 19 设 p,q 均为自然数,且 $\dfrac{p}{q} = 1 - \dfrac{1}{2} + \dfrac{1}{3} - \dfrac{1}{4} + \cdots - \dfrac{1}{1\,318} + \dfrac{1}{1\,319}$,求证:$1\,979 \mid p$.

(1979 年第 21 届 IMO 试题)

证明 因为

$$\dfrac{p}{q} = \left(1 + \dfrac{1}{2} + \dfrac{1}{3} + \cdots + \dfrac{1}{1\,319}\right) - 2\left(\dfrac{1}{2} + \dfrac{1}{4} + \dfrac{1}{6} + \cdots + \dfrac{1}{1\,318}\right) =$$

$$\left(1 + \dfrac{1}{2} + \cdots + \dfrac{1}{1\,319}\right) - \left(1 + \dfrac{1}{2} + \cdots + \dfrac{1}{659}\right) =$$

$$\dfrac{1}{660} + \dfrac{1}{661} + \cdots + \dfrac{1}{1\,318} + \dfrac{1}{1\,319} =$$

$$\left(\dfrac{1}{660} + \dfrac{1}{1\,319}\right) + \left(\dfrac{1}{661} + \dfrac{1}{1\,318}\right) + \cdots + \left(\dfrac{1}{989} + \dfrac{1}{990}\right) =$$

$$1\,979 \cdot \left(\dfrac{1}{660 \cdot 1\,319} + \dfrac{1}{661 \cdot 1\,318} + \cdots + \dfrac{1}{989 \cdot 990}\right) =$$

整数的性质

$$1979 \cdot \frac{p'}{q'}$$

这里 q' 为从 660 到 1 319 的所有整数的乘积. 因 1 979 为一素数(可以逐一验证,所有不超过 $\sqrt{1\,979}$ 的自然数均不为 1 979 的因子). 故 q' 中每一因子均与 1 979 互素. 故 $pq' = 1\,979 \cdot p' \cdot q$ 中 1 979 ∤ q',故应 1 979 | p.

练习四

1. 选择题

(1) 设 n 是自然数,形如 $\frac{n(n+1)}{2} - 1$ 的质数有
( )

(A) 1 个 (B) 2 个

(C) 无穷多个 (D) 以上答案都不对

(2) 若 $n = 20 \cdot 30 \cdot 40 \cdots 120 \cdot 130$,则不是 n 的因数的最小质数是 ( )

(A) 19 (B) 17

(C) 13 (D) 非上述答案

(1987 年上海市初中数学竞赛题)

(3) 三个素数 p,q,r,满足 $p + q = r$ 且 $1 < p < q$,那么 p 等于 ( )

(A) 2 (B) 3 (C) 7 (D) 13

(第 34 届美国中学生数学竞赛题)

(4) 如果 n 是大于 1 的最小非素数,并且它没有小于 10 的素因数,那么 ( )

(A) $110 < n \leqslant 120$ (B) $120 < n \leqslant 130$

四、素数与合数

(C)$130 < n \leq 140$ (D)$140 < n \leq 150$

(第35届美国中学生数学竞赛题)

(5) 设 p,q 与 r 是各不相同的素数,这里我们不认为1是素数,下列数中哪一个数是包含因子 $n = pq^2r^4$ 的最小的正的完全立方数?   ( )

(A)$p^8q^8r^8$ (B)$(pq^2r^2)^3$
(C)$(p^2q^2r^2)^3$ (D)$(pqr)^3$

(第36届美国中学生数学竞赛题)

(6) 在十进制数中,小于100且个位数字是7的质数的个数为   ( )

(A)4   (B)5   (C)6   (D)7

(第38届美国中学生数学竞赛题)

(7) 两个质数 p,q 恰是整系数方程 $x^2 - 99x + m = 0$ 的两个根,则 $\dfrac{p}{q} + \dfrac{q}{p}$ 的值是   ( )

(A)$9\,413$ (B)$\dfrac{9\,413}{194}$

(C)$\dfrac{9\,413}{99}$ (D)$\dfrac{9\,413}{97}$

(1983年北京市初二数学竞赛题)

(8) 若 p,q 都是自然数,方程 $px^2 - qx + 1\,985 = 0$ 的两个根都是质数,则 $12p^2 + q$ 的值为   ( )

(A)404   (B)$1\,998$ (C)414   (D)$1\,996$

(1985年北京市初中数学竞赛题)

(9) 设 $m = n^4 + x$,其中 n 为自然数,x 为两位整数,那么使 m 为合数的 x 值可能为   ( )

(A)16   (B)61   (C)81   (D)64

(1987年天津市初二数学竞赛题)

整数的性质

2. 填空题

(1) 满足方程 $x^2 - 2y^2 = 1$ 的所有质数解是_____.

(1988年上海市初三数学竞赛题)

(2) 若 a 是自然数,且 $a^4 - 4a^3 + 15a^2 - 30a + 27$ 的值是一个质数,这个质数是_____.

(1988年北京市初二数学竞赛题)

(3) 设 $x = \lg m + \lg(5n)$,m,n 都是质数,且 $m - n = 197$,则 $[x] = $ _____.

(1990年第6届全国部分省市初中数学通讯赛题)

(4) 方程 $x^2 + px + q = 0$ 有两个不等的整数根,p,q 是自然数且是质数,这个方程的根是_____.

(1991年第2届希望杯数学竞赛题)

(5) 不能用三个不相等的合数之和来表示的最大奇数是_____.

(1989年上海市初中数学竞赛题)

3. 试证 $1\underbrace{00\cdots0}_{1994个}1$ 是合数.

4. 求满足关系式 $abc = 5(a + b + c)$ 的质数 a,b,c.

5. $p \geqslant 5$ 的质数,$2p + 1$ 也是质数,试证:$4p + 1$ 是合数.

6. 求证:当 n 为大于2的整数时,$2^n - 1$ 和 $2^n + 1$ 中如果一个是质数,另一个必是合数.

7. 对于自然数 n,求证 $N = 3 \cdot 2^{2^{2^n}}$ 是合数.

8. 证明 $4^{545} + 545^4$ 是合数.

(第15届全俄数学竞赛题)

9. 已知 a,b,c,d 均为质数,且满足条件 $10 < c < d < 20$,c 与 a 之差是一较大的质数,且 $d^2 - c^2 = $

四、素数与合数

$a^3b(a+b)$,求 a,b,c,d.

(1989 年合肥市初中数学竞赛题)

10. 设正整数 a,b,c,d 满足 $ab=cd$,证明:$k = a^{1984}+b^{1984}+c^{1984}+d^{1984}$ 是合数.

(第 10 届全俄数学竞赛题)

11. 前 160 个正整数中与 30 互素的所有数之和等于多少?

(1990 年全国高中数学联赛备选题)

12. 求出所有的自然数 n,使三个整数 $n,n+8,n+16$ 都为质数.

13. 求整数 x,使 $|4x^2-12x-27|$ 是素数.

14. 试证:对任意整数 $n,n^4-20n+4$ 是合数.

15. 已知三个不同的自然数,它们两两互质,且任意二数的和能被第三个数整除,试求此三数.

(1988 年四川省初中数学竞赛题)

16. 对任意十个连续的自然数,求证:其中至少有一个与其余九个数都互质.

(1988 年北京市初二数学竞赛题)

17. 不能写成两个奇合数之和的最大偶数是多少?

(1984 年第二届美国数学邀请赛试题)

18. 试证:对任何正整数 n,$289 \nmid (4n^2-2n+13)$.

19. 求证 $2^p(p \in \mathbf{N})$ 不能表成连续自然数的和.

20. 证明:形如 $4n-1$ 的数有无穷多个素数.

21. 一个数是三个质数的积,这个数比各质数的平方和小 8,比各个质数的两两乘积之和小 1,求这个数.

22. 在 1,0 交替出现且以 1 开头和结尾的所有整数(即 101,10 101,1 010 101,…)中,有多少个质数?

(1990 年长春市初中数学竞赛题)

整数的性质

23. 立方体的每个面上都写有一个自然数,并且相对两个面所写二数之和相等. 若 18 的对面写的是质数 a, 14 的对面写的是质数 b, 35 的对面写的是质数 c. 试求: $a^2 + b^2 + c^2 - ab - bc - ca$.

（1992 年北京市初二数学竞赛题）

24. 如果一个自然数是素数,而且它的数字的位置经过任意交换后仍然是素数,则称这个数为绝对素数. 证明:绝对素数不能有多于 3 个不同的数字.

（第 18 届全苏中学数学奥林匹克试题）

算术基本定理

五

分解质因数是研究整数性质的一种重要手段,掌握分解质因数的方法和算术基本定理是十分重要的.

算术基本定理 每一个不等于1的自然数都可以分解为质因数的积的形式,并且这种分法是唯一的. 即大于1的自然数 N 可以分解为

$$N = p_1^{\alpha_1} \cdot p_2^{\alpha_2} \cdot \cdots \cdot p_n^{\alpha_n}$$

其中 n 是大于或等于 1 的自然数,$p_1, p_2, \cdots, p_n$ 是互不相同的质数,$\alpha_1, \alpha_2, \cdots, \alpha_n$ 都是自然数,上述分解称为自然数 N 的标准分解.

例如,$9\,828 = 2^2 \cdot 3^2 \cdot 7 \cdot 13$.

算术基本定理是初等数论中最重要的定理之一,它表明质数在正整数集合中所占的重要地位. 下面我们利用自然数的标准分解式来解决一个数的约数的个数问题.

整数的性质

例如,$600 = 2^3 \times 3 \times 5^2$,这样 600 的每一个约数应该具有形式 $2^\alpha \times 3^\beta \times 5^\gamma$. 其中 α 可以取 $0,1,2,3;\beta$ 可以取 $0,1;\gamma$ 可以取 $0,1,2$. 因此,600 的所有约数个数为

$$(3+1)(1+1)(2+1) = 24(个)$$

一般地,用 $d(n)$ 表示正整数 n 的正约数的个数.

定理 1 若 $n = p_1^{\alpha_1} \cdot p_2^{\alpha_2} \cdot \cdots \cdot p_n^{\alpha_n}$,其中 $p_1, p_2, \cdots, p_k$ 为不同的质数,$\alpha_1, \alpha_2, \cdots, \alpha_k$ 为不小于 1 的正整数,则

$$d(n) = (\alpha_1 + 1)(\alpha_2 + 1)\cdots(\alpha_n + 1)$$

证明 因 $p_1^{\alpha_1}$ 的正约数有 $1, p_1, p_1^2, \cdots, p_1^{\alpha_1}$ 共 $(\alpha_1 + 1)$ 个;$p_2^{\alpha_2}$ 的正约数有 $1, p_2, p_2^2, \cdots, p_2^{\alpha_2}$ 共 $(\alpha_2 + 1)$ 个. 依次下去,$p_k^{\alpha_k}$ 的正约数有 $1, p_k, p_k^2, \cdots, p_k^{\alpha_k}$ 共 $(\alpha_k + 1)$ 个. n 的正约数的形式是 $p_1^{x_1} p_2^{x_2} \cdots p_k^{x_k}$,其中 $0 \leq x_1 \leq \alpha_1, \cdots, 0 \leq x_k \leq \alpha_k$. 因 x_1 可选取 $0,1,2,\cdots,\alpha_1$,共 $\alpha_1 + 1$ 种;x_2 可选取 $\alpha_2 + 1$ 种 $\cdots\cdots x_k$ 可选取 $\alpha_k + 1$ 种. 每一个 x_i 的选法与其他的 x_j 的取法可任意配合,这里 $i \neq j, 1 \leq i, j \leq n$.

对 $p_1^{\alpha_1}, p_2^{\alpha_2}, \cdots, p_k^{\alpha_k}$ 的正约数配对时,共有 $(\alpha_1 + 1)(\alpha_2 + 1)\cdots(\alpha_k + 1)$ 种,所以

$$d(n) = d(p_1^{\alpha_1} \cdot p_2^{\alpha_2} \cdot \cdots \cdot p_k^{\alpha_k}) = (\alpha_1 + 1)(\alpha_2 + 1)\cdots(\alpha_k + 1)$$

下面我们再来研究正整数 n 的所有正约数的和.

一般地,用 $S(n)$ 表示正整数 n 的所有正约数的和.

定理 2 n 为正整数,且 $n = p_1^{\alpha_1} \cdot p_2^{\alpha_2} \cdot \cdots \cdot p_k^{\alpha_k}$,则

$$S(n) = \frac{p_1^{\alpha_1+1} - 1}{p_1 - 1} \cdot \frac{p_2^{\alpha_2+1} - 1}{p_2 - 1} \cdot \cdots \cdot \frac{p_k^{\alpha_k+1} - 1}{p_k - 1}$$

五、算术基本定理

证明 作乘积$(1+p_1+p_1^2+\cdots+p_1^{\alpha_1})(1+p_2+p_2^2+\cdots+p_2^{\alpha_2})\cdots(1+p_k+p_k^2+\cdots+p_k^{\alpha_k})$，从每个括号内各取一项作成的乘积当然是$n$的一个正约数. 只要有一个括号内取的项不同，所作成的乘积也不同.

上列k个括号相乘共可得出$(\alpha_1+1)(\alpha_2+1)\cdots(\alpha_k+1)$项，而$d(n)$恰等于$(\alpha_1+1)(\alpha_2+1)\cdots(\alpha_k+1)$. 所以

$$S(n) = (1+p_1+p_1^2+\cdots+p_1^{\alpha_1})(1+p_2+p_2^2+\cdots+p_2^{\alpha_2})\cdots(1+p_k+p_k^2+\cdots+p_k^{\alpha_k}) = \frac{p_1^{\alpha_1+1}-1}{p_1-1}\cdot\frac{p_2^{\alpha_2+1}-1}{p_2-1}\cdot\cdots\cdot\frac{p_k^{\alpha_k+1}-1}{p_k-1}$$

算术基本定理以及由此导出的这些定理在解题中的应用是十分广泛的，下面举例说明如下.

例1 分解质因数 999 999.

(1988年上海市初一数学竞赛题)

解 $999\,999 = 3^2 \times 111\,111 = 3^3 \times 37\,037 = 3^3 \times 7 \times 11 \times 13 \times 37$

例2 30^4的相异正约数的个数为_____个.

(1989年合肥市初中数学竞赛题)

解 因为 $30 = 2 \times 3 \times 5$

所以

$$30^4 = 2^4 \cdot 3^4 \cdot 5^4$$

由性质1知，30^4的正约数的个数为

$$(4+1)(4+1)(4+1) = 125 \text{ 个}$$

例3 已知$1\,176a = b^4$，a,b为自然数，a的最小值是_____.

(1982年上海市初中数学竞赛题)

解 因为$1\,176 = 2^3 \cdot 3 \cdot 7^2$，由$2^3 \cdot 3 \cdot 7^2 \cdot a = b^4$，

整数的性质

知 a 的最小自然数是 $a = 2 \cdot 3^3 \cdot 7^2 = 2\,646$.

例 4 设
$$N = 69^5 + 5 \cdot 69^4 + 10 \cdot 69^3 + 10 \cdot 69^2 + 5 \cdot 69 + 1$$
则有多少个正整数是 N 的因数?

(第 37 届美国中学数学竞赛题)

解 因为
$$N = 69^5 + 5 \cdot 69^4 + 10 \cdot 69^3 + 10 \cdot 69^2 + 5 \cdot 69 + 1 = (69 + 1)^5 = 70^5 = 2^5 \cdot 5^5 \cdot 7^5.$$
所以有 $(1+5)(1+5)(1+5) = 216$ 个正整数是 N 的因数.

例 5 在一次射箭比赛中,已知小王与小张三次中靶的环数之积都是 36,且总环数相等. 还已知小王的最高环数比小张的最高环数高(中箭的环数是不超过 10 的自然数),则小王的三次射箭的环数从小到大排列是_____.

(1986 年上海市初中数学竞赛题)

解 因为 $36 = 1 \times 2 \times 2 \times 3 \times 3$,且小张最高环数不为 9,所以小张三次的环数可能为 2,3,6 或 4,3,3 或 6,6,1. 所以 $2+3+6 = 11, 4+3+3 = 10, 6+6+1 = 13$. 而小王三次的环数可能为 9,4,1 或 9,2,2. 但 $9+4+1 = 14$ 不可能,$9+2+2$ 可能.

故小王的三次环数为 2,2,9.

例 6 若 $12^n M = 1 \times 2 \times 3 \times 4 \times \cdots \times 99 \times 100$,其中 M 为自然数,n 为使得等式成立的最大的自然数,则 M ( )

(A) 能被 2 整除,但不能被 3 整除

(B) 能被 3 整除,但不能被 2 整除

(C) 能被 4 整除,但不能被 3 整除

五、算术基本定理

（D）不能被 3 整除,也不能被 2 整除

（1991 年全国初中数学联赛题）

解 在 $1 \times 2 \times 3 \times \cdots \times 100$ 的质因数分解中,2 的幂为 $\left[\frac{100}{2}\right] + \left[\frac{100}{2^2}\right] + \left[\frac{100}{2^3}\right] + \cdots + \left[\frac{100}{2^6}\right] = 50 + 25 + 12 + 6 + 3 + 1 = 97$；3 的幂为 $\left[\frac{100}{3}\right] + \left[\frac{100}{3^2}\right] + \left[\frac{100}{3^3}\right] + \left[\frac{100}{3^4}\right] = 33 + 11 + 3 + 1 = 48$，所以

$$1 \times 2 \times 3 \times \cdots \times 100 = 2^{97} \times 3^{48} \times p = 12^{48} \times 2p$$

其中 2 不整除 p,3 不整除 p,所以 $M = 2p$.选（A）.

类似的问题有：

将 $\dfrac{1 \cdot 2 \cdot 3 \cdot \cdots \cdot 100}{6^{100}}$ 约简后所得的分数的分母是_____.（结论可以用指数形式表示）

（1989 年上海市初二数学竞赛题）

答：$2^3 \times 3^{52}$.

例7 方程 $x^2 - y^2 = 1\,988$ 的不同的整数解的组数是_____.

（1988 年上海市初二数学竞赛题）

解 由于 1 988 不是平方数,所以 $y \neq 0$.

于是可先求 $x^2 - y^2 = 1\,988$ 的正整数解.

由 $(x+y)(x-y) = 1\,988$ 可知,$x+y$ 和 $x-y$ 都是 1 988 的约数,而 $x+y$ 和 $x-y$ 同奇同偶.所以 $x+y$ 和 $x-y$ 皆偶,于是

$$\frac{x+y}{2} \cdot \frac{x-y}{2} = 497$$

这里 $\dfrac{x+y}{2}$ 和 $\dfrac{x-y}{2}$ 都是 497 的正约数.

整数的性质

由于 $\frac{x+y}{2} > \frac{x-y}{2}$,所以 $\frac{x+y}{2}$ 是 497 的大于 $\sqrt{497}$ 的约数,而 $497 = 7 \times 71$ 有 4 个约数,其中 2 个大于 $\sqrt{497}$,所以 $\frac{x+y}{2}$ 有两个值可取,相应地可得到 $\frac{x-y}{2}$ 的两个值,于是方程 $x^2 - y^2 = 1988$ 有两组正整数解,适当在 x,y 前冠以正、负号可得 $2 \times 4 = 8$ 组整数解.

例 8 将 8 个数 14,30,33,75,143,169,4 445,4 953 分成两组,每组 4 个数,使一组中 4 个数的乘积与另一组中 4 个数的乘积相等,应该怎样分组?

分析 此类问题可先将各数分解成质因数的乘积,再根据质因数的指数进行搭配.

解 将 8 个数分解成质因数的积.
$14 = 2 \cdot 7, 30 = 2 \cdot 3 \cdot 5,$
$143 = 11 \cdot 13, 169 = 13^2,$
$33 = 3 \cdot 11, 75 = 3 \cdot 5^2,$
$4\,445 = 5 \cdot 7 \cdot 127, 4\,953 = 3 \cdot 13 \cdot 127$
8 个数相乘得
$$A = 2^2 \cdot 3^4 \cdot 5^4 \cdot 7^2 \cdot 11^2 \cdot 13^4 \cdot 127^2$$
所以每组 4 个数的乘积是
$$B = 2 \cdot 3^2 \cdot 5^2 \cdot 7 \cdot 11 \cdot 13^2 \cdot 127$$
由观察知,14 与 30 各含有一个因数 2,故它们应在不同的组.不妨设 14 归入甲组,30 归入乙组.因 14 有因数 7,故另一有因数 7 的 4 445 必归于乙组.4 445 有因数 127,知另一含因数 127 的 4 953 应归于甲组.甲组中的 75 与 4 953 都含有因数 3,故另一含因数 3 的 33 应归于乙组.因 33 有因数 11,另一有因数 11 的 143 应归于甲组,最后一个 169 归于乙组,故得分组方法为:
甲组:14,4 953,75,143;

乙组:30,4 445,33,169.

例9 求 $S(450)$.

解 因为 $450 = 2 \cdot 3^2 \cdot 5^2$,所以
$$S(450) = \frac{2^{1+1}-1}{2-1} \cdot \frac{3^{2+1}-1}{3-1} \cdot \frac{5^{2+1}-1}{5-1} =$$
$$3 \times \frac{26}{2} \times \frac{124}{4} = 1\ 209$$

例10 设 n 是满足下列条件的最小正整数,它们是 75 的倍数,且恰有 75 个正整数因子(包括 1 和本身),求 $\frac{n}{75}$.

(第 8 届美国数学邀请赛题)

解 由于 $d(n) = 75 = 3 \times 5 \times 5$,所以 n 至多有 3 个质约数.

由于 $n = 75k = 3 \times 5^2 k$,所以要使 n 最小,可设
$$n = 2^\alpha \cdot 3^\beta \cdot 5^\gamma$$
则
$$(\alpha+1)(\beta+1)(\gamma+1) = 75$$
这里 α,β,γ 是对称的,由于 α,β,γ 分别是 2,3,5 的指数,要 n 尽量小,则应使 $\alpha \geq \beta \geq \gamma$,即
$$\alpha+1 \geq \beta+1 \geq \gamma+1$$
所以
$$\alpha+1 = 5, \quad \beta+1 = 5, \quad \gamma+1 = 3$$
$$\alpha = 4, \quad \beta = 4, \quad \gamma = 2$$
所以 n 最小是 $2^4 \cdot 3^4 \cdot 5^2$.
$$\frac{n}{75} = 2^4 \cdot 3^3 = 432$$

例11 设 S 是 1 000 000 的所有真因子的对数(10 为底)之和(一个自然数的真因子,就是指不同于 1 和

整数的性质

该数本身的正整数因子)最接近于 S 的整数是多少？

(第四届美国数学邀请赛题)

解 注意到离 10^6 本身最近和离它最远的真因子之积等于它本身,次近的与次远的乘积也为其本身,依次地,如此选取. 注意到 10^6 是完全平方数,则最后留下它的算术平方根是 10^3. 又 $10^6 = 2^6 \cdot 5^6$,于是由题意可得

$$S = \frac{(1+6)(1+6)-3}{2}\lg 1\ 000\ 000 + \lg 1\ 000 = 138 + 3 = 141$$

另解 考虑 1 000 000 中的质因数 2 和 5 在它的全部因数中出现的次数,即全部因数的乘积中 2 和 5 的幂指数.

注意到 $2^j (1 \leqslant j \leqslant 6)$ 可以组成的因数有 $2^j, 2^j \cdot 5, 2^j \cdot 5^2, 2^j \cdot 5^3, 2^j \cdot 5^4, 2^j \cdot 5^5, 2^j \cdot 5^6$ 于是这些因数之积中 2 的指数为 $7j$.

对 j 取 $j = 1,2,3,4,5,6$ 得

$$7(1+2+3+4+5+6) = 147$$

同样所有因数之积中 5 的指数也为 147.

去掉非真因子 1 及 $2^6 \cdot 5^6$ 中 2 和 5 的指数,则 2 和 5 在所有真因数之积中的指数均为 141.

$$141 \lg 2 + 141 \lg 5 = 141$$

例 12 求一最小正整数,使它的一半是平方数,它的 $\frac{1}{3}$ 是立方数,它的 $\frac{1}{5}$ 是五次方数.

解 因为所求的数必须能被 2,3,5 整除,所以一定含因数 2,3,5. 不妨设此数为 $N = 2^\alpha \cdot 3^\beta \cdot 5^\gamma$.

由 $\frac{N}{2}$ 是平方数,知 $2 \mid \alpha - 1, 2 \mid \beta, 2 \mid \gamma$;

由 $\dfrac{N}{3}$ 是立方数，知 $3\mid\alpha, 3\mid\beta-1, 3\mid\gamma$；

由 $\dfrac{N}{5}$ 是五次方数，知 $5\mid\alpha, 5\mid\beta, 5\mid\gamma-1$.

再由 $3\mid\alpha, 5\mid\alpha$，知 $15\mid\alpha$，得最小的自然数 $\alpha=15$；

由 $2\mid\beta, 5\mid\beta$，知 $10\mid\beta$，结合 $3\mid\beta-1$，得最小的自然数 $\beta=10$；

由 $2\mid\gamma, 3\mid\gamma$，知 $6\mid\gamma$，结合 $5\mid\gamma-1$，得最小的自然数 $\gamma=6$.

故所求的最小正整数 $N=2^{15}\cdot3^{10}\cdot5^6$.

例 13 有一个小于 2 000 的四位数，它恰有 14 个正约数（包括 1 和它本身），其中有一个质约数的末位数是 1，求这个四位数.

（1984 年上海市初中数学竞赛题）

解 设此四位数为 $N=p_1^{\alpha_1}p_2^{\alpha_2}\cdots p_n^{\alpha_n}$，其中 p_i 为质数，α_i 为自然数 $(i=1,2,\cdots,n)$，则 N 的约数个数为

$$(\alpha_1+1)(\alpha_2+1)\cdots(\alpha_n+1)=14=2\times7$$

因为 $\alpha_i+1\geqslant2$，所以 α_i+1 均为大于或等于 2 的自然数，又因为 $(\alpha_1+1)(\alpha_2+1)\cdots(\alpha_n+1)=2\times7$，所以 $n\leqslant2$.

当 $n=1$ 时，$N=p_1^\beta<2\,000$，所以 $p_1<2$，这与 p_1 是质数矛盾. 所以 $i=2$，即 $N=p_1^{\alpha_1}\cdot p_2^{\alpha_2}$.

因为 $(\alpha_1+1)(\alpha_2+1)=2\times7$，不失一般性，可令 $\alpha_1+1=7, \alpha_2+1=2$，所以 $\alpha_1=6, \alpha_2=1$.

所以 $N=p_1^6\cdot p_2$.

因为 $N<2\,000, 3^6=729, 4^6=4\,096$，所以 $p_1\leqslant3$，此时 p_1^6 的末位数不等于 1，故 p_2 的末位数字是 1，即 p_2 是末位数字为 1 的质数，即 $p_2>11$.

若 $p_1 = 3$,则 $N \geq 3^6 \cdot 11 = 729 \times 11 > 2\,000$,不合题意,故 $p_1 = 2, N = 2^6 \cdot p_2$.

若 $p_2 = 11$,则 $N = 2^6 \cdot 11 = 704$ 不是四位数.

若 $p_2 = 31$,则 $N = 2^6 \cdot 31 = 1\,984$.

若 $p_2 \geq 41$,则 $N \geq 2^6 \cdot 41 = 2\,624 > 2\,000$.

故所求的四位数是 1 984.

例 14 设 n 为已知的正整数,方程 $\dfrac{xy}{x+y} = n$ 有多少组不同的正整数解(注:当 $a \neq b$ 时,将 $x = a, y = b$ 与 $x = b, y = a$ 算做不同的解).

(1985 年合肥市高中数学竞赛题)

解 原方程即为 $xy - (x+y)n = 0$. 即
$$xy - (x+y)n + n^2 = n^2$$
$$(x-n)(y-n) = n^2$$

故知对 n^2 的每一个正约数 m,都可得到原方程的一组正整数解:

$$x - n = m, y - n = \frac{n^2}{m},\ \text{即}\ x = m + n, y = \frac{n^2}{m} + n.$$

而对于 n^2 的不同的正约数,所得的解也不相同. 所以,n^2 有多少个不同的正约数,方程也就有多少组不同的正整数解.

设 n 的质因数分解式为 $n = p_1^{\gamma_1} \cdot p_2^{\gamma_2} \cdots p_k^{\gamma_k}$,所以
$$n^2 = p_1^{2\gamma_1} \cdot p_2^{2\gamma_2} \cdots p_k^{2\gamma_k}$$

从而知 n^2 的正约数共有 $(2\gamma_1 + 1)(2\gamma_2 + 1) \cdots (2\gamma_k + 1)$ 个. 所以,方程也就有这么多组正整数解.

例 15 设 $a_1, a_2, \cdots, a_8$ 是 8 个互异的整数,$\bar{a}$ 是它们的算术平均值. 若 γ 是方程 $(x - a_1)(x - a_2) \cdots (x - a_8) + 1\,980 = 0$ 的整数根,试证: $\gamma = \bar{a} + 2$ 或 $\gamma = \bar{a} - 2$.

五、算术基本定理

(1980年芜湖市初中数学竞赛题)

解 将 γ 代入方程,有
$$(\gamma - a_1)(\gamma - a_2)\cdots(\gamma - a_8) = -1980$$
因为 $a_1, a_2, \cdots, a_8$ 为互异的整数,所以 $\gamma - a_1, \cdots, \gamma - a_8$ 也是互异的整数,且它们都是 -1980 的因数,而 $1980 = 2^2 \cdot 3^2 \cdot 5 \cdot 11$. 而从 -1980 的因数中选出 8 个互异的因数,且使乘积等于 -1980,它们只可能有两种情况: $\pm 1, \pm 2, \pm 3, 5, 11$ 或 $\pm 1, \pm 2, \pm 3, -5, -11$,将这 8 个因数相加得
$$(\gamma - a_1) + (\gamma - a_2) + \cdots + (\gamma - a_8) =$$
$1 + (-1) + 2 + (-2) + 3 + (-3) + 5 + 11 = 16$
或为 -16.

即
$$8\gamma - (a_1 + a_2 + \cdots + a_8) = 16$$
或
$$8\gamma - (a_1 + a_2 + \cdots + a_8) = -16$$
所以
$$\gamma = \frac{1}{8}(a_1 + a_2 + \cdots + a_8) + 2$$
或
$$\gamma = \frac{1}{8}(a_1 + a_2 + \cdots + a_8) - 2$$
即
$$\gamma = \bar{a} + 2 \quad \text{或} \quad \gamma = \bar{a} - 2$$

例 16 如图 1,在 $\triangle ABC$ 中,$AB = 33, AC = 21, BC = m, m$ 为整数. 又在 AB 上取一点 D,在 AC 上取一点 E,使 $AD = DE = EC = n$ 且 n 为整数. 问 m 可取何值?

(1993年瑞士数学奥林匹克竞赛题)

整数的性质

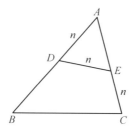

图 1

解　在 $\triangle ABC$ 和 $\triangle ADE$ 中

$$\cos A = \frac{33^2 + 21^2 - m^2}{2 \times 33 \times 21} = \frac{n^2 + (21-n)^2 - n^2}{2n(21-n)}$$

化简即得

$$\frac{21-n}{n} = \frac{1\,530 - m^2}{33 \times 21}$$

$$n(2\,223 - m^2) = 3^3 \times 7^2 \times 11 \qquad ①$$

因为 m,n 均为整数，所以 n 为 $3^3 \cdot 7^2 \cdot 11$ 的因数. 又 $EC < AC, AD + DE > AE$，故 $7 < n < 21$. 所以 n 仅可能取 3^2 或 11.

当 $n = 11$ 时，由式①解得 $m = 30$.

当 $n = 3^2$ 时，由式①知 m 为非整数.

故所求的 m 的值为 30.

例 17　在 3×3 的正方形表格中，填上九个不同的自然数，使得每行三数相乘，每列三数相乘，所得的六个乘积彼此相等（我们用 p 表示这个乘积）.

（1991 年北京市初二数学竞赛题）

（1）证明这个填数法是可以实现的.

（2）试确定 p 能取 1 990, 1 991, 1 992, 1 993, 1 994, 1 995 这六个数中的哪些值.

（3）试求 p 的最小值，并说明理由.

(1) **证明**　容易验证如下填法:如图2填入1,2,3,4,5,6,8,15,20九个不同的自然数,则每行三数之积,每列三数之积都等于120. 因此,题设要求的填法是可以实现的.

2	3	20
4	5	6
15	8	1

图2

(2) **解**　显然,所填九个自然数应为 p 的九个不同的约数. 又 p 的约数 p 不能填入表中,所以,如果填法能实现,p 的不同约数的个数大于或等于10.

在 1 990,1 991,1 992,1 993,1 994,1 995 这六个数中,$1\,990 = 2 \times 5 \times 199$ 共有八个不同的约数;$1\,991 = 11 \times 181$ 共有四个不同的约数;$1\,992 = 2^3 \times 3 \times 83$ 共有十六个不同的约数;$1\,993 = 1 \times 1\,993$ 共有两个不同的约数;$1\,994 = 2 \times 997$ 共有四个不同的约数;$1\,995 = 3 \times 5 \times 7 \times 19$ 共有十六个不同的约数.

显然 p 不能取 1 990,1 991,1 993,1 994,p 可能取的值为 1 992,1 995.

由 $p = 1\,992$ 有图3,$p = 1\,995$ 有图4.

所以,在 1 990,1 991,1 992,1 993,1 994,1 995 中,p 可以取的值是 1 992,1 995.

3	4	166
2	83	12
332	6	1

图3

3	5	133
7	19	15
95	21	1

图4

整数的性质

(3) **解** 一般情况下,在左上角 2×2 的方格中任意填四个不同的自然数 a,b,c,d. 在右下角格子中填入与它们都不同的自然数 e, 其余四格中分别填入 $\dfrac{cd}{e},\dfrac{ab}{e},\dfrac{bd}{e},\dfrac{ac}{e}$(见图5), 就可使 $p=\dfrac{abcd}{e}$. 在这种情况下, 我们

a	b	$\dfrac{cd}{e}$
c	d	$\dfrac{ab}{e}$
$\dfrac{bd}{e}$	$\dfrac{ac}{e}$	e

图5

只须选 a,b,c,d, 使 $\dfrac{cd}{e},\dfrac{ab}{e},\dfrac{bd}{e},\dfrac{ac}{e}$ 均为自然数, 它们一定是两两不等的.

在一般情况下, 可以认为 e 小于 a,b,c,d. 如若不然, 适当交换行与列, 使最小值的数变到右下角格子中即可, 而不影响 p 值.

当 $e=1$ 时, 乘积 $p=\dfrac{abcd}{e}$ 取最小值, 显然是 120, 如 (1) 的图中所填.

当 $e=2$ 时, $p\geqslant 180$; 当 $e=3$ 时, $p\geqslant 280$; 当 $e=4$ 时, $p\geqslant 420$; 最后, 当 $e>5$ 时, $\dfrac{abcd}{e}>\dfrac{e^4}{e}>125>120$.

因此, p 所取的最小值为 120.

例18 有一长、宽、高分别为正整数 $m,n,r(m\leqslant n\leqslant r)$ 的长方体, 表面涂上红色后切成棱长为1的正方体, 已知不带红色的正方体个数与两面带红色的正方体个数之和, 减去一面带红色的正方体个数得 1 985. 求 m,n,r 的值.

(1985年全国初中数学联赛题)

解 首先讨论 $m\geqslant 3$ 的情况, 依题意, 不带红色

五、算术基本定理

的正方体个数为$(m-2)(n-2)(r-2)$,一面带红色的正方体个数为$2(m-2)(n-2)+2(m-2)(r-2)+2(n-2)(r-2)$,两面带红色的正方体个数为$4(m-2)+4(n-2)+4(r-2)$,于是有

$$(m-2)(n-2)(r-2)+4(m-2)+4(n-2)+4(r-2)-2(m-2)(n-2)-2(m-2)(r-2)-2(r-2)(n-2)=1985$$

即

$$[(m-2)-2][(n-2)-2][(r-2)-2]+8=1985$$

所以

$$(m-4)(n-4)(r-4)=1977$$

由$m\leqslant n\leqslant r, m-4\leqslant n-4\leqslant r-4$,又

$$1977=1\times 1\times 1977=1\times 3\times 659$$

因此

$$m-4=1,\quad n-4=1,\quad r-4=1977$$

所以

$$m=5,\quad n=5,\quad r=1981$$

或

$$m-4=1,\quad n-4=3,\quad r-4=659$$

所以

$$m=5,\quad n=7,\quad r=663$$

又由$1977=(-1)\times(-1)\times 1977$,可得

$$m-4=-1,\quad n-4=-1,\quad r-4=1977$$

所以

$$m=3,\quad n=3,\quad r=1981$$

其次讨论$m=2$时,不带红色的正方体的个数为0,一面带红色的正方体的个数为$2(n-2)(r-2)$,两面带

整数的性质

红色的正方体的个数为 $4[(n-2)+(r-2)]$,依题意
$$0 + 4[(n-2)+(r-2)] - 2(n-2)(r-2) = 1\,985$$
而左边为偶数,右边为奇数,故无解.

最后讨论 $m=1$ 时,不带红色的正方体的个数为 0,一面带红色的正方体个数为 0,两面带红色的正方体个数为 $(n-2)(r-2)$.依题意
$$(n-2)(r-2) = 1\,985$$
易知当 $n,r < 3$ 时无解,当 $n,r \geq 3$ 时,由 $1 \leq n-2 \leq r-2$,又 $1\,985 = 1 \times 1\,985 = 5 \times 397$,得
$$n-2 = 1, \quad r-2 = 1\,985$$
所以
$$m=1, \quad n=3, \quad r=1\,987$$
或
$$n-2 = 5, \quad r-2 = 397$$
所以
$$m=1, \quad n=7, \quad r=399$$

综上所述,符合题意的 m,n,r 共有 5 组解:
(1) $m=5, n=7, r=663$;
(2) $m=5, n=5, r=1\,981$;
(3) $m=3, n=3, r=1\,981$;
(4) $m=1, n=3, r=1\,987$;
(5) $m=1, n=7, r=399$.

说明 本题的解题关键有两个:一是运用空间想象力,正确算出各种不同的带红色正方体的个数,列出方程;另一是巧妙地运用恒等变换、因式分解,得出三元不定方程的整数解.其中对各种可能情况的分析讨论,以及对 $1\,977,1\,985$ 各种因数分解,以导出详尽无遗的完全解,都是很有用的解题技巧.

五、算术基本定理

练习五

1. 填空题

(1) 1 343 的质因数是_____.

(1986 年全国数学通讯赛题)

(2) 把 11 112 222 分解成两个连续的正整数的乘积,其中较大的那个正整数因数是_____.

(1987 年北京市初二数学竞赛题)

(3) 若 a,b,c,d 是四个互异的自然数,且 $abcd = 1\,988$,则 $a+b+c+d$ 的最大值是_____.

(1988 年上海市初一数学竞赛题)

(4) 方程 $x^2 - y^2 = 12$ 的整数解的组数是_____.

(1986 年缙云杯初中数学邀请赛题)

(5) 在第一象限内,函数 $y = \sqrt{x^2 - 105}$ 图像上的格点 (x,y) 的个数是_____.

(1987 年上海市初中数学竞赛题)

(6) 某山区农民可拿鸡蛋到商店换热水瓶. 商店起初规定 40 个鸡蛋换一个热水瓶,没有人去换. 后来,热水瓶降价,去换的人就多了. 已知商店里的全部热水瓶共换到 3 317 个鸡蛋,则降价后每个热水瓶换_____个鸡蛋. (每个热水瓶的成本高于 10 个鸡蛋的价钱,交换时商店没有亏本)

(1986 年江苏省初中数学竞赛题)

(7) 在小于 50 的正整数中,含有奇数个正整数因

整数的性质

子的个数是_____个.

（1990 年第 41 届美国中学数学竞赛题）

（8）数 232 848 的约数的个数是_____个.

（9）数 9 828 的所有正约数之和为_____.

2. 求满足 $140x = y^3$ 的最小自然数 x, y.

3. 现在有 1 987 000 本书，平均分给 m 个学校，每个学校 n 本书，若 m 为大于 100 的三位数，n 为五位数，求 m, n 的值.

4. 证明 $\underbrace{11\cdots1}_{1\,991\text{个}}$ 不可能有 365 个不同的正约数.

5. 如果正整数 $N(N > 1)$ 的正约数的个数是奇数，求证：N 是完全平方数.

（1981 年北京市初中数学竞赛题）

6. A, B 两数都恰含有质因数 3 和 5，它们的最大公约数是 75，已知 A 数有 12 个约数，B 数有 10 个约数，那么 A, B 两数的和是多少？

（1988 年上海市数学竞赛题）

7. 一百盏灯分别标上号码 $1, 2, \cdots, 100$，第一个人把每盏灯的拉线开关拉一下，使得每一盏灯都亮了. 第二个人把标号是 2 的倍数的灯的开关各拉一下，第三个人把标号是 3 的倍数的灯的开关各拉一下，依此类推，直至第 100 个人把标号为 100 的灯的开关拉一下，问最后有哪几盏灯亮着？

8. 求不大于 2 000 的只有 15 个约数的所有自然数.

9. 在方程

$$(x-a)(x-b)(x-c)(x-d) - m^2 = 0$$

中（m 为质数），a, b, c, d 是互不相等的整数，且方程有

五、算术基本定理

整数根,求证:$4 \mid a+b+c+d$.

(1986年初中数理化接力赛题)

10. 自然数N恰好有12个因数(包括1和N),按递增顺序记为$d_1 < d_2 < \cdots < d_{12}$,已知序号为$d_4 - 1$的因数等于$(d_1 + d_2 + d_4) \cdot d_3$,求数$N$.

(第23届全苏中学生数学竞赛题)

11. 求所有这样的自然数n,使得$2^8 + 2^{11} + 2^n$为完全平方数.

(第6届全俄数学竞赛题)

12. 建造一个矩形的水池,长度每尺造价27元,宽每尺造价35元,按施工要求,长与宽的尺数必须是整数. 问预算为1 000元的建造费,可建成的水池最大面积是多少?

(1981年北京市初中数学竞赛题)

13. 正方形$PQRS$内接于正方形$ABCD$,二者面积之差为1 988,P在AB上,AB长是5的倍数,PA长度是大于1的奇数,PB长是正整数,那么$PA = $ _____.

(1988年全国理科试验班招生数学试题)

14. 非负整数有序数对(m,n),若在求和$m+n$时无需进位(十进制下),则称它为"简单"的. 求所有和为1 492的简单的非负整数有序数对的个数.

(第5届美国数学邀请赛题)

15. 一个大于1的自然数,如果它恰好等于其不同真因子(除1及其本身的因子)的积,那么称它为"好的",求前十个"好的"自然数之积.

(第5届美国数学邀请赛题)

16. 求出最小的正整数n,使其恰有144个正因数,并且其中有10个是连续整数.

(第26届IMO备选题)

整数的性质

17. 求四个不超过 70 000 的正整数,每一个的因数多于 100 个.

(第 27 届 IMO 备选题)

18. 在 20 世纪的最后十年中,恰有一年年号的不同正约数的个数比今年的年号 1990 的不同正约数的个数少 2,该年号的所有不同正约数的连乘积为多少?

(1990 年全国高中数学联赛备选题)

19. 试证:有且仅有一个自然数 n,使得 $2^{10}+2^{13}+2^n$ 为完全平方数.

20. 求自然数 N,使得它能被 5 和 49 整除,且包括 1 和 N 在内,它共有 10 个约数.

(1982 年基辅数学奥林匹克试题)

最大公约数与最小公倍数

最大公约数和最小公倍数的概念、求法以及它们之间的关系,是本节讨论的重点.

定义 1 设 $n(n \geq 2)$ 个整数:$a_1, a_2, \cdots, a_n$,如果 d 是它们中每一个数的约数,即 $d \mid a_1, d \mid a_2, \cdots, d \mid a_n$,称 d 为 $a_1, a_2, \cdots, a_n$ 的一个公约数,或称公因数.所有公约数中最大的一个公约数称为 $a_1, a_2, \cdots, a_n$ 的最大公约数或最大公因数.记为 $(a_1, a_2, \cdots, a_n) = d$.

特别地,若 $(a, b) = 1$,则称 a, b 互质.若 $a_1, a_2, \cdots, a_n$ 中任意两个数都互质,即任意两个数的最大公约数都是1,则称这 n 个数两两互质.

定义 2 设有 $n(\geq 2)$ 个整数 $a_1, a_2, \cdots, a_n$,如果 m 是这 n 个数的倍数,即 $a_1 \mid m, a_2 \mid m, \cdots, a_n \mid m$,则 m 称为 $a_1, a_2, \cdots, a_n$ 的公倍数,在 $a_1, a_2, \cdots, a_n$ 的所有公倍数中,最小的那个公倍数称为最小公倍数,记为 $[a_1, a_2, \cdots, a_n] = m$.

整数的性质

我们曾经学过用短除法求最大公约数和最小公倍数,然而,这个方法有它的局限性.例如,用短除法求 24 871 和 3 468 的最大公约数就不太容易.下面介绍一种求最大公约数较为有效的方法 —— 辗转相除法.

求两个数的最大公约数的辗转相除法的过程是这样的:要求两个正整数的最大公约数,我们以小数除大数,如果整除,那么小数就是所求的最大公约数;否则,就用余数来除刚才的除数;再用这个除法的余数去除刚才的余数,以下类推,直到一个除法能够整除,这时作为除数的那个数就是所求的最大公约数.

辗转相除法的理论根据,就是下面的定理.

定理 1 假设 $a > b > 0$,且有
$$a = bq + r \quad (0 < r < b) \qquad ①$$
其中 q, r 是正整数,那么 $(a, b) = (b, r)$.

证明 设 $(a, b) = d$,由式①,因为 $d \mid a, d \mid b$,因此 $d \mid r$.所以
$$(b, r) \geqslant d \qquad ②$$
设 $(b, r) = c > d$,由式①,因为 $c \mid b, c \mid r$,因此 $c \mid a$,所以
$$(a, b) \geqslant c > d$$
这与 $(a, b) = d$ 矛盾.所以
$$(b, r) \leqslant d \qquad ③$$
综合式②,式③ 有
$$(a, b) = (b, r)$$

反复运用定理 1 便可证明,用辗转相除法可求得两数的最大公约数.

例 1 求 336 与 1 260 的最大公约数.

解法 1 用短除法求.如图 1,则

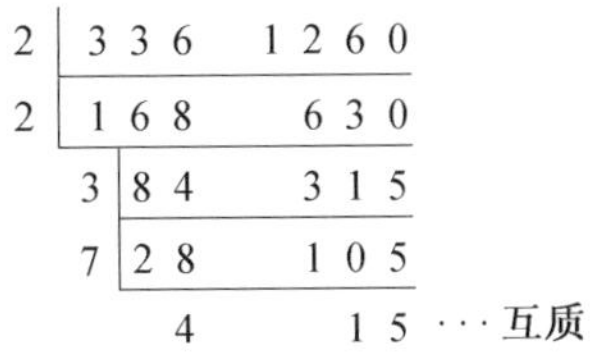

六、最大公约数与最小公倍数

```
2 | 336  1260
2 | 168   630
3 |  84   315
7 |  28   105
      4    15  …互质
```

图1

$(336, 1260) = 2^2 \times 3 \times 7 = 84$

解法2 利用分解质因数法. 因为

$$336 = 2^4 \times 3 \times 7$$
$$1260 = 2^2 \times 3^2 \times 5 \times 7$$

所以

$$(336, 1260) = 2^2 \times 3 \times 7 = 84$$

解法3 利用辗转相除法来求. 如图2, 则

$(336, 1260) = 84$

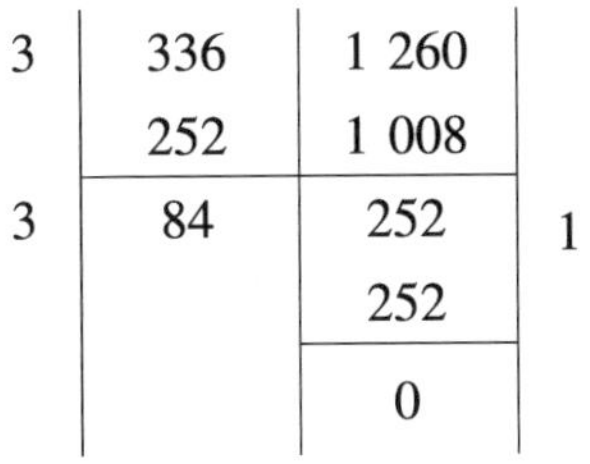

由以上的几种解法, 可以看出, 辗转相除法较为短除法优越. 它能保证我们求出任意两个数的最大公约数.

```
      336  1260
      252  1008
   3   84   252   1
            252
              0
```

图2

如果要求三个数或更多的数的最大公约数, 可以先求其中任意两个数的最大公约数, 再求这个最大公约数与另一个数的最大公约数, 这样下去, 直至求得最后结果.

在介绍求最小公倍数的方法之前, 先介绍一个定理, 即

定理2 两个正整数 a, b 的最大公约数与最小公倍数的乘积等于这两个数的乘积, 即

整数的性质

$$(a,b)[a,b] = ab$$

定理 2 反映了两个数的最大公约数与最小公倍数的关系. 这样, 求两个数的最小公倍数的问题就可以转化为求这两个数的最大公约数的问题.

在解决有关最大公约数问题时, 下面的裴蜀定理是非常有用的.

定理 3 设 a,b 是整数, 则 $(a,b) = d$ 的充要条件是存在整数 x,y, 使得

$$ax + by = d$$

特别地, a,b 互质的充要条件是存在整数 x,y, 使得

$$ax + by = 1$$

在 a,b 都是正整数时, 可以改述成如下的形式: 正整数 a,b 互质的充要条件是存在正整数 x,y, 使得 $ax - by = 1$.

例 2 在一列数 $a, 2a, 3a, \cdots, ba$ 中, a,b 都是正整数, 能被 b 整除的项的个数等于数 a 和 b 的最大公约数.

(1901 年匈牙利数学竞赛题)

证明 假设 d 是数 a 和 b 的最大公约数, 这时 $a = dr, b = ds$, 其中 r 和 s 是两个互素的数, 如果所有的数

$$a, 2a, 3a, \cdots, ba$$

用 b 去除, 那么商可以写成

$$\frac{r}{s}, \frac{2r}{s}, \frac{3r}{s}, \cdots, \frac{(ds)r}{s}$$

但是 r 和 s 是互素的数. 因此, 在这些商中, 能为整数的仅仅是那些数, 这些数的分子关于 r 的系数 $1, 2, 3, \cdots, ds$ 能被 s 除尽, 这样的系数的个数等于 d.

六、最大公约数与最小公倍数

例3 已知二整数 A, B 之和为 192,最小公倍数为 660,求出此二数 A, B.

(1989 年吉林省初中数学竞赛题)

解 设 $(A, B) = d$,则 $A = ad, B = bd$,则

$$\left(\frac{A}{d}, \frac{B}{d}\right) = \frac{(A, B)}{d} = \frac{d}{d} = 1$$

即

$$(a, b) = 1$$

由于

$$A + B = (a + b)d = 192$$

$$[A, B] = \frac{AB}{d} = \frac{abd^2}{d} = abd = 660$$

又由于 $(a, b) = 1$ 时,$a + b$ 与 ab 没有 1 以外的正公约数,即

$$(a + b, ab) = 1$$

于是

$$(a + b, ab) = \left(\frac{192}{d}, \frac{660}{d}\right) = \frac{(192, 660)}{d} = 1$$

即

$$d = (192, 660)$$

由辗转相除法得

$$d = 12$$

因此

$$(a + b) \cdot 12 = 192, \quad a \cdot b \cdot 12 = 660$$

即

$$a + b = 16, \quad ab = 55$$

所以

$$a = 11, \quad b = 5$$

故

整数的性质

$$A = ad = 11 \times 12 = 132$$
$$B = bd = 5 \times 12 = 60$$

例4 设两个正整数之和为667,其最小公倍数是它们的最大公因数的120倍,求此二数.

分析 根据定理2,$[x,y] = \dfrac{xy}{(x,y)}$ 以及题设 $[x,y] = 120(x,y)$ 可导出一些方程,解方程即得.

解 设所求的二数为 x,y,则由题设有
$$\begin{cases} x + y = 667 \\ [x,y] = 120(x,y) \end{cases}$$
设 $(x,y) = m$,则
$$x = mu, \quad y = mv, \quad (u,v) = 1$$
于是
$$[x,y] = \frac{xy}{(x,y)} = \frac{mu \cdot mv}{m} = muv$$
代入原方程组得
$$\begin{cases} m(u + v) = 667 \\ uv = 120 \end{cases}$$
因为 m 是667的因数,$667 = 1 \times 23 \times 29$,所以 m 只能为1,23或29,根据根与系数的关系:

当 $m = 1$,u,v 是方程 $t^2 - 667t + 120 = 0$ 的根,设这个方程没有整数解.

若 $m = 23$,则 $u + v = 29$,u,v 是方程 $t^2 - 29t + 120 = 0$ 的解,所以 $u = 5, v = 24$.

若 $m = 29$,则 $u + v = 23$,u,v 是方程 $t^2 - 23t + 120 = 0$ 的根,解得 $u = 8, v = 15$.

所以,本题有两解:
$$x_1 = 5 \times 23 = 115, y_1 = 24 \times 23 = 552;$$

六、最大公约数与最小公倍数

$x_2 = 8 \times 29 = 232, y_2 = 15 \times 29 = 435$

例5 证明:对任意自然数 n,分数 $\dfrac{21n+4}{14n+3}$ 不可约简.   (第 1 届 IMO 试题)

分析 要证的所谓分数不可约简,实际上就是要证分子与分母互质,也就是说分子与分母的最大公约数是 1.

证明 设 $d = (21n+4, 14n+3)$. 因为
$$d \mid 21n+4, \quad d \mid 14n+3$$
所以
$$d \mid 2(21n+4), \quad d \mid 3(14n+3)$$
于是,有
$$d \mid 3(14n+3) - 2(21n+4)$$
即 $d \mid 1$,从而 $d = 1$.

所以,分数 $\dfrac{21n+4}{14n+3}$ 是不可约简的.

注意 若直接证明两个数 a, b 是互质的较为困难,我们可先设 $(a, b) = d$,然后再证明 $d = 1$,这是证明两个数是互质的一种常用方法.

下面用辗转相除法来解此例.

用辗转相除法写成除法算式如图 3 所示.

	1	$21n+4$	$14n+3$	2
		$14n+3$	$14n+2$	
	$7n+1$	$7n+1$	1	
		$7n+1$		
		0		

图 3

所以
$$(21n+4, 14n+3) = 1$$
即

整数的性质

$$\frac{21n+4}{14n+3}$$

不可约.

例 6 设 n 是自然数,试证:$2^2+1, 2^{2^2}+1, \cdots, 2^{2^n}+1$ 任意两数都是互素的.

（1940 年匈牙利数学奥林匹克试题）

证明 设 $a_k = 2^{2^k}(k=1,2,\cdots,n)$,由于
$$a_{k+1} - 1 = 2^{2^{k+1}} - 1 = (2^{2^k})^2 - 1 = a_k^2 - 1 = (a_k - 1)(a_k + 1)$$

所以数列 $\{a_k - 1\}$ 中除第一项外,其他各项能被它前面的任意项整除.

既然 $(a_k + 1) \mid (a_{k+1} - 1)$,故当 $k < m (1 \leq k < m \leq n)$ 时
$$(a_n + 1) \mid (a_m + 1)$$

所以
$$2^{2^m} + 1 = a_m + 1 = a_m - 1 + 2 = q(a_n - 1) + 2 = q(2^{2^n} + 1) + 2$$

设 $(2^{2^m} + 1, 2^{2^n} + 1) = d$,则 d 是奇数. 又
$$(2^{2^m} + 1, 2^{2^n} + 1) = (2^{2^n} + 1, 2) = d$$

所以
$$d \mid 2$$

又 d 是奇数,所以 $d = 1$,即命题成立.

例 7 求使得 $\dfrac{n-13}{5n+6}$ 是一个非零的可约分数的最小正整数 n.

（1985 年第 36 届美国中学数学竞赛题）

解 $\dfrac{n-13}{5n+6}$ 非零,即 $n-13$ 非零.

用辗转相除法列除式如下(图4):

	$5n+6$	$n-13$	
5	$5n-65$	71	1
	71	$n-84$	

图4

因为71是素数,所以71是 $n-13$ 与 $5n+6$ 的最大公约数,且 $n-13 \neq 0$,又 n 是符合题设条件的最小正整数,所以 $n-13$ 是71的1倍,即 $n-13=71$,所以 $n=84$.

例8 数列 $101,104,106,\cdots$ 的通项公式为 $a_n = 100+n^2$,其中 $n=1,2,3,\cdots$,对每个 n,以 d_n 记 a_n 与 a_{n+1} 的最大公因子,试求当 n 取遍正整数时,d_n 的最大值.

(1985年第三届美国数学邀请赛题)

解 对 a_{n+1} 与 a_n 施行辗转相除法如下(图5):

	$n^2+2n+101$	n^2+100	
1	n^2+100	$2n^2+200$	
	$2n+1$	$2n^2+n$	
		$-n+200$	
		$-2n+400$	-1
		$-2n-1$	
		401	

图5

所以 d_n 的最大值为401.

例9 设 r 是最小的十个不同质数之积,而 $a_i = 1+ir(i=1,2,\cdots,10)$. 证明:$a_1,a_2,\cdots,a_{10}$ 两两互质.

整数的性质

分析 我们知道,两个数 a,b 的最大公约数一定是 a,b 的约数,因而也是 $a \pm b$ 的约数,所以对两个自然数 $a,b(a > b)$ 而言,如果难以直接证明 $(a,b) = 1$,而 $a - b$ 较小或较容易分解成质因数的积,则只要证明 $a - b$ 的任何质因数都不是 a,b 的公约数,即有 $(a,b) = 1$.

证明 设 $1 \le i < j \le 10$,则 $1 \le j - i < 10$,且
$$a_j - a_i = (j-i)r$$

若 a_j, a_i 有公共因数 p,则 p 是 $j - i$ 或 r 的约数. 因 r 为最小十个质数的积,故 p 必是最小十个质数中的某一个. 但是 $a_i = 1 + ir$,也就是说,a_i 除以 p 余数是 1. 此与 p 是 a_i 的约数矛盾. 所以,a_i, a_j 互质 $(1 \le i < j \le 10)$.

说明 本题的证明方法,也是证明两个自然数互质的一种常用方法.

例 10 两个齿轮,互相衔接,甲齿轮有 299 个齿,乙齿轮有 391 个齿,甲的某一齿和乙的某一齿相接触后到再相互接触,最少各要转几周?

解 要求二齿轮至少转多少周,即先求二齿都转过多少齿,故只需先求二齿数的最小公倍数.

$$\begin{array}{r|rr} 23 & 299 & 391 \\ \hline & 13 & 17 \end{array}$$

所以
$$[299,391] = 23 \times 13 \times 17 = 5\,083$$
所以甲齿轮转的周数是 $5\,083 \div 299 = 17$(周),乙齿轮转的周数是 $5\,083 \div 391 = 13$(周).

例 11 如果 $(a,b) = 1$,那么
$$(a, a+b) = (a+b, 2a+b) =$$

六、最大公约数与最小公倍数

$$(3a+2b, 2a+b) = 1$$

证明 由于 $a+b = a \cdot 1 + b$,由定理1,得

$$(a+b, a) = (a, b) = 1$$

同理可证得另外两个最大公约数也等于1.

例12 证明:$\log_2 3$ 是无理数.

证明 用反证法.若 $\log_2 3 = \dfrac{p}{q}$,p, q 为正整数,且 $(p, q) = 1$,由对数的定义,可知 $2^{\frac{p}{q}} = 3$,即 $2^p = 3^q$.因 $(2, 3) = 1$,所以 $(2^p, 3^q) = 1$.这样,等式 $2^p = 3^q$ 不能成立,矛盾.

故 $\log_2 3$ 是无理数.

一般地,设 a, b 为大于1的自然数,且 $(a, b) = 1$,那么 $\log_a b$ 是无理数,其证明方法与例8类同.

例13 100个整数之和为101 101,则它们的最大公约数的最大可能的值是多少?证明你的结论.

(1986年上海市初中数学竞赛题)

解 设100个正整数 $a_1, a_2, \cdots, a_{100}$ 的最大公约数为 d,并设 $a_j = d a'_j (1 \leqslant j \leqslant 100)$,则

$$a_1 + a_2 + \cdots + a_{100} = d(a'_1 + a'_2 + \cdots + a'_{100}) = 101\ 101 = 101 \times 1\ 001$$

由于 $a'_1 + a'_2 + \cdots + a'_{100} \geqslant 99 \times 1 + 2 = 101$,所以 $d \leqslant 1\ 001$.

另一方面,取 $a_1 = a_2 = \cdots = a_{99} = 1\ 001$,$a_{100} = 2\ 002$,即满足 $a_1 + a_2 + \cdots + a_{100} = 1\ 001 \times 101 = 101\ 101$,并且 $a_1, a_2, \cdots, a_{100}$ 的最大公约数是 $1\ 001$,所以,$a_1, a_2, \cdots, a_{100}$ 的最大公约数的最大可能值是 $1\ 001$.

例14 设 $[r, s]$ 表示正整数 r 和 s 的最小公倍数,

整数的性质

求有序三元正整数组 (a,b,c) 的个数,其中 $[a,b]=1\,000$, $[b,c]=2\,000$, $[c,a]=2\,000$.

(1987 年第五届美国数学邀请赛题)

解 由 $[a,b]=2^3\cdot 5^3$, $[b,c]=[c,a]=2^4\cdot 5^3$, 可知 c 是 2^4 的倍数.

设 $c=2^4\cdot 5^l(l=0,1,2,3)$.

(1) 当 $l<3$ 时, a,b 都是 5^3 的倍数, 设 $a=2^\alpha\cdot 5^3(\alpha=0,1,2,3)$, $b=2^\beta\cdot 5^3(\beta=0,1,2,3)$. 由于 α 和 β 都有 4 种选择, 所以共有 $4\times 4=16$ 种取法, 由 $[c,b]=2^3\cdot 5^3$ 可知 a 和 b 中至少有一个是 2^3 的倍数, 所以 α,β 中至少有一个是 3, 而 α,β 都不取 3 时, 共有 9×9 种取法, 所以符合题意的取法共有 $16-9=7$ 种.

当 $l=0,1,2$ 时都有 7 种, 所以共有 21 种.

(2) 当 $l=3$ 时, a,b 中至少有一个是 2^3 的倍数, 且至少有一个是 5 的倍数, 设

$$a=2^\alpha\cdot 5^\gamma(\alpha=0,1,2,3,\gamma=0,1,2,3)$$
$$b=2^\beta\cdot 5^\delta(\beta=0,1,2,3,\delta=0,1,2,3)$$

由于 α,β 至少有一个是 3, 由以上讨论可知, 共有 7 种取法. 同理 γ 和 δ 也共有 7 种取法, 所以共有 7×7 种取法.

综上所述, 共有 $21+49=70$ 种取法.

例 15 按以下规则从左到右写一个 1 988 位的正整数 N, $N=\overline{a_1a_2\cdots a_{1\,988}}$:

① $a_i\neq i(i=1,2,\cdots,1\,988)$;
② $a_{i+2}\neq a_i(i=1,2,\cdots,1\,986)$;
③ 两位数 $\overline{a_ia_{i+1}}$ 与 $\overline{a_{i+1}a_i}(i=1,2,\cdots,1\,987)$ 的最大公约数是 3 或 9.

求证: (1) 若 a_1 写作 3,6,9 中的任一个, 则 N 可以

写出来,且 N 除了首位和末位的各位数字和相等;

(2) 若 a_1 写作 1,2,4,5,7,8 中的任一个,则 N 也可以写出来.

(1988 年广州、武汉、福州、重庆、洛阳初中数学联赛题)

解 按规则①,③逐一检查,可作为两相邻数字的两位数有以下一些:

12,15,18;21,27;36,39;45,51,57;

63,69;72,75,78;81,87;93,96.

若 $a_1 = 3$,则 a_2 可为 6 或 9;若 $a_2 = 6$,则可写出:

$3 \to 36 \to 369 \to 3693 \to 36936 \to \cdots$

由此可得 N 的一种写法:

$$N = 3\underbrace{693693\cdots 6936}_{662 \text{个}}$$

同理,a_1 取 3,a_2 取 9;或者 a_1 取 6,9;N 可以写成

$3\underbrace{BB\cdots B}_{662\text{个}}9(B=963) \quad 6\underbrace{CC\cdots C}_{662\text{个}}3(C=396)$

$6\underbrace{DD\cdots D}_{662\text{个}}9(D=936) \quad 9\underbrace{EE\cdots E}_{662\text{个}}9(E=369)$

$9\underbrace{F\cdots F}_{662\text{个}}6(F=639)$

它们都满足(1)中提出的要求.

(2) 当 $a_1 = 1,2,4,5,7,8$ 时,N 均可以写出来(不唯一),例如:

$\underbrace{GG\cdots G}_{497\text{个}}(G=1\,278) \quad \underbrace{HH\cdots H}_{497\text{个}}(H=2\,781)$

$\underbrace{II\cdots I}_{497\text{个}}(I=7\,812) \quad \underbrace{JJ\cdots J}_{497\text{个}}(J=8\,127)$

整数的性质

练习六

1. 填空、选择题

(1) 满足 $[x,y]=6, [y,z]=15$ 的正整数组 (x,y,z) 共有_____组.

     (1988年广州等五市初中数学联赛题)

(2) 两个自然数的最大公约数是6,最小公倍数是84,那么这两个数是_____.

     (1986年缙云杯数学邀请赛题)

(3) 假定 abc 是任意一个三位偶数 (a,b,c 不必互不相同),将 abc 重复写3次,得到一个九位数 $abcabcabc$. 那么,所有这种形式的偶数有 n 个,它们的最大公约数为 d,下面四个答案中正确的是 ( )

(A) $n=100, d=2$

(B) $n=450, d=2$

(C) $n=100, d=2\,002\,002$

(D) $n=450, d=2\,002\,002$

     (1990年长春市初中数学竞赛题)

2. 求出 24 871 和 3 468 的最大公约数和最小公倍数.

3. 已知二数之和是432,它们的最大公约数是36,求此二数.

4. 已知两正整数之和是3 924,它们的最小公倍数是552 699,求这两个数.

5. 两个正整数的最大公约数是7,最小公倍数是105,求这两个数.

六、最大公约数与最小公倍数

6. 已知两数和是 60,它们的最大公约数与最小公倍数之和是 84,求此二数.

7. 排练团体操时,要求队伍变成 10 行、15 行、18 行、24 行时,队形都能成为矩形. 问最少需要多少人参加团体操的排练?

8. 两个正整数之差为 15,它们的最小公倍数为 72,求此二数.

9. 已知二数的平方和是 468,它们的最大公约数与最小公倍数的和是 42,求此二数.

10. 有甲、乙、丙、丁四个齿轮互相啮合,齿数分别为 84,36,60 和 48. 问在传动过程中同时啮合的各齿到下次再同时啮合,各齿轮分别转过多少圈?

11. 若 $(a,b)=1$,则

(1) $(a \pm b, ab) = 1$;

(2) $(a+b, a-b) = 1$ 或 $(a+b, a-b) = 2$.

12. 若 $(a,b) = 1$,则 $(a+b, a^2+b^2-ab)$ 等于 1 或 3.

13. 设 n 是正整数,试证: $n+(n+1)$ 与 $n^2+(n+1)^2$ 互素.

14. 求二互质的数 a,b,它们使下列等式成立:
$$\frac{a+b}{a^2+b^2-ab} = \frac{8}{73}.$$

15. 对于自然数 a,试证分数 $\dfrac{a^3+2a}{a^4+3a^2+1}$ 不可约.

16. 证明:若 $(p,q)=1$,则 $(2^p-1, 2^q-1) = 1$;反之也成立.

17. 若正整数 $a_1, a_2, \cdots, a_{49}$ 的和等于 999,它们的最大公因数的最大值是多少?

(1979 年基辅数学奥林匹克试题)

整数的性质

18. M_n 为 $1,2,3,\cdots,n$ 的最小公倍数（如 $M_1=1$, $M_2=2, M_3=6, M_4=12, M_5=60, M_6=60$），对什么样的正整数 n, $M_{n-1}=M_n$ 成立？证明你的结论.

（1991年澳大利亚数学奥林匹克试题）

19. 设 g 是一个正偶数，且 $f(n)=g^n+1(n\in \mathbf{N})$. 证明：对任意的 $n\in \mathbf{N}$，有

(1) $f(n)$ 整除 $f(3n), f(5n), f(7n),\cdots$ 中的任一个；

(2) $f(n)$ 与 $f(2n), f(4n), f(6n),\cdots$ 中的任一个互素.

（1991年德国数学竞赛题）

20. 证明：整数 $1989\times 1990+1$ 是整数
$$m=1989^5+1989^4+1$$
$$n=1990^5-1990^4-1$$
的一个公因数.

（1990年全国高中数学联赛题）

21. 有个四位数，它与9之差能被9整除，它与8之差能被8整除，它与7之差能被7整除，它与6之差能被6整除. 这样的数有多少个？

（1991年石室杯初一数学竞赛题）

整数的末位数字

七

大家知道,一个自然数的末位数字只能是 $0,1,2,\cdots,9$ 之一. 这似乎并没有什么奥妙之处,但在解某些数学题时,若能巧妙地用上"末位数字"的某些性质,往往会收到意想不到的效果. 下面我们来讨论自然数幂的末位数字.

记用十进制表示的自然数 n 的末位数字为 $G(n)$,则 $G(n)$ 有下列性质:

1. $G[G(n)] = G(n)$. 即一位数的个位数字是其自身.

2. $G(m+n) = G[G(m) + G(n)]$. 即和的末位数字是诸加项个位数字之和的末位数字.

3. $G(m \cdot n) = G[G(m) \cdot G(n)]$. 即积的末位数字是诸因子末位数字之积的末位数字.

利用上面的性质,可以得到:

整数的性质

定理1 设 n 为自然数,如果自然数 m 的末位数为 $p,0 \leq p < 10$,则 $G(m^n) = G(p^n)$.

由此定理可知,要讨论任意自然数 m 的 n 次方的个位数,只须讨论 m 的个位数的 n 次方的个位数. 下面先看一个例子:

$G(3^1) = 3, G(3^2) = 9, G(3^3) = 7, G(3^4) = 1,$
$G(3^5) = 3, G(3^6) = 9, G(3^7) = 7, G(3^8) = 1.$

从上面可知,3 的幂的末位数字是呈周期性重复出现的. 它的周期是 4,也就是说 3^{4k+r} 与 3^r 的末位数字相同(k,r 为自然数).

一般地,自然数的正整数次幂的末位数字有周期性规律,设 m,n 是自然数,m 的末位数字是 p,由定理1 知,m^n 的末位数字与 p^n 的末位数字相同,因而由下表即可看出上述性质.

n \ p	1	2	3	4	5	6	7	8	9
0	0	0	0	0	0	0	0	0	0
1	1	1	1	1	1	1	1	1	1
2	2	4	8	6	2	4	8	6	2
3	3	9	7	1	3	9	7	1	3
4	4	6	4	6	4	6	4	6	4
5	5	5	5	5	5	5	5	5	5
6	6	6	6	6	6	6	6	6	6
7	7	9	3	1	7	9	3	1	7
8	8	4	2	6	8	4	2	6	8
9	9	1	9	1	9	1	9	1	9

七、整数的末位数字

由上表,我们可以得到关于自然数幂的个位周期性的一个基本定理.

定理 2　$G(m^{4k+r}) = G(m^r)$.

分析　欲证 m^{4k+r} 与 m^r 的个位数相同,只要证明 $m^{4k+r} - m^r$ 的个位数是零,或证明 $m^{4k+r} - m^r$ 被 10 整除即可.

证明　先考虑特殊情形. 当 $k = r = 1$ 时
$$m^r(m^{4k} - 1) = m(m^4 - 1) = m(m^2 - 1)(m^2 + 1) =$$
$$(m - 1)m(m + 1)[m^2 - 4 + 5] =$$
$$(m - 2)(m - 1)m(m + 1)(m + 2) +$$
$$5(m - 1)m(m + 1)$$

因为五个连续整数中必有一个是 5 的倍数,一个是 2 的倍数,故上式右端第一项是 10 的倍数;而三个连续整数中至少有一个是 2 的倍数,所以第二项也是 10 的倍数. 这样,$m(m^4 - 1)$ 被 10 整除. 下面考虑一般情形. 对任何正整数 n,有
$$a^n - 1 = (a - 1)(a^{n-1} + a^{n-2} + \cdots + a + 1)$$
所以
$$m^r(m^{4k} - 1) = m^r[(m^4)^k - 1] =$$
$$m^r(m^4 - 1)[(m^4)^{k-1} + (m^4)^{k-2} + \cdots + m^4 + 1] =$$
$$Am(m^4 - 1)$$

这里 $A = m^{r-1}[(m^4)^{k-1} + (m^4)^{k-2} + \cdots + m^4 + 1]$ 显然是整数,由上面的证明知道 $m(m^4 - 1)$ 被 10 整除,所以,$m^r(m^{4k} - 1)$ 被 10 整除.

定理表明,整数的乘方的个位数是循环出现的,4 是一个循环的周期,具体地说,我们有:

若 a_1, a_2, a_3, a_4 分别是整数 m 的乘方 m^1, m^2, m^3, m^4 的个位数,则对任意自然数 k,m^{4k+r} 的个位数是 a_r

整数的性质

($r=1,2,3$).

定理 3 设 k,r 是正整数,m 为任意整数,其个位数是 4 或 9,则 m^{2k+r} 与 m^r 的个位数相同.

证明 由定理 1,m^{2k+r} 的个位数即 4^{2k+r} 或 9^{2k+r} 的个位数,m^r 的个位数即 4^r 或 9^r 的个位数,因此问题归结为证明

(1) $G(4^{2k+r}) = G(4^r)$;(2) $G(9^{2k+r}) = G(9^r)$.

由于

$4^{2k+r} - 4^r = 4^r(4^{2k} - 1) = 4^r(2^{4k} - 1) =$
$4^r[(2^4)^k - 1] = A \cdot 4^r(2^4 - 1)$($A$ 为整数)$=$
$4B(2^2 - 1)(2^2 + 1) = 3B \times 20$($B$ 为整数)

$9^{2k+r} - 9^r = 9^r(9^{2k} - 1) =$
$9^r[(3^4)^k - 1] = A_1 9^r(3^4 - 1)$($A_1$ 为整数)$=$
$B_1(3^2 - 1)(3^2 + 1) = 8B_1 \times 10$($B$ 为整数)

可知 $4^{2k+r} - 4^r$ 与 $9^{2k+r} - 9^r$ 都是 10 的倍数.

即结论(1)与(2)成立,证毕.

定理 4 $G(m^{n_1 n_2 \cdots n_k}) = G(m^{i_1 i_2 \cdots i_k})$,其中 $n_j = 4p_j + i_j (1 \le i_j \le 4)$.

例如,求 $G(123\,456\,789^{223})$.

$G(123\,456\,789^{223}) = G(9^{223}) = G[(9^{22})^3] =$
$G(9^{22 \times 22 \times 22}) = G(9^{2 \times 2 \times 2}) = G(9^8) =$
$G(9^{4+4}) = G(9^4) = 1$

又如,$G(54\,312^{1\,991 \times 1\,992 \times 1\,993}) =$
$G(2^{(4 \times 497 + 3)(4 \times 497 + 4)(4 \times 498 + 1)}) =$
$G(2^{3 \times 4 \times 1}) = G(2^{12}) =$
$G(2^{4 \times 2 + 4}) = G(2^4) = 6$

一般地,关于高次幂的末位数的问题,我们还有下面的有趣结论.

七、整数的末位数字

1. 若 n_1 为奇数，n_2 为偶数，则
$$G(m^{n_1 n_2}) = G(m)$$

2. 若 n_1 为偶数，n_2 为大于 1 的奇数，则
$$G(m^{n_1 n_2}) = G(m^4)$$

3. 若 n_1, n_2 都是偶数，则
$$G(m^{n_1 n_2}) = G(m^4)$$

4. 若 n_1, n_2 都是奇数，则
$$G(m^{n_1 n_2}) = G(m^{n_1})$$

证明 1. 设 $n_1 = 2k_1 + 1, n_2 = 2k_2$，则
$$n_1^{n_2} = (2k_1+1)^{2k_2} = [(2k_1+1)^2]^{k_2} = (4k_1^2 + 4k_1 + 1)^{k_2} = 4M + 1$$

所以
$$G(m^{n_1 n_2}) = G(m^{4M+1}) = G(m)$$

同理可以证明其余几条性质.

定理 5 对形如
$$m^{n_1 n_2 \cdots n_k} = M$$
的正整数.

（1）若 n_1 为奇数，n_2 为偶数，则
$$G(M) = G(m)$$

（2）若 n_1 为偶数，n_2 为大于 1 的奇数时，则
$$G(M) = G(m^4)$$

（3）若 n_1, n_2 都是偶数，则
$$G(M) = G(m^4)$$

（4）若 n_1, n_2 都是奇数，则
$$G(M) = G(m^{n_1})$$

利用上面的 4 条性质，很容易证明定理 5，证明由读者完成.

整数的性质

下面举例说明上述定理的应用.

例 1 目前已知的最大质数是 $2^{216\,091}-1$,求它的末位数字.

解 因为 $216\,091=4\times 54\,022+3$,所以
$$G(2^{216\,091})=G(2^{4\times 54\,022+3})=G(8)=8$$
所以 $2^{216\,091}-1$ 的末位数字是 $8-1=7$.

例 2 求 $3\,333^{2\,223^{3\,333^{2\,222}}}$ 的末位数.

解 由定理 5,有
$$G(3\,333^{2\,223^{3\,333^{2\,222}}})=G(3\,333^4)=G(3^4)=1$$

例 3 在实数范围内,设
$$x=\left(\frac{\sqrt{(a-2)(|a|-1)}+\sqrt{(a-2)(1-|a|)}}{1+\dfrac{1}{1-a}}+\frac{5a+1}{1-a}\right)^{1\,988}$$

则 x 的个位数字是 ( )

(A)1　　　(B)2　　　(C)4　　　(D)6

(1988 年全国初中数学联赛题)

解 从根号内的式子非负可知 $|a|=1$,又从分母 $1-a\neq 0$ 知 $a\neq 1$,所以 $a=-1$,由此可知
$$x=(-2)^{1\,988}=2^{4\times 496+4}$$
x 的个位数字就是 $2^4=16$ 的个位数,即是 6.

例 4 试确定
$$\underbrace{47^{47^{47^{\cdot^{\cdot^{\cdot^{47}}}}}}}_{47\ \text{个}}$$
的个位数字.

解 由定理 5,得
$$G(\underbrace{47^{47^{47^{\cdot^{\cdot^{47}}}}}}_{47\ \text{个}})=G(47^{47})=$$
$$G(7^{4\times 11+3})=G(7^3)=3$$

例 5 证明:和数 $S=1+2+\cdots+n$ 的个位数不

七、整数的末位数字

可能是 2,4,7 或 9.

证明 因为 $S = 1 + 2 + 3 + \cdots + n = \dfrac{n(n+1)}{2}$,
所以 $n^2 + n - 2S = 0$.

视 n 为未知数,则上式为 n 的一元二次方程,它有正整数解,其判别式 $\Delta = 8S + 1$ 必须是完全平方数.

若 S 的个位数是 2,4,7,9,则 $8S+1$ 的个位数将顺次是 7,3,7,3. 但一个完全平方数的个位数只能是 0,1,4,9,6,5,由此导致矛盾. 所以 S 的个位数不可能是 2,4,7 或 9.

利用末位数分析法解答某些数学问题,也是一种重要的方法.

例 6 已知整数 x 满足 $x^5 = 656\,356\,768$,求 x.

解 因为 $50^5 = 312\,500\,000$, $60^5 = 777\,600\,000$,所以 $50^5 < 656\,356\,768 < 60^5$,因此,$x$ 必是 $51, 52, \cdots, 59$ 中的某个数. 由于 $x^5 = x^{4+1}$ 的个位数与 $x^1 = x$ 的个位数相同,而 x^5 的个位数是 8,所以 x 的个位数也是 8. 故所求的 $x = 58$.

例 7 若 n 为自然数,和数 $1981^n + 1982^n + 1983^n + 1984^n$ 不能被 10 整除,那么 n 必须满足什么条件?

(1983 年北京市初中数学竞赛题)

解 设 $S = 1981^n + 1982^n + 1983^n + 1984^n$,$S$ 不能被 10 整除,即 S 的末位数字不为 0.

若 $n = 4k$,则
$$G(S) = G(1^{4k} + 2^{4k} + 3^{4k} + 4^{4k}) =$$
$$G(1 + 6 + 1 + 6) = 4$$

若 $n = 4k + 1$,则

整数的性质

$$G(S) = G(1^{4k+1} + 2^{4k+1} + 3^{4k+1} + 4^{4k+1}) =$$
$$G(1 + 2 + 3 + 4) = 0$$

若 $n = 4k + 2$,则
$$G(S) = G(1 + 4 + 9 + 6) = 0$$

若 $n = 4k + 3$,则
$$G(S) = G(1 + 8 + 7 + 4) = 0$$

故当 $n = 4k$,即 n 是 4 的倍数时,和数 S 不能被 10 整除.

例 8 若 a 为自然数,证明 $10 \mid (a^{1985} - a^{1949})$.

(1985 年北京市初二数学竞赛题)

证明 因为
$$G(a^{1985}) = G(a^{4 \times 496 + 1}) = G(a)$$
$$G(a^{1949}) = G(a^{4 \times 487 + 1}) = G(a)$$

所以
$$G(a^{1985}) = G(a^{1949})$$
$$G(a^{1985} - a^{1949}) = 0$$

即
$$10 \mid (a^{1985} - a^{1949})$$

例 9 设 n 是整数,如果 n^2 的十位数字是 7,那么 n^2 的个位数字是什么?

(第 10 届加拿大数学竞赛题)

解 设 $n = 10x + y$,其中 x, y 是整数,$0 \leq y \leq 9$. 那么 $n^2 = 100x^2 + 20xy + y^2 = 20(5x^2 + xy) + y^2$. 又 n^2 的十位数字是奇数 7,故 y^2 的十位数字必是奇数. 所以,y^2 为 16 或 36,因此 n^2 的个位数只能是 6.

例 10 设 a, b, c 为两两不相等的三个正整数. 证明
$$a^3b - ab^3, \quad b^3c - bc^3, \quad c^3a - ca^3 \quad (1)$$
这三个数中至少有一个能被 10 整除.

(1986 年全国初中数学联赛题)

七、整数的末位数字

证明 因为 $a^3b - ab^3 = ab(a^2-b^2)$,$b^3c - bc^3 = bc(b^2-c^2)$,$c^3a - ca^3 = ca(c^2-a^2)$,所以在 a,b,c 中有偶数,或者都是奇数时,故(1)中的三个数都是偶数. 所以,只要证明其中有一个能被 5 整除即可.

如果 a,b,c 中至少有一个是 5 的倍数,则题中结论必定成立.

设 a,b,c 都不能被 5 整除,则 a^2,b^2,c^2 的个位数只能是 $1,4,6,9$. 从而 $a^2 - b^2,b^2 - c^2,c^2 - a^2$ 的个位数是从 $1,4,6,9$ 中,任取三个(可能重复)两两相减之差. 因为这些差中必有 0 或 ± 5,所以题中三式表示的数,至少有一个能被 5 整除.

由于 $2,5$ 互质,所以 $a^3b - ab^3,b^3c - bc^3,c^3a - ca^3$ 三个数中,至少有一个能被 10 整数.

例 11 设 $G(n)$ 表示十进制中 n 的末位数字,$a_n = G(n^2) - G(n)$.

(1) 计算 $a_1 + a_2 + \cdots + a_{98}$;

(2) 求出使 $a_n = 0$ 的前 20 个自然数 n.

解 (1) 由 a_n 的定义可知,a_n 的值仅与 n 的个位数有关,也就是说,有

$$a_1 = a_{11} = a_{21} = \cdots, \quad a_2 = a_{12} = a_{22} = \cdots$$

由直接计算可知

$$a_1 = 0, a_2 = 2, a_3 = 6, a_4 = 2, a_5 = 0,$$
$$a_6 = 0, a_7 = 2, a_8 = -4, a_9 = -8, a_{10} = 0.$$

所以

$$a_1 + a_2 + \cdots + a_{98} = 9(a_1 + a_2 + \cdots + a_{10}) + a_1 + a_2 + \cdots + a_8$$

注意到

$$a_1 + a_2 + \cdots + a_{10} = 0$$

整数的性质

知

$$a_1 + a_2 + \cdots + a_{98} = -a_9 - a_{10} = 8$$

（2）由前知使 $a_n = 0$ 的 n 的个位数是 $1,5,6,0$，所以 $a_n = 0$ 的前 20 个自然数 n 是 $1,5,6,10,11,15,16$, $20,21,25,26,30,31,35,36,40,41,45,46,50$.

下面我们用尾数分析法来解 1986 年全俄数学奥林匹克试题中的一道题.

例 12 证明：在形如 $2^n + n^2 (n \in \mathbf{N})$ 的数中有无穷多个数是 100 的倍数.

证明 设 $A_n = 2^n + n^2$，若 A_n 能被 100 整除，则必须能被 4 和 25 整除. 显然只要考虑 n 是偶数的情况时，即 $n = m, m \in \mathbf{N}$ 时

$$A_n = A_{2m} = 2^{2m} + (2m)^2 = 4(4^{m-1} + m^2)$$

所以只要证明存在无穷多个 m 的值，使 $B_m = 4^{m-1} + m^2 (m \in \mathbf{N})$ 能被 25 整除即可. 设 $m = 25k + l, k$ 为非负整数，$l = 0,1,2,\cdots,24$. $B_{25k+l} = 4^{25k+l-1} + (25k+l)^2 = (4^{25k} \cdot 4^{l-1} + l^2) + 25(25k^2 + 2kl)$.

现在关键问题要证明 $4^{25k} \cdot 4^{l-1} + l^2$ 能被 25 整除. 即要证此数以 $00,25,50,75$ 为尾数. 注意到 $(4^{10})^q$ 尾数是 $76 (q \in \mathbf{N})$，所以当 $k = 2$ 时，4^{25k} 的尾数是 76. 而 $4^{25k} \cdot 16$ 的尾数是 16，所以当 $l = 3, k = 2p, p \in \mathbf{N}$ 时，$25 \mid 4^{25k} \cdot 4^{l-1} + l^2$，即 $n = 2m = 100p + 6$ 时，$100 \mid A_n$. 证明从略.

下面我们用类似的方法来研究末两位或多位数问题.

例 13 求数 a 的末两位数字：

$$a = 13^{12^{11^{\cdot^{\cdot^{2}}}}}$$

解 为求得 a 的末两位数字，只需把 a 表示成

七、整数的末位数字

$100k + l$ 的形式,则 a 的末两位数字就是 l 的末两位数字,因

$$12^{11^{10\cdots2}} = 12^{(2m+1)^{2n}} = 12^{4M+1} = 12^{4M} \cdot 12$$

所以

$$a = 13^{12 \cdot 12^{4M}} = (13^3)^{4 \cdot 12^{4M}} =$$
$$[(2\,200 - 3)^4]^{12^{4M}} = (100M_1 + 81)^{12^{4M}} =$$
$$100M_2 + 81^{12^{4M}}$$

于是,问题归结为求 $81^{12^{4M}}$ 的末两位数字,因

$$12^{4M} = 144^{2M} = (145 - 1)^{2M} = 5k + 1$$

所以

$$81^{12^{4M}} = 81^{5k+1} = 81 \cdot 81^{5k} = 81 \cdot 9^{10k} =$$
$$81(10 - 1)^{10k} = 81(100k + 1) = 8\,100k + 81$$

这就求得 a 的末两位数字是 81.

例 14 求证 $2^{86\,243} - 1$ 的末四位数字是 8 207.

证明 设法将 $2^{86\,243}$ 表示为 $10R + l$ 的形式. 首先有 $2^{86\,243} = 2^3 \cdot 2^{10 \times 8\,624}$,而

$$2^{10 \times 8\,624} = (1\,025 - 1)^{8\,624} =$$
$$1\,025^{8\,624} - 8\,624 \times 1\,025^{8\,623} + \cdots -$$
$$8\,624 \times 1\,025 + 1 =$$
$$1\,025^2 m - 8\,624 \times 1\,025 + 1$$

因为 $2^{10 \times 8\,624}$ 是偶数,所以上式中的 m 是奇数,显然有 $m > 9$,故不妨设 $m = 2k + 9$,于是

$$2^{86\,243} = 2^3[1\,025^2(2k + 9) - 8\,624 \times 1\,025 + 1] =$$
$$2^4(1\,025)^2 k + 2^3[(9\,225 - 8\,624) \times 1\,025 + 1] =$$
$$(4 \times 1\,025)^2 k + 8 \times 616\,026 =$$
$$1\,618 \times 10^4 k + 4\,928\,208$$

所以

整数的性质

$$2^{86\,243} - 1 = 10^4 M + 4\,928\,207$$

这就求得 $2^{86\,243} - 1$ 的末四位数字是 $8\,207$.

练习七

1. 填空题

（1）如果 $A = 1\,983^{1\,984^{1\,985}}$，那么 A 的个位数字为_____.

　　　　　　（1983 年哈尔滨市初中数学竞赛题）

（2）$1\,988^{1\,989} + 1\,989^{1\,988}$ 的个位数字是_____.

　　　　　　（1989 年江苏省初中数学竞赛题）

（3）若 $\sqrt[1\,987]{M} = 3$，$\sqrt[1\,988]{N} = 7$，且 M,N 为自然数，那么 MN 的末位数字是_____.

　　　　　　（1988 年辽教杯初中数学竞赛题）

（4）若按奇偶分类，则 $2^{1\,990} + 3^{1\,990} + 7^{1\,990} + 9^{1\,990}$ 是_____数.

　　　　　　（1990 年山西省初中数学竞赛题）

（5）若 $x^2 - 13x + 1 = 0$，则 $x^4 + x^{-4}$ 的个位数字是_____.

　　　　　　（1992 年全国初中数学竞赛题）

（6）$1^2 + 2^2 + \cdots + 123\,456\,789^2$ 的个位数字是_____.

　　　　　　（1990 年全国初中数学联赛题）

（7）$1^{1\,994} + 2^{1\,994} + 3^{1\,994} + \cdots + 123\,456\,789^{1\,994}$ 的个位数字为_____.

（8）把 23 个数：$3, 33, 333, 3\,333, \cdots, \underbrace{33\cdots3}_{23 \uparrow 3}$ 相加，

七、整数的末位数字

所得的和的末四位数字是_____.

(1988年上海市初一数学竞赛题)

(9) $76^{25} + 25^{76}$ 的末两位数码是_____.

(1989年上海市初一数学竞赛题)

(10) 1986^{2000} 的末两位数是_____.

(1987年苏州市初中数学竞赛题)

(11) 数 5^{1983} 的最后三位数是_____.

(1983年广西壮族自治区初中数学竞赛题)

(12) $1 + 2^2 + 3^3 + \cdots + 1990^{1990}$ 的末位数字是_____.

(1990年全国高中数学联赛备选题)

(13) $1^2 + 2^2 + 3^2 + \cdots + 1991^2$ 的个位数字是_____.

(1991年浙江省初中数学竞赛题)

2. 证明 $5 \mid 3^{1980} + 4^{1981}$.

(1980年北京市高中数学竞赛题)

3. 求证: $30 \mid n^5 - n$.

(1984年西安市初中数学竞赛题)

4. $3^{1001} \times 7^{1002} \times 13^{1003}$ 的个位数是多少?

(1983年美国第34届中学数学竞赛题)

5. 数 $A = (2+1)(2^2+1)(2^4+1)(2^8+1)(2^{16}+1)(2^{32}+1)(2^{64}+1) + 1$ 的个位数是什么?

6. 求下列各数的末位数:
(1) $98\,765\,432^{23\,456\,789}$;(2) $53\,678^{8\,7657\,654}$.

7. 求证费马数 $2^{2^n} + 1$,当 $n \geq 2$ 时,个位数为 7.

8. 证明 $1991^{1992} + 1993^{1994} + 1995^{1996} + 1997^{1998} + 1999^{2000}$ 能被5整除.

(1991年太原市初中数学竞赛题)

整数的性质

9. 证明：当 $4 \nmid n$ 时，有 $10 \mid 1^n + 2^n + 3^n + 4^n$.

（1901 年匈牙利数学竞赛题）

10. 已知整数 a 不能被 5 整除，试证明：$a^4 - 1$ 能被 5 整除.

11. 设 n 为大于 3 的自然数，2^n 的个位数是 a，并把 2^n 表示成 $10b + a$，这里 b 为正整数，求证：ab 是 6 的倍数.

12. 某正整数的平方，某末三位是非零的相同数字，求具有该性质的最小正整数.

（1990 年日本 IMO 代表队选拔赛试题）

13. 求数 315^{1981} 的最后三位数.

（1981 年黑龙江省高中数学竞赛题）

带余除法与整数分类

八

1. 带余除法

前面,我们讨论了一个整数 a 能被一个不等于零的整数 b 整除的情形. 但是并不是任意一个整数都能被一个不等于零的整数整除的. 例如,113 被 4 除,得商 28,余数 1. 就是 4 113. 我们可以把这个结果用一个等式 $113 = 4 \times 28 + 1$ 表示出来. 一般地,有:

定理 设 a, b 是给定的正整数,$b > 0$,则有唯一的 q 和 r,满足
$$a = bq + r \quad (0 \leqslant r < b) \quad (1)$$

证明 取 $q = \left[\dfrac{a}{b}\right], r = a - bq$,即得式(1). 又如果还有 q', r' 满足式(1),则得 $b(q - q') = r' - r$,即有 $b \mid q - q' \mid = \mid r' - r \mid$. 因为 $b > 0$ 及 $\mid r' - r \mid < b$,只有 $r' - r = q - q' = 0$,即 $r' = r, q' = q$. 因此,唯一性成立.

整数的性质

在式(1)中,q 称为 a 除以 b 的(不完全)商,r 称为 a 除以 b 的余数,当 $r = 0$,$a = bq$,即 a 能被 b 整除.式(1)称为余数公式,其运算过程称为带余除法.

用 n 做除数,其余数 r 有 n 种可能的情况,即 $r = 0$,$1, \cdots$,或 $n - 1$. 特别地,用 2 做除数,余数为 0 或 1.

例1 71 427 和 19 的积被 7 除,余数是几?

(1986 年华罗庚金杯赛初赛题)

解 设 $71\,427 \times 19$ 被 7 除,商 q 余 r,则
$$71\,427 \times 19 = 7q + r \qquad ①$$
但是
$$71\,427 = 7 \times 10\,203 + 6 = 7A + 6$$
$$19 = 7 \times 2 + 5 = 7B + 5$$
所以
$$71\,427 \times 19 = (7A + 6)(7B + 5) =$$
$$49AB + 42B + 35A + 30 =$$
$$7(7AB + 6B + 5A + 4) + 2 \qquad ②$$
比较①,②两式,由唯一性知 $r = 2$.

例2 求证:对于任何整数 n,$N = n^3 + \dfrac{3}{2}n^2 + \dfrac{n}{2} - 1$ 都是整数,并且被 3 除余 2.

(1957 年北京市高中数学竞赛题)

证明 $N = n^3 + \dfrac{3}{2}n^2 + \dfrac{n}{2} - 1 =$
$$n^3 + n^2 + \dfrac{1}{2}n(n + 1) - 1$$

因为 $2 \mid n(n + 1)$,所以对于任何整数 n,N 为整数.

要证 N 被 3 除余 2,只要证 $N + 1$ 可被 3 整除就行了.

$$N + 1 = n^3 + \frac{3}{2}n^2 + \frac{n}{2} = \frac{1}{2}n(2n^2 + 3n + 1) =$$
$$\frac{1}{2}[n(n+1)(n+2) + (n-1)n(n+1)]$$

因为
$$6 \mid n(n+1)(n+2)$$
$$6 \mid (n-1)n(n+1)$$

故 $3 \mid N+1$.

于是 $N = n^3 + \frac{3}{2}n^2 + \frac{n}{2} - 1$ 被 3 除余 2,得证.

例 3 1 982 以内是 3 的倍数但不是 5 的倍数的自然数有几个?

(1982 年上海市初中数学竞赛题)

分析 注意到既是 3 的倍数又是 5 的倍数的数,一定是 15 的倍数. 在所有 3 的倍数的数中,除去那些 15 的倍数,剩下的就是 3 的倍数但不是 5 的倍数.

解 利用带余除法,有
$$1\,982 = 3 \times 660 + 2, \quad 1\,982 = 15 \times 132 + 2$$
这两个式子分别说明:在 1 到 1 982 之间的整数有 660 个是 3 的倍数,有 132 个既是 3 的倍数又是 5 的倍数. 因此,1 982 以内有
$$660 - 132 = 528$$
个整数是 3 的倍数,但不是 5 的倍数.

例 4 $1\,987^{1\,987}$ 除以 7 所得的余数是_____.

(1987 年全国部分省市初中数学通讯赛题)

解 由于 $1\,987 = 283 \times 7 + 6$,因此
$$1\,987^{1\,987} = \underbrace{1\,987 \times 1\,987 \times \cdots \times 1\,987}_{1\,987 \text{个}} =$$
$$\underbrace{(283 \times 7 + 6)(283 \times 7 + 6) \cdots (283 \times 7 + 6)}_{1\,987 \text{个}} =$$

整数的性质

$$7 \text{ 的倍数} + \underbrace{6 \times 6 \times \cdots \times 6}_{1\,987\text{个}} =$$

$$7 \text{ 的倍数} + 6^{1\,987}$$

所以 $1\,987^{1\,987}$ 除以 7 所得的余数与 $6^{1\,987}$ 除以 7 所得的余数相等. 由于某数除以 7 所得的余数 6 可以看做 -1, 所以只要看 $(-1)^{1\,987}$ 除以 7 所得的余数, 而 $(-1)^{1\,987} = -1$, 所以 $1\,987^{1\,987}$ 除以 7 余 6.

说明 在定理 1 中, 规定 $0 \leqslant r < b$, 但 $a = bq + r = b(q+1) + (r-b)$, 此时余数 $r-b$ 满足 $-b \leqslant r - b \leqslant 0$, 即余数为负值. 在研究某些问题时, 若余数较大, 我们也常转而研究负余数.

例 5 在已知数列 1, 4, 8, 10, 16, 19, 21, 25, 30, 43 中, 相邻若干数之和能被 11 整除的数组, 共有几组?

(1985 年全国高中数学联赛题)

解 已知数列各项除以 11 的余数分别为

$$1, 4, 8, -1, 5, -3, -1, 3, -3, -1$$

所得的数列的前 n 项和除以 11 的余数分别为

$$1, 5, 2, 1, 6, 3, 2, 5, 2, 1$$

这些数中有 3 个 1, 3 个 2, 2 个 5.

这 3 个 1 两两相减为 0 有 3 组, 3 个 2 两两相减也得到 0 又有 3 组, 2 个 5 相减也得到 0 又有一组, 所以共有 $3 + 3 + 1 = 7$ 组.

分析 若按题意依次求和逐个检查是否能被 11 整除, 情形较多, 解法较复杂. 但因为

$$1 = 0 \times 11 + 1, 4 = 0 \times 11 + 4, 8 = 1 \times 11 + (-3)$$
$$10 = 1 \times 11 + (-1), 16 = 1 \times 11 + 5,$$
$$19 = 2 \times 11 + (-3), 21 = 2 \times 11 + (-1),$$
$$25 = 2 \times 11 + 3, 30 = 3 \times 11 + (-3)$$
$$43 = 4 \times 11 + (-1)$$

八、带余除法与整数分类

于是,对于原数列中若干相邻数之和是否能被 11 整除,只须研究它们余数和是否能被 11 整除,但下面依次列出题设数列中各数被 11 除的余数.

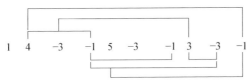

符号 ⌣ 表示线段下(上)几个相邻余数和,显然,它们都为零,易知满足题目要求的数组共有 7 组.

例 6 70 个数排成一行,除了两头的两个数以外,每个数的三倍都恰好等于它的两边两个数之和. 这一行最左边的几个数是这样的

$$0, 1, 3, 8, 21, \cdots$$

问最右边的一个数被 6 除余几?

(首届华罗庚金杯少年数学邀请赛决赛题)

分析 研究一个数被 6 除的余数,一般可以从这个数被 2 除的余数和被 3 除的余数的情况入手. 这就首先需要我们观察给出的这一列数,而且观察的目的性也很明确,即这一行数被 2 除的余数和被 3 除的余数分别具有什么规律性.

首先观察:$0, 1, 3, 8, 21, 55, 144, 377, \cdots$,发现这一行数的奇偶性(即被 2 除余数的规律为:$0, 1, 0, 2; 0, 1, 0, 2; \cdots$ 抓住这些规律,问题就迎刃而解了).

因为最右边的一个数(即第 70 个数)被 2 除的余数是 0(由 $70 \div 3 = 23$ 余 1 可以知道),被 3 除的余数是 1(由 $70 \div 4 = 17$ 余 2 可知),所以最右边的一个数被 6 除余数是 4.

例 7 任给一个正整数 N,如 248,我们总可以用 1

整数的性质

984 的四个数码经过适当交换得到一个四位数 $\overline{a_3a_2a_1a_0}$, 如 8 194, 恰使 7 | (248 + 8 194).

(1984 年北京市初二数学竞赛题)

请你证明:对任给的一个自然数 N, 总存在一个适当交换 1 984 的数码所得的四位数 $\overline{a_3a_2a_1a_0}$, 使得 7 | $(N + \overline{a_3a_2a_1a_0})$.

证明 由于

$$1\ 498 = 214 \times 7 + 0 \qquad ①$$
$$1\ 849 = 264 \times 7 + 1 \qquad ②$$
$$1\ 948 = 278 \times 7 + 2 \qquad ③$$
$$1\ 984 = 283 \times 7 + 3 \qquad ④$$
$$1\ 894 = 270 \times 7 + 4 \qquad ⑤$$
$$1\ 489 = 212 \times 7 + 5 \qquad ⑥$$
$$9\ 148 = 1\ 306 \times 7 + 6 \qquad ⑦$$

对任给自然数 N, 设 N 被 7 除商 m 余 r, 即

$$N = 7m + r \quad (0 \leqslant r < 7)$$

(1) 若 $r = 0$, 则选 $\overline{a_3a_2a_1a_0} = 1\ 498$, 则有

$$7 \mid (N + 1\ 498)$$

即

$$7 \mid (N + \overline{a_3a_2a_1a_0})$$

(2) 若 $0 < r < 7$, 则 $0 < 7 - r < 7$, 可以从式 ② ~ ⑦ 中选取相应余数为 $7 - r$ 者对应的那个由 1, 9, 8, 4 组成的四位数为 $\overline{a_3a_2a_1a_0}$, 有

$$\overline{a_3a_2a_1a_0} = 7p + (7 - r) \quad (其中 p 为整数)$$

于是

$$N + \overline{a_3a_2a_1a_0} =$$

八、带余除法与整数分类

$$(7m + r) + 7p + (7 - r) = 7(m + p + 1)$$

其中 $m + p + 1$ 是整数.

所以,存在 $\overline{a_3a_2a_1a_0}$,使得 $7 \mid (N + \overline{a_3a_2a_1a_0})$.

综合(1),(2)可得,对任给的一个自然数 N,总存在适当交换 1984 的数码得到的一个四位数 $\overline{a_3a_2a_1a_0}$,使得 $7 \mid (N + \overline{a_3a_2a_1a_0})$ 成立.

例 8 对任给的 97 个互异的正整数 $a_1, a_2, \cdots, a_{97}$,试证其中一定存在四个整数,仅用减号、乘号和括号将它们适当组合为一个算式,其结果是 1 984 的倍数.

(1984 年北京市初中数学竞赛题)

证明 因 $1\,984 = 64 \times 31$,故在 $a_1, a_2, \cdots, a_{65}$ 这 65 个互异的正整数中,至少有两数被 64 除的余数相同,不妨设

$$a_1 = 64k_1 + r, \quad a_2 = 64k_2 + r \quad (0 \leqslant r < 64)$$

则

$$64 \mid a_1 - a_2$$

在 $a_{66}, a_{67}, \cdots, a_{97}$ 这 32 个互异正整数中,至少有两数被 31 除的余数相同,不妨设

$$a_{66} = 31m_1 + r, \quad a_{67} = 31m_2 + r \quad (0 \leqslant r < 31)$$

则

$$31 \mid a_{66} - a_{67}$$

因为

$$(64, 31) = 1$$

所以

$$1\,984 \mid (a_1 - a_2)(a_{66} - a_{67})$$

故 a_1, a_2, a_{66}, a_{67} 即为所求证存在的四个互异的正整

整数的性质

数.

说明 本题是一道条件极为充分的题目. 解的过程中, 有些学生已经发现只按 65 个互异的数就可以满足要求. 因为 65 个数被 64 除至少有两个余数相同, 不妨设为 a_i, a_j, 则 $a_i - a_j$ 必为 64 的倍数. 剩下的 63 个数中必然还能找到两个数 a_k, a_n, 使 $a_k - a_n$ 是 31 的倍数. 所以, $(a_i - a_j)(a_k - a_n)$ 必为 $64 \times 31 = 1\,984$ 的倍数.

问题是: 这样给出的互异的正整数最少是多少? 是否一定存在四个正整数, 仅用减号、乘号和括号将它们适当组合一个算式, 其结果是 1 984 的倍数?

由 $1\,984 = 62 \times 32$, 如同上述证法, 只要对 63 个互异的正整数 $a_1, a_2, \cdots, a_{63}$ 就可以在其中找到 a_m, a_n, 使 $(a_m - a_n)$ 是 62 的倍数, 找到 a_i, a_j, 使 $(a_i - a_j)$ 是 32 的倍数, 从而 $(a_m - a_n)(a_i - a_j)$ 是 1 984 的倍数.

还能把 63 减小吗?

注意到用减号、乘号、括号将四个数组合成一个式子的方法不唯一, 可有如下三种形式:

$$(P - Q)(M - N) \quad \text{①}$$
$$(M - N)P \cdot Q \quad \text{②}$$
$$(M - N - P)Q \quad \text{③}$$

其中 P, Q, M, N 是四个互异的正整数.

读者只要稍加改进, 即可对 62 个互异的数进行证明. 下面, 我们对 61 个互异的数的情形给出证明.

证明 如果这 61 个互异的数中不存在 62 的倍数, 且各数被 62 除所得余数也彼此互异, 则这些余数取遍从 1 到 61 的所有的数. 因此, 必有某个数除以 62 的余数是 31, 此数即是 31 的倍数. 另取一个偶数与之相乘, 其积是 62 的倍数, 再从其余 59 个数中选出两个

八、带余除法与整数分类

之差是 32 倍数的数,组成符合条件②的式子. 如果这 61 个数中存在 62 的倍数,则把这数取为 p. 其余 59 个数中必能取到两个 M,N,使 M − N 是 32 的倍数. 这样也能组成条件②的式子.

下面介绍整数除法中的几条简单性质,再给出求解这类问题的一般思路,使问题按既定的思路逐步化简,直至求出解答.

设自然数 m 和 m' 被自然数 n 除时,余数分别为 r 与 $r'(0 \leqslant r, r' < n$ 或 $-n < r, r' \leqslant 0)$,则

1. $m \pm m'$ 被 n 除时的余数等于 $r \pm r'$ 被 n 除时的余数.

2. $m \cdot m'$ 被 n 除时的余数等于 $r \cdot r'$ 被 n 除时的余数.

3. $m_1 \pm m_2 \pm \cdots \pm m_k$ 被 n 除时的余数分别为 $r_1 \pm r_2 \pm \cdots \pm r_k$ 被 n 除时的余数.

4. $m_1 m_2 \cdots m_k$ 被 n 除时的余数,等于 $r_1 r_2 \cdots r_n$ 被 n 除时的余数.

特别地,从性质 3 得到:$m^k = (qn + r)^k$(k 为自然数)被 n 除时的余数等于 r^k 被 n 除时的余数,如能设法使 $r = \pm 1$,则问题大为简化. 借助上述性质 1 ~ 4,我们可以把求一个较大的数除以某数的余数的问题,化归求一个较小的数除以该数的余数的问题.

例 9 试求以 11 除 101^{10} 的余数.

解 因为 $101 = 9 \times 11 + 2$,所以 101^{10} 除以 11 所得的余数等于 2^{10} 除以 11 所得的余数.

由于 $2^5 = 32 = 3 \times 11 + (-1)$,故 $2^{10} = 2^5 \times 2^5$ 除以 11 所得的余数等于 $(-1)(-1) = 1$ 除以 11 所得的余数,即 1. 所以 101^{10} 除以 11 所得的余数等于 1.

整数的性质

例 10 求 7^{999} 的末两位数字.

解 7^{999} 的末两位数字就是它被 100 除所得的余数. 注意到 $7^4 = 49 \times 49 = 2\,401$ 除以 100 的余数是 1, 故应从 7^{999} 中尽可能分解出因数 7^4.

因为 9 被 8 除余 1, 故由性质 4, $9^{99} = (9)^{99}$ 被 8 除也余 1, 即 $9^{99} = 8m + 1$(m 为正整数), 于是 $7^{999} = 7^{8m+1} = (7^4)^{2m} \times 7$, 因此, 7^{999} 除以 100 所得的余数, 即 $1^{2m} \times 7 = 7$.

所以, 7^{999} 的末两位数字为 07.

例 11 形如 $\underbrace{19901990\cdots1990}_{n\text{个}1990}56$ 的数中, 哪些数能被 6 整除? 其中最小的一个数是多少?

(1990 年武汉市初二数学竞赛题)

解 $\underbrace{19901990\cdots1990}_{n\text{个}1990}56$ 是偶数, 它的各位数字的和为

$$S = (1 + 9 + 9 + 0) \times n + 5 + 6$$

S 除以 3 的余数为 $n + 2$.

当 $n + 2$ 是 3 的倍数时, $\underbrace{19901990\cdots1990}_{n\text{个}1990}56$ 能被 6 整除.

所以 $n = 3k - 2$, 即当 $n = 3k - 2$ 时, 该数是 6 的倍数, 特别取 $k = 1$, 得 $n = 1$, 即 199 056 是最小的一个.

例 12 求证 $2\,222^{5\,555} + 5\,555^{2\,222}$ 能被 7 整除.

证明 由性质 4 及 $2\,222 = 317 \times 7 + 3$ 知, $2\,222^{5\,555}$ 被 7 除的余数等于 $3^{5\,555}$ 被 7 除的余数, 而 $3^6 = 729 = 104 \times 7 + 1$, $3^{5\,555} = (3^6)^{925} \times 3^5$, 再由性质 2 与 4, 知 $3^{5\,555}$ 被 7 除的余数等于 $1^{925} \times 3^5 = 243 = 34 \times 7 +$

八、带余除法与整数分类

5 被 7 除所得的余数,即为 5.

同理,由 $5\,555 = 793 \times 7 + 4$,知 $5\,555^{2\,222}$ 被 7 除的余数等于 $4^{2\,222}$ 被 7 除的余数,但

$$4^3 = 64 = 9 \times 7 + 1, \quad 4^{2\,222} = (4^3)^{740} \times 4^2$$

故被 7 除所得的余数,即为 2.

于是,由性质 1,$2\,222^{5\,555} + 5\,555^{2\,222}$ 被 7 除所得的余数等于 $5 + 2 = 7$ 被 7 除的余数,所以该数能被 7 整除.

下面介绍"弃九法"(或九余数)的原理.

九余数性质定理 一个整数被 9 除时所得的余数,正好等于该数的各位数字之和被 9 除时所得的余数.

显然,九余数性质同样运用于除数 3.

证明 设 $N = a_0 \cdot 10^n + a_1 \cdot 10^{n-1} + \cdots + a_{n-1} \cdot 10 + a_n$,由于 $10^k = 9M_k + 1$(其中 $M_k = \underbrace{11\cdots1}_{k\uparrow}$),所以

$$a_{n-k} \cdot 10^k = 9a_{n-k}M_k + a_{n-k}$$
$$N = 9(a_0M_n + a_1M_{n-1} + \cdots + a_nM_0) +$$
$$(a_0 + a_1 + \cdots + a_n)$$

因此,N 被 9 除所得的余数等于 $a_0 + a_1 + \cdots + a_n$ 被 9 除所得的余数.

特别地,当余数为 0 时,有

$$9 \mid N \Leftrightarrow 9 \mid (a_0 + a_1 + \cdots + a_n)$$

例 13 已知四位数满足下列条件:(1)若同时将其个位数字与百位数字,十位数字与千位数字的位置互换,则其值增加 5 940;(2)除以 9 余 8. 求这些四位数中的最小奇数.

(1979 年山东省中学数学竞赛题)

整数的性质

解 设这个四位数为 $\overline{abcd}$，则 $a \geqslant 1$，交换后的数是 $\overline{cdab}$，$\overline{cdab} - \overline{abcd} = 5\,940$，于是比较个位数得 $a = b$. 比较十位数，由 $c > a$ 知 $10 + a - c = 4$，即 $c - a = 6$. 因为题目要求最小数，可知试取 $a = 1$，则 $c = 7$. 现在 $a + b + c + d = 8 + 2d$，要求此数除 9 余 8，即 $2d$ 为 9 的倍数，所以 $d = 9$ 或 0. 但当 $d = 0$ 时所得的数为偶数，所以 $d = 9$，这时四位数为 $1\,979$，符合题意.

例 14 已知 $\overline{abc} \cdot \overline{def} = \overline{g1031}$（$\overline{abc}, \overline{def}$ 为两个三位数，$\overline{g1031}$ 为五位数），且 $a + b + c = 10, d + e + f = 8$，求 a, b, c, d, e, f 的值.

（1993 年黄冈地区初中数学竞赛题）

解 由 n 位数 $\overline{b_1 b_2 \cdots b_n}$ 与其数字和 $b_1 + b_2 + \cdots + b_n$ 被 9 除时余数相同，知 $\overline{abc}$ 除以 9 余数为 1，$\overline{def}$ 除以 9 余数为 8，所以 $\overline{abc} \cdot \overline{def}$ 除以 9 余数为 8，所以 $\overline{g1031}$ 除以 9 余数为 8.

所以 $g + 1 + 0 + 3 + 1 = g + 5$ 除以 9 余数为 8. 又由 $1 \leqslant g \leqslant 9$ 知 $g + 5 = 8$，所以 $g = 3$. 所以
$$\overline{abc} \cdot \overline{def} = 31\,031 = 31 \cdot 11 \cdot 13 \cdot 7 =$$
$$(31 \cdot 7) \cdot (11 \cdot 13) = 217 \cdot 143$$
故 $a = 2, b = 1, c = 7, d = 1, e = 4, f = 3, g = 3$.

2. 整数的分类

在初中范围里讨论整除性问题略为深入的一个方法就是分类法.

因为一个整数 a 被 n 除时的余数只有 $0, 1, 2, \cdots, n - 1$，这 n 种可能. 这样就可以把所有整数按照余数的情况进行分类：余数为 0 的全体整数作为第一类，余

八、带余除法与整数分类

数为1的作为第二类……余数为 $n-1$ 的作为第 n 类，共有 n 类. 这样，每个整数都在某个类中，同一个整数不会在两个不同类中出现.

例如，一个整数 a 被2除时，余数只能有0和1这两种可能，因此，我们可以把所有整数按照被2除的余数分成两类. 一类整数被2除余数为0，一类整数被2除余数为1，即可以写成 $2q$ 和 $2q+1$ 这两种类型，其中形如 $2q$ 的整数称为偶数，形如 $2q+1$ 的整数称为奇数，任何整数一定是这两类中的一类，而且只能是一类. 这种分类法也称为奇偶分类法.

又如，一个整数 a 被3除时，余数只能有0,1和2这三种可能. 因此，所有整数按被3除的余数分成三类，即 $3q,3q+1,3q+2$ 这三种类型. 任何整数一定是这三类中的一类，而且只能一类. 由于 $3q+2=3(q+1)-1$，所以这三类也可以写作 $3q,3q+1,3q-1$ 这三种形式. 这样的分类法称为3的剩余类.

为了解题的方便，我们先给出整数被3除的余数的运算性质，即3的剩余类的加法、乘法的运算性质.

$\{3k_1\} + \{3k_2\} = \{3k\}$,

$\{3k_1\} + \{3k_2 + 1\} = \{3k + 1\}$,

$\{3k_1 + 1\} + \{3k_2 + 1\} = \{3k + 2\}$,

$\{3k_1 + 1\} + \{3k_2 + 2\} = \{3k\}$,

$\{3k_1 + 2\} + \{3k_2 + 2\} = \{3k + 1\}$,

$\{3k_1\} \cdot \{3k_2\} = \{3k\}$,

$\{3k_1\} \cdot \{3k_2 + 1\} = \{3k\}$,

$\{3k_1\} \cdot \{3k_2 + 2\} = \{3k\}$,

$\{3k_1 + 1\} \cdot \{3k_2 + 1\} = \{3k + 1\}$,

$\{3k_1 + 1\} \cdot \{3k_2 + 2\} = \{3k + 2\}$,

整数的性质

$$\{3k_1+2\}\cdot\{3k_2+2\}=\{3k_1+1\}.$$

在某些计算问题,整数的整除问题,不定方程的整数解问题,质数合数问题等中,如发现特征数字 3 明显地关系着已知条件和求解结论,这时,若善于运用 3 的剩余类及运算性质来解答,有可能带来许多方便.

例 1 对任意自然数 m,n,在 $m\cdot n$ 及 $m\pm n$ 中必有一个能够被 3 整除.

证明 若 m,n 中至少有一个被 3 整除,则结论成立.

若 m,n 都不能被 3 整除,则 m,n 必为 $3k+1$ 或 $3k+2$ 的形式,如果 m,n 同属两类之一,则 $m-n$ 必能被 3 整除;如果 m,n 分属上述两类,则 $m+n$ 必能被 3 整除,结论也成立.

例 2 证明:由不必相异的五个整数一定可选取其中三个整数,其和能被 3 整除.

(1970 年加拿大数学竞赛题)

证明 任意一个整数被 3 除时,余数只可能是 0,1,2 中的一个.

如果给定的五个整数被 3 除后所得的五个余数中,0,1,2 都出现,那么余数为 0,1,2 的三个数的和一定能被 3 整除,这是因为

$$3q_1+(3q_2+1)+(3q_3+2)=3(q_1+q_2+q_3+1)$$

是 3 的倍数.

如果给定的五个整数被 3 除所得的五个余数中,至多只出现 0,1,2 中的两个,那么由抽屉原则 Ⅱ,其中必有一个余数,至少出现 3 次,而这三个余数相同的数的和必能被 3 整除.

所以,任给五个整数,必能从中选出三个使得它们

之和能被 3 整除.

例 3　试证:购买超过 17 斤粮食,只需用 3 斤与 10 斤面额的粮票支付,而无需找补.

分析　此题求证的困难首先在于买粮斤数无法确定,但是注意到无论买多少斤粮食总需要用 3 斤票面的粮票支付,于是我们可以把购粮斤数 n 按 3 除后的余数将数分成三类:

(1) 若买 $n = 3m(3m > 17, m$ 为正整数),显然只需用 3 斤面额的粮票支付.

(2) 若买 $n = 3m + 1$ 斤 $(3m + 1 > 17)$,显然 $m > 5$. 又 $3m + 1 = 10 + 3(m - 3)$,故可用一张面额为 10 斤的粮票和 $(m - 3)$ 张面额为 3 斤的粮票支付.

(3) 若买 $n = 3m + 2$ 斤 $(3m + 2 > 17)$,显然 $m > 5$. 又 $3m + 2 = 20 + 3(m - 6)$,故可用 2 张面额为 10 斤的粮票和 $(m - 6)$ 张面额为 3 斤的粮票支付.

例 4　求证:$3 \mid n^p \cdot (n^{2m} + 2)$,其中 m, p, n 均为自然数.

证明　如果 $n = 3k$,则 $3 \mid n^p$;

如果 $n = 3k + 1$ 或 $n = 3k + 2$,则
$$n^2 = 3k_1 + 1$$

从而
$$n^{2m} = 3k_2 + 1$$

所以
$$3 \mid n^{2m} + 2$$

故
$$3 \mid n^p(n^{2m} + 2)$$

说明　此例中有 m, p, n 三个自然数,用其他方法来解是较困难的.

整数的性质

例5 求证:方程 $x^3 - 3xy^2 + y^3 = 2\,891$ 没有整数解.

(第 23 届 IMO 试题)

证明 用反证法. 若方程有整数解,即有 x,y,使得 $x^3 - 3xy^2 + y^3 = 2\,891$ 成立. 因为
$$3xy^2 \in \{3k\}, \quad 2\,891 \in \{3k+2\}$$
所以
$$x^3 + y^3 \in \{3k+2\}$$
由于 3 是质数,则若 $x \in \{3k\}$,则 $y \in \{3k+2\}$,若 $x \in \{3k+1\}$,则 $y \in \{3k+1\}$;若 $x \in \{3k+2\}$,则 $y \in \{3k\}$.

对于第一种情况:设 $x=3t, y=3t'+2$,代入原方程,得
$$(3t)^3 - 3(3t)(3t'+2)^2 + (3t'+2)^3 = 2\,891 \quad ①$$
但式 ① 左端为 9 的倍数 + 8,右端为 9 的倍数 + 2,产生矛盾.

对于第三种情况同样可推得矛盾.

对于第二种情况,可通过变换 $(x,y)=(u-v,-v)$ 变为第一种情况.

故命题获证.

例6 求出所有正整数 n,使 $2^n - 1$ 能被 7 整除.

(第 6 届 IMO 试题)

解 将正整数 n 分为 $3k, 3k+1, 3k+2$ (k 为自然数)讨论.

当 $n = 3k$ 时,$2^n - 1 = 2^{3k} - 1 = 8^k - 1 = (7+1)^k - 1 = 7$ 的倍数;

当 $n = 3k+1$ 时,$2^n - 1 = 2^{3k+1} - 1 = 2(7+1)^k - 1 = 7$ 的倍数 + 1;

八、带余除法与整数分类

当 $n = 3k + 2$ 时,$2^n - 1 = 2^{3k+2} - 1 = 4(7 + 1)^k - 1 = 7$ 的倍数 $+ 3$;

因此,只有 n 是 3 的倍数时,$2^n - 1$ 能被 7 整除.

例 7 $p \geq 5$,且 p 与 $2^n + p$ 均为质数,求证:$2^{n+1} + p$ 必为合数.

证明 因为 $2 \in \{3k + 2\}$,所以 $2^n \in \{3k + 1\}$(n 为偶数)或 $2^n \in \{3k + 2\}$(n 为奇数).

又 $p \geq 5$ 是质数,所以 $p \in \{3k + 1\}$ 或 $p \in \{3k + 2\}$.

如果 $2^n \in \{3k + 1\}$,则必有 $p \in \{3k + 1\}$,否则 $2^n + p$ 为 3 的倍数,与已知 $2^n + p$ 为质数矛盾. 因此,$2^{n+1} \in \{3k + 2\}$,故 $2^{n+1} + p \in \{3k\}$ 为合数.

如果 $2^n \in \{3k + 2\}$,则必有 $p \in \{3k + 2\}$,否则 $2^n + p$ 为 3 的倍数,与已知 $2^n + p$ 是质数矛盾. 因此,$2^{n+1} \in \{3k + 1\}$,故 $2^{n+1} + p \in \{3k\}$ 为合数.

例 8 求使 $8p^2 + 1$ 为素数的所有素数 p.

解 当 $p = 2$ 时,$8p^2 + 1 = 33$ 不为素数.

当 $p = 3$ 时,$8p^2 + 1 = 73$ 是素数.

当 $p > 3$ 时,因 p 为素数

$$p \in \{3k + 1\} \text{ 或 } p \in \{3k + 2\}$$

(1) 如果 $p \in \{3k + 1\}$,则 $p^2 \in \{3k + 1\}$,$8 \in \{3k + 2\}$,从而 $8p^2 \in \{3k + 2\}$,于是 $8p^2 + 1 \in \{3k\}$ 为合数.

(2) 如果 $p \in \{3k + 2\}$,仍有 $p^2 \in \{3k + 1\}$,$8 \in \{3k + 2\}$. $8p^2 \in \{3k + 2\}$,$8p^2 + 1 \in \{3k\}$ 为合数.

综上所述,当且仅当 $p = 3$ 时,$8p^2 + 1$ 为素数.

例 9 证明有无穷多素数 $p \in \{3k + 2\}$.

证明 假设 $p \in \{3k + 2\}$ 的素数只有 $p_1, p_2, \cdots, p_n$,共 n 个(可设 $p_i > 3, i = 1, 2, \cdots, n$).

整数的性质

令 $a = 3p_1p_2\cdots p_n + 2$（由假设知 a 不是素数）.

因为 $a \in \{3k+2\}$，所以 a 不为完全平方数. 于是 a 的因数中必含有非平方因子，故可设 $a = m^2 q_1 q_2 \cdots q_s (m \geq 1, q_i$ 为素数, $i \geq 1$，例如 $18 = 3^2 \cdot 2$；$21 = 1^2 \cdot 3 \cdot 7; 3\,500 = 10^2 \cdot 5 \cdot 7$ 等）.

由 $3p_1p_2\cdots p_n + 2 = m^2 q_1 q_2 \cdots q_s$ 知 $q_i (i = 1, 2, \cdots, s)$ 不等于 $p_1, p_2, \cdots, p_n$ 中任何一个（否则 $2 \mid p_i$ 与假设 $p_i > 3$ 为素数矛盾）. 又如，$q_1, q_2, \cdots, q_s$ 中至少有一个 $q_i \in \{3k+2\}$（否则右边 $m^2 \in \{3k+1\}, q_1 q_2 \cdots q_s \in \{3k+1\}$ 等式不能成立）. 由 $q_i \neq p_1, p_2, \cdots, p_n$，这与假设只有 n 个 $\{3k+2\}$ 素数矛盾.

故有无穷多素数 $p \in \{3k+2\}$.

以上所举例题，都是 3 的剩余类性质及应用. 在解题中，还常用到其他整数（例如 $4, 5, 6, 7, 8, \cdots$）的剩余类性质及其余数运算法则，下面就是其中的几例.

例 10 求证方程 $a^2 + b^2 - 8c = 6$ 无整数解.

（1969 年加拿大第一届数学竞赛题）

分析 原方程即为 $a^2 + b^2 = 8c + 6$，问题就明显多了，欲证上式不能成立，只需证明 $a^2 + b^2$ 被 8 除余数不能为 6 就可以了. 对整数 a, b 直接讨论不方便的话，可以将其进行分类，显然奇偶分类也不方便. 这样我们就可以考虑把整数分为 $4n, 4n+1, 4n+2, 4n+3$ 的形式.

证明 因为每个整数都具有形式 $4n, 4n+1, 4n+2, 4n+3$ 之一，它的平方是 $16n^2, 16n^2 + 8n + 1, 16n^2 + 16n + 4, 16n^2 + 24n + 9$，故被 8 除的余数是 $0, 1$ 或 4，这三个数中任何两个数（可以相同）的和都不等于 6，所以 $a^2 + b^2$ 不可能等于 $8c + 6$，即方程 $a^2 + b^2 - 8c =$

128

八、带余除法与整数分类

6 无整数解.

说明 当然本例也可以直接从 a^2, b^2 除以 8 的余数入手. 因为 a^2, b^2 为平方数,于是 a^2 除以 8 的余数只可能是 0,1 或 4;b^2 除以 8 的余数也只可能是 0,1 或 4, 这样, $a^2 + b^2$ 除以 8 的余数只可能是 0,1,2,4,5. 但 $8c + 6$ 除以 8 的余数是 6,所以,没有整数 a, b, c 满足 $a^2 + b^2 - 8c = 6$.

例 11 求证:不存在这样的整数 n,使得 $n^2 + n + 6$ 能被 5 整除.

证明 用反证法. 假设存在整数 n,使得 $n^2 + n + 6$ 能被 5 整除,则有
$$n^2 + n + 6 = 5m$$
$$n^2 + n + 1 = 5(m-1)$$
于是 $n^2 + n + 1$ 能被 5 整除. 即 $n^2 + n + 1 = 5k$.

由于对任意的整数 n,只能有以下五种情形:$5t$, $5t + 1, 5t + 2, 5t + 3, 5t + 4$.

(1) 当 $n = 5t$ 时,$n^2 + n + 1 = (5t)^2 + 5t + 1 = 5(5t^2 + t) + 1$,显然不能被 5 整除.

(2) 当 $n = 5t + 1$ 时,$n^2 + n + 1 = (5t+1)^2 + 5t + 1 + 1 = 5(5t^2 + 3t) + 3$,显然不能被 5 整除;

(3) 当 $n = 5t + 2$ 时,$n^2 + n + 1 = (5t+2)^2 + 5t + 2 + 1 = 5(5t^2 + 5t + 1) + 2$,显然不能被 5 整除;

(4) 当 $n = 5t + 3$ 时,$n^2 + n + 1 = (5t+3)^2 + 5t + 3 + 1 = 5(5t^2 + 7t + 2) + 3$,显然不能被 5 整除;

(5) 当 $n = 5t + 4$ 时,$n^2 + n + 1 = (5t+4)^2 + 5t + 4 + 1 = 5(5t^2 + 9t + 4) + 1$,显然不能被 5 整除.

所以 $n^2 + n + 1$ 都不能被 5 整除.

于是,对所有整数 $n, n^2 + n + 1$ 都不能被 5 整除,

整数的性质

这就证明了使得 $n^2 + n + 6$ 能被 5 整除的 n 不存在.

例 12 已知一个整数 a 满足:$2 \nmid a$ 且 $3 \nmid a$. 求证:$24 \mid (a^2 + 23)$.

分析 这里由于 a 不确定,所以无从下手. 若把 a 分类,对每一类数逐一加以证明,这样可收到化整为零的效果.

证明 任一整数 a 可表示为:$a = 6n + r(n, r$ 为整数,且 $r = 0, 1, \cdots, 5)$.

因为 $2 \nmid a, 3 \nmid a$,但 $6 \nmid a$,所以 $r \neq 0, 2, 3, 4$. 故 r 只能取 1 和 5.

当 $a = 6n + 1$ 时,$a^2 + 23 = 36n^2 + 12n + 24 = 12n(3n + 1) + 24$,$n$ 与 $3n + 1$ 一奇一偶,所以 $2 \mid n(3n + 1)$,所以 $24 \mid a^2 + 23$.

当 $a = 6n + 5$ 时,$a^2 + 23 = 36n^2 + 60n + 48 = 12n(3n + 5) + 48$,而 n 与 $3n + 5$ 一奇一偶,所以 $2 \mid n(3n + 5)$,所以 $24 \mid a^2 + 23$.

因此,对满足条件的 a,总有 $24 \mid a^2 + 23$.

说明 这里如果把 a 写成 $12n + r$ 的形式,证明也不困难,这时 b 只能取 $1, 5, 7, 11$,读者可自行完成证明.

例 13 求出所有能使 $7 \mid 5^n + 1$ 的正整数 n.

解 这类题目有个规律解法:将除数 7 减去 1,以其差数 6 来分类. 即将全体整数分为 $6k, 6k + 1, 6k + 2, 6k + 3, 6k + 4, 6k + 5$ 这六类来考虑. 首先验证 $n = 1, 2, 3, 4, 5, 6$ 的情形.

$$7 \nmid 5 + 1, 7 \nmid 5^2 + 1, 7 \mid 5^3 + 1,$$
$$7 \nmid 5^4 + 1, 7 \nmid 5^5 + 1, 7 \nmid 5^6 + 1$$

于是,我们设法证明只有 $n = 6k + 3$ 情形才有 $7 \mid 5^n +$

八、带余除法与整数分类

$1, n \neq 6k + 3$ 时, $7 \nmid 5^n + 1$.

事实上,因为 $7 \mid 5^6 - 1$,所以对任意正整数 k,有 $7 \mid 5^{6k} - 1$. 而
$$5^{6k+3} + 1 = (5^{6k} - 1) \cdot 5^3 + (5^3 + 1)$$
所以
$$7 \mid 5^{6k+3} + 1$$
但 $l = 1, 2, 4, 5, 0$ 时, $7 \nmid 5^l + 1$, 而
$$5^{6k+l} + 1 = (5^{6k} - 1) \times 5^l + (5^l + 1)$$
所以
$$7 \nmid 5^{6k+l} + 1 \quad (l = 0, 1, 2, 4, 5)$$

说明 这类问题,总是以除数(素数)减去 1 的整数来分类,如求 $13 \mid 8^n + 1$ 中的 n,以 12 来分类,等等.

例 14 证明:如果三个连续自然数中中间一个是自然数的立方,那么它们的乘积能被 504 整除.

(1958 年波兰数学竞赛题)

证明 当三个数中,中间的一个数是自然数的立方时,这三个自然数可表示成 $a^3 - 1, a^3, a^3 + 1$ (a 是大于 1 的自然数).

设 $N = (a^3 - 1)a^3(a^3 + 1)$.

因为 $504 = 7 \times 8 \times 9$,且 $7, 8, 9$ 两两互质,所以证明 N 可被 504 整除,可归结为证明 $7, 8, 9$ 都能整除 N.

(1) 数 a 可表示成 $a = 7k + r$,其中 k 是非负整数,$r = 0, 1, 2, 3, 4, 5, 6$ 之一,于是
$$a^3 = 7^3 k^3 + 3 \cdot 7^2 \cdot k^2 \cdot r + 3 \cdot 7 \cdot k \cdot r^2 + r^3$$
这说明 a^3 被 7 除的余数与 r^3 被 7 除的余数同. 但 r^3 是数 $0, 1, 8, 27, 64, 125, 216$ 之一,因此 a^3 被 7 除的余数等于 $0, 1, 6$ 之一. 由此可知 $a^3, a^3 - 1, a^3 + 1$ 中必有一个能被 7 整除.

整数的性质

（2）当 a 是偶数时，a^3 被 8 整除；而当 a 为奇数时，a^3-1 与 a^3+1 是相邻两个偶数，其积可被 8 整除．

（3）数 a 可以写成 $a=3k+r$，其中 r 是非负整数，$r=0,1,2$，于是
$$a^3=3^3k^3+3\cdot3^2\cdot k^2\cdot r+3\cdot 3k\cdot r^2+r^3$$

由此可知，a^3 被 9 除的余数与 r^3 被 9 除的余数相同，只能是 0，1 或 8．于是 a^3，a^3-1，a^3+1 中有一个能被 9 整除．

例 15 已知任意一个正整数，将其数码相加，其和可为一位数或多位数，如不是一位数，又将其和的数码相加，按如此做下去，最后得到一位数为止，若该一位数是 2,3,5,6 四数中的一个，试证原给的整数绝不可能是正整数的平方或立方．

分析 考虑到任何一个整数它的各位数码之和被 9 除所得的余数与原整数被 9 除所得的余数相等．本例实质上是需要证明：正整数的平方或立方被 9 除的余数不可能是 2,3,5,6 四个数．具体地一个一个地研究有困难，从上面的分析可以知道，把整数按被 9 除所得余数不同来分类．

证明 因为任何一个正整数可表示为五个形式之一：$9n$，$9n\pm1$，$9n\pm2$，$9n\pm3$，$9n\pm4$．它们的平方有形式：
$(9n)^2=9k$，$(9n\pm1)^2=9k+1$，$(9n\pm2)^2=9k+4$，
$(9n\pm3)^2=9k$，$(9n\pm4)^2=9k+7$

其中 k 为正整数，它们的立方有形式
$(9n)^3=9k$，$(9n\pm1)^3=9k+1$，$(9n\pm2)^3=9k+8$，
$(9n\pm3)^3=9k$，$(9n\pm4)^3=9k+1$

由此可见，凡是正整数的平方或立方，它们被 9 除的余

八、带余除法与整数分类

数只有 $0,1,4,7,8$ 等五种. 而一个整数它的各位数码之和被 9 除所得的余数与原整数被 9 除所得的余数相等. 故若最后得到的一位数是 $2,3,5,6$ 之一时, 原整数就不可能是正整数的平方或立方.

例 16 从自然数 $1,2,3,\cdots,1989$ 中, 最多可取出几个数使得所取出的数中任意三个数之和能被 18 整除.

(1989 年南昌市初中数学竞赛题)

解 设 a,b,c,d 是所取出的数中的任意四个数, 据题意有
$$a+b+c=18m, \quad c+b+d=18n$$
所以
$$a-d=18(m-n)$$
上式表示所取出的数中任意两数之差是 18 的倍数, 即所取出的每个数除以 18 所得的余数均相同, 设这个余数为 k, 得
$$a=18a_1+k, b=18b_1+k, c=18c_1+k$$
$$a+b+c=18(a_1+b_1+c_1)+3k$$
又据题知 $18\mid a+b+c$, 所以 $18\mid 3k$, 即 $6\mid k$. 所以
$$k=0,6,12$$
而
$$1989=110\times 18+9$$
所以从 $1,2,3,\cdots,1989$ 中可取 $6,24,42,\cdots,1986$ 共 111 个数, 它们中的任意三个数之和能被 18 整除.

例 17 证明:从 n 个给定的自然数中, 总可以选取若干个数(至少一个, 也可能为全体), 它们的和能被 n 整除.

证明 假设 $a_1,a_2,\cdots,a_n$ 是给定的 n 个数, 考查

整数的性质

下面的数列：
$$a_1, a_1+a_2, a_1+a_2+a_3, \cdots, a_1+a_2+\cdots+a_n$$

（1）如果这 n 个和数被 n 除时余数皆不相同，则必有一个和数被 n 除时其余数为 0. 实际上，因为共有 n 个不同的余数：$0, 1, \cdots, n-1$. 所以，当 n 个和数被 n 除余数皆不相同时，必有一个和数被 n 除时其余数为 0.

在这种情况下，命题成立.

（2）如果在 n 个和数中，有两个和数被 n 除时余数相同，不妨设：$a_1+a_2+\cdots+a_s$ 与 $a_1+a_2+\cdots+a_s+a_{s+1}+\cdots+a_t$ 被 n 除时余数相同，于是
$$a_1+a_2+\cdots+a_s = pn+r$$
$$a_1+a_2+\cdots+a_s+a_{s+1}+\cdots+a_t = qn+r$$
则
$$pn+r+a_{s+1}+\cdots+a_t = qn+r$$
所以
$$a_{s+1}+a_{s+2}+\cdots+a_t = (q-p)n$$
此时命题也成立.

练习八

1. 选择题

（1）设三位数 $2a3$ 加上 326 得另一个三位数 $5b9$，若 $5b9$ 能被 9 整除，则 $a+b$ 等于　　　　（　　）

(A) 2 　　(B) 4 　　(C) 6 　　(D) 8 　　(E) 9

（第 18 届美国中学生数学竞赛题）

（2）当 P 除以 D 时，商为 Q，余数为 R，当 Q 除以 D' 时，商为 Q'，余数为 R'，则当 P 除以 DD' 时，其余数为

（　　）

八、带余除法与整数分类

(A)$R+R'D$　　(B)$R'+RD$
(C)RR'　　　(D)R

(第 18 届美国中学生数学竞赛题)

(3) 在除 13 511,13 903,14 589 时,能有相同余数的最大除数是　　　　　　　　　　(　　)
(A)28　　(B)49　　(C)98
(D) 大于 49 的一个 7 的奇倍数
(E) 大于 98 的一个 7 的偶倍数

(第 21 届美国中学生数学竞赛题)

(4) $2^{48}-1$ 可以被在 60 和 70 之间的两个数所整除,这两个数是　　　　　　　　　(　　)
(A)61,63　　(B)61,65
(C)63,65　　(D)63,67

(第 22 届美国中学生数学竞赛题)

(5) $2^{1\,000}$ 除以 13,余数是　　　　　(　　)
(A)1　(B)2　(C)3　(D)7　(E)11

(第 23 届美国中学生数学竞赛题)

(6) 如果 $p \geq 5$ 是一个素数,那么 23 整除 p^2-1(　　)
(A) 不可能　　　(B) 只是有时可能
(C) 总是可能　　(D) 只是当 $p=5$ 时可能

(第 24 届美国中学生数学竞赛题)

(7) 在 1990 内是 7 的倍数,但不是 5 的倍数共有 (　　) 个.
(A)56　(B)228　(C)284　(D)398

(1990 年绍兴市初二数学竞赛题)

(8) 把由 1 开始的自然数依次写下去,直写到第 198 位为止:$\underbrace{1234567891011121314\cdots}_{198位}$,那么这个数用 9

整数的性质

除的余数是 ( )

 (A)4   (B)6

 (C)7   (D)非上述答案

     (1987年全国初中数学联赛题)

(9) 除以7余5,除以5余2,除以3余1的所有三位数之和为 ( )

 (A)2 574   (B)3 681

 (C)4 249   (D)4 436

    (1988年全国部分省市初中数学通讯赛题)

(10) 数 2^{1984} 具有下面哪一性质 ( )

 (A) 是597位数   (B) 可被1 984整除

 (C) 个位数字是4   (D) 个位数字是6

 (E) 小于 3^{2106}

     (1984年重庆市初中数学竞赛题)

(11) 2^{1000} 除以13的余数是 ( )

 (A)1   (B)2   (C)3   (D)7

     (1986年上海市高中数学竞赛题)

2. 填空题

(1) 已知自然数 $a,b,c(c\geqslant 3)$,a 除以 c 余1,b 除以 c 余2,则 ab 除以 c 的余数是_____.

     (1988年上海市初一数学竞赛题)

(2) 设 n 为正整数,如果 $n+1$ 能整除 n^2+76,那么 n 的可取值是_____.

     (1987年四川省初中数学竞赛题)

(3) a,b 是整数,a 除以7余2,b 除以7余5,当 $a^2>3b$ 时,a^2-3b 除以7的余数为_____.

     (第八届缙云杯初中数学邀请赛题)

(4) 设 $b=1^2-2^2+3^2-4^2+5^2-\cdots-1988^2+$

八、带余除法与整数分类

1989^2,以 1 991 除 b,所得的余数为_____.

(1991 年南昌市初中数学竞赛题)

(5) a,b 为正整数,a 除以 7 余 2,a^2+b 除以 7 余 5,则 b 除以 7 余_____.

(1992 年太原市初中数学竞赛题)

(6) $5^{100}+2\times3^{99}+1$ 被 8 除余数为_____.

(7) n 为自然数,n 与 3 的和是 5 的倍数,n 与 3 之差是 6 的倍数,则 n 的最小值等于_____.

(1989 年安庆市初中数学竞赛题)

3. 若 2 836,4 582,5 164,6 522 四个整数都被同一个正整数相除,所得的余数相同,但不为零,求除数和余数.

4. 已知 n 是自然数,求证:在任意 $n+1$ 个整数中,至少有两个整数,它们的差是 n 的倍数.

5. 证明:当 a 为整数时,$a(a+1)(2a+1)$ 被 3 整除.

6. 一个大于 11 的自然数,一定可以表示成两个合数(不是质数)之和.

7. p 与 q 都为大于 3 的质数,$p^2-q^2 \geqslant 24$. 证明:p^2-q^2 能被 24 整除.

8. 用 1,9,9,0 四个数码组成的所有可能的四位数中,每一个这样的四位数与自然数 n 之和被 7 除余数都不为 1,将所有满足上述条件的自然数 n 由大到小排成一列,$n_1 < n_2 < n_3 < n_4 < n_5 < \cdots$,试求 $n_1 \cdot n_2$ 之值.

(第一届希望杯数学邀请赛初二试题)

9. 设 $N = \underbrace{11\cdots1}_{1\,990\text{个}}$,试问 N 被 7 除余几?并证明你的结论.

(1990 年芜湖市初中数学竞赛题)

整数的性质

10. 在数 3 000 003 中,应把它的百位数字和万位数字换成什么数字,才能使所得的数能被 13 整除.

11. 甲、乙、丙、丁四人分别按下面的要求作一个解为 x_1, x_2 的一元二次方程 $x^2 + px + q = 0$.
甲:p, q, x_1, x_2 都取被 3 除余 1 的整数;
乙:p, q, x_1, x_2 都取被 3 除余 2 的整数;
丙:p, q 取被 3 除余 1 的整数,x_1, x_2 取被 3 除余 2 的整数;
丁:p, q 取被 3 除余 2 的整数,x_1, x_2 取被 3 除余 1 的整数.
问:甲、乙、丙、丁是否能按上述要求各自作出方程? 若可以作出,请写出一个这样的方程,若不能作出,请说明理由.

(1982 年北京市初中数学竞赛题)

12. 试证方程 $x^2 - 3y^2 = 17$ 无整数解.

13. 如果自然数为 $n = 9t + 4$ 的形状,则 n 必不能表示为三个立方数的和.

14. 设 x 为异于 1 的立方根,求 $x^n + x^{2n}$ 的值(n 为自然数).

15. 求证:勾股数 a, b, c(满足 $a^2 + b^2 = c^2$ 的自然数)中至少有一个是 3 的倍数.

16. 如果 $3 \mid a^2 + b^2$,求证:$3 \mid a, 3 \mid b$.

17. 求使 $5^n + 1$ 能被 3 整除的一切自然数 n.

18. 求证:方程 $x^{2n} - 3y^{2n} = -1$(n 为自然数)无整数解.

19. 证明 $x^3 + y^3 = 1\ 993$ 无整数解.

20. 证明方程 $x^3 - 3y^3 - 9z^3 = 0$ 无非零整数解.

21. 证明 $7 \mid n^7 - n$(n 为整数).

八、带余除法与整数分类

22. 证明:对每一自然数 n,$7 \nmid 2^n + 1$.

23. 设 n 和 k 是整数,证明 $A = 2n^{3k} + 4n^k + 10$ 不能是若干个连续正整数之积.

24. n 个空格排成一行,第一格中放入一粒棋子,两人下棋,每步可向前放 1,2 或 3 格,两个人交替走,以先到最后一格者为胜. 问是先走者还是后走者必胜,怎样取胜?

(1988 年上海市初一数学竞赛题)

25. 证明:存在这样无穷多个自然数 n,使 $n^2 \neq x^2 + p$,其中 p 为素数,x 为整数.

26. 证明:如果 a 与 b 为正整数,则 a,b,a^2+b^2,a^2-b^2 一定有一个能被 5 整除.

27. 当 p 为什么样的整数时,$8p^2 - 1$ 能被 8 整除? 并证明其结论.

28. 证明:对于一切整数 n,$n^2 + 4n + 11$ 不是 49 的倍数.

29. 设 a,b,c,d,m 皆为整数,如果 $am^3 + bm^2 + cm + d$ 能被 5 整除,并且 d 不能被 5 整除,则一定可以选取适当的整数 n,使 $dn^3 + cn^2 + bn + a$ 也能被 5 整除.

(1900—1901 年匈牙利数学奥林匹克试题)

30. 任给一个正整数 N,如 330,总可以用 1 988 的四个数码经过适当交换得到一个四位数 $\overline{a_3a_2a_1a_0}$,如 9 818,恰使 $4 \mid (330 + 9\,818)$. 请证明:对任给的一个自然数 N,总存在一个适当交换 1 988 的数码,所得的四位数 $\overline{a_3a_2a_1a_0}$,使得 $4 \mid (N + \overline{a_3a_2a_1a_0})$.

31. 对任意给定的 17 个相异正整数,则其中必存在这样的四对数,使各对之差积是 2 000 的倍数.

32. x,y 为正整数,$x^4 + y^4$ 除以 $x + y$ 的商是 97,求

整数的性质

余数.

（1992年日本数学奥林匹克预选赛题）

33. 有一袋糖果随意分给10个小孩（每人至少分到1块）. 证明其中必有一些小孩所得的糖果数之和是10的倍数.

（1982年哈尔滨市初中数学竞赛题）

九 数谜问题

在趣味性数学问题或数学竞赛中,经常出现一些游戏式的数学题,如算式构造、算式翻译、算式还原、算式填空等问题,很像谜语,我们把这类问题称为数谜问题. 数谜问题实质上是一种逻辑问题,解答这类问题,一般知识要求浅显,但不仅需要我们有较强的计算能力,而且还要有较强的观察能力和逻辑推理能力.

下面就常见的数谜题的类型及常用方法,通过例题剖析如下.

例1 已知右面的减法算式由1至9的九个不同数码组成,试恢复这个算式.

$$\begin{array}{r} 9\,A\,B \\ -\ C\,4\,D \\ \hline E\,F\,J \end{array}$$

为了使本题得解,须对关键字母的取值稍加讨论.

解 因算式中不出现0,故从算式的右边第一列可知 $B - D = 1$;又从算式左边第一列和 $E + C = 8$ 或 9.

整数的性质

若 $D=2, B=3$,则剩下 $5,6,7,8$ 四个数码不能满足 $C+E=8$ 或 9.

若 $D=5, B=6$,则剩下 $2,3,7,8$ 四个数码. 因 $C+E=8$ 或 9,故只能 $C=2, E=7$ 或 $C=7, E=2$,此时剩下 $3,8$ 填中间不能满足.

同理,$D=7, B=8$ 不可能.

因此,只能 $D=6, B=7$,此时可得如下两组解:

$$\begin{array}{r} 927 \\ -\ 346 \\ \hline 581 \end{array} \qquad \begin{array}{r} 927 \\ -\ 546 \\ \hline 381 \end{array}$$

例2 某人的门牌号是一个四位数. 一天,他在门外的空地上做倒立时,发现他的门牌倒着看成了另外一个四位数,而且大了 $4\,872$,问该人的门牌号是多少?

解 设门牌号是四位数 $\overline{ABCD}$,倒着看是 $\overline{EFGH}$,则有右面的算式,其中 A,B,C,D 倒看分别是 H,G,F,E.

$$\begin{array}{r} \overline{ABCD} \\ +\ 4872 \\ \hline \overline{EFGH} \end{array}$$

在阿拉伯数码中,倒看仍是阿拉伯数码的只有 $0,1,6,8,9$. 由加法算式可知 $A \leqslant 5$. 又 $A \neq 0$,故只能 $A=1$. 进而由倒看的假设及加法运算知 $H=1, D=9, E=6$.

因 G 是 $C+6$ 的个位数,又 C,G 必须是 $0,1,6,8,9$ 中的一个,故 (C,G) 只有 $(0,8)$,$(1,9)$,$(8,6)$ 三种可能. 若 $(C,G)=(0,8)$,则 $B=8, F=0$,这与 F 应为 $B+8$ 的个位数相矛盾. 同理 (C,G) 也不是 $(1,9)$. 于是,(C,G) 应是 $(8,6)$,$B=9, F=8$. 所求的门牌号是 1989.

例3 把以下的乘法算式写出来. 式中所有的字

九、数谜问题

母都表示素数.

分析 满足 $0 \leqslant x \leqslant 9$ 的素数 x 只有 $2,3,5,7$ 四个,除了 $5 \times 3, 5 \times 7$ 的个位数字为 5 是素数外,其余四个乘积的个位数字都不是素数. 因此, i 与 m 必为 5 无疑,我们就可以把这里作为突破口作进一步的分析.

$$\begin{array}{r} a\,b\,c \\ \times \quad d\,e \\ \hline f\,g\,h\,i \\ j\,k\,l\,m \\ \hline n\,o\,p\,q\,r \end{array}$$

解 因为在 $2,3,5,7$ 四个数中每取两个所作的乘积中,只有 $3 \times 5, 5 \times 7$ 的个位数是素数,故知 i 与 m 必须都是 5,从而 r 也是 5.

由 $i = 5 \Rightarrow e = 3,5,7$.

由 $m = 5 \Rightarrow d = 3,5,7$.

由 $m = 5, q = 2,3,5,7 \Rightarrow h = 2,7$.

现在分三种情况讨论:

(1) 若 $e = 7 \Rightarrow c = 5$. $e \times c = 7 \times 5 = 35$,进位为 $3 \Rightarrow e \times b = 7 \times b$ 的个位数只能为 $9 \Rightarrow b = 7$.

$e \times b = 7 \times 7 = 49, 49 + 3 = 52$,进位为 5.

当 $a = 2 \Rightarrow f = 1, g = 9$,与 f, g 为素数矛盾.

当 $a = 3 \Rightarrow f = 2, g = 6$,与 g 为素数矛盾.

当 $a = 5 \Rightarrow f = 4, g = 0$,与 f, g 为素数矛盾.

当 $a = 7 \Rightarrow f = 5, g = 4$,与 g 为素数矛盾.

所以 $e \neq 7$.

(2) 若 $e = 5 \Rightarrow c = 3$ 或 7.

若 $c = 3, e \times c = 5 \times 3 = 15$,进位为 $1; e \times b = 5 \times b$ 的个位数为 0 或 $5 \Rightarrow h = 1$ 或 6,与 $h = 2$ 或 7 矛盾.

若 $c = 7, e \times c = 5 \times 7 = 35$,进位为 3,而 $e \times b = 5 \times b$ 的个位数为 0 或 $5 \Rightarrow h = 3$ 或 8,与 $h = 2$ 或 7 矛盾. 所以 $e \neq 5$.

整数的性质

(3) 若 $e=3 \Rightarrow c=5$. $e \times c = 3 \times 5 = 15$,进位为 $1 \Rightarrow$ $e \times b$ 的个位数只能为 1 或 $6 \Rightarrow b$ 只能为 2 或 7.

① 若 $b=2 \Rightarrow h=7$. $e \times b = 3 \times 2 = 6$ 没有进位 $\Rightarrow$ $e \times a$ 必须,进位 $\Rightarrow a=5$ 或 7.

若 $a=5 \Rightarrow f=1, g=5$,与 f 为素数矛盾;

若 $a=7 \Rightarrow f=2, g=1$,与 g 为素数矛盾.

② 若 $b=7 \Rightarrow h=2$. $e \times b = 3 \times 7 = 21$,进位为 $2 \Rightarrow$ $e \times a = 3 \times a \geq 8$,且个位数字只能为 $0,1,3,5 \Rightarrow a=5$ 或 7.

当 $a=5 \Rightarrow f=2, g=3$. 这时,原算式已经明朗化了:

$$\begin{array}{r} 7\ 7\ 5 \\ \times\quad\ d\ 3 \\ \hline 2\ 3\ 2\ 5 \\ j\ k\ 1\ 5\ \\ \hline n\ o\ p\ 7\ 5 \end{array}$$

因 d 只能取 $3,5,7$ 三个数,可逐一检验:

若 $d=7 \Rightarrow l=2 \Rightarrow k=4$,与 k 为素数矛盾.

若 $d=5 \Rightarrow l=7 \Rightarrow p=0$,与 p 为素数矛盾.

若 $d=3 \Rightarrow l=2, k=3, j=2, p=5, q=5, n=2$. 所以本题的唯一答案是

$$775 \times 33 = 25\ 575$$

例 4 下面算式中,只有四个 4 是已知的,试还原这个算式:

```
          * * *
* 4 *√ * * * * *
        * * 4
        * * * *
          * * 4
          4 * *
          * * *
              0
```

分析 我们不妨仍用不同的字母代替星号：

```
              x y z
    f 4 g √ a b c d e    … ①
            h i 4        … ②
            j k l d      … ③
              n p 4      … ④
              4 q e      … ⑤
              4 q e      … ⑥
                    0
```

为方便计并标出各行顺序. 由第 ③ 行减去第 ④ 行后前两位均为 0 可推出 $j=1, n=9, k=0, l \leqslant p$，我们可以从这里突破，进一步逐步分析.

解 由第 ③ 行减去第 ④ 行后前两位均为 $0 \Rightarrow j = 1 \Rightarrow n = 9, k = 0.$

由第 ② 行与第 ④ 行知，$x \cdot g$ 与 $y \cdot a$ 的积的末位数都是 4，有 7 种可能的情形：

$1 \times 4, 2 \times 2, 2 \times 7, 3 \times 8, 4 \times 6, 6 \times 9, 8 \times 8$

因 xg 与 yg 有一个因子 g 相同，并且由 $j \geqslant 1 \Rightarrow h < 9 \Rightarrow h < n$. 因此，由 $h, i, 4$ 所成的三位数 $\overline{hi4}$ 小于由 $n, p, 4$ 所成的三位数 $\overline{np4}$. 由此推出 $x < y.$

因此，xg 与 yg 有一个因数相同，另一个因数不同，上述七个乘积中有 4 对合于这个条件，如下表：

整数的性质

$g \times x$	2×2	4×1	6×4	8×3
$g \times y$	2×7	4×6	6×9	8×8

现在分别讨论:

(1) 当 $g = 8, x = 3, y = 8$. 这时 $y \times \overline{f4g} = 8 \times \overline{f48} \geqslant 8 \times 148$ 为一四位数,与第④行矛盾.

(2) 当 $g = 6, x = 4, y = 9$. 这时 $y \times \overline{f4g} = 9 \times \overline{f46} > 9 \times 146$ 为一四位数,与第④行矛盾.

(3) 当 $g = 4, x = 1, y = 6$. 若 $f \geqslant 2$,则 $y \times \overline{f4g} \geqslant 6 \times 244$ 为一四位数,与第④行矛盾;若 $f = 1$,则 $6 \times 144 = 864 < 900$,与 $n = 9$ 矛盾.

(4) 当 $g = 2, x = 2, y = 7$. 由第④行, $y \times \overline{f4g} = 7 \times \overline{f42} \Rightarrow p = q$ 且进位为 $2 \Rightarrow f = 1$;由 $2 \times 142 = 284, 3 \times 142 = 426, 4 \times 142 = 568$,由第⑤,⑥行 $\Rightarrow z = 3$.

故本题的答案是除数为 142,商为 273.

例 5 求四位数 $\overline{abcd}$,使 $\overline{abcd} \times 4 = \overline{dcba}$.

解 因为 $\overline{abcd} \times 4 < 10\,000$,所以 $\overline{abcd} < 2\,500$,又 $\overline{dcba}$ 是 4 的倍数,a 是偶数,故 $a = 2, d \geqslant 2 \times 4 = 8$. 但 $4 \times d$ 的个位数是 2,所以 $d = 8$.

进一步,因为 $\overline{2bc8} \times 4 = \overline{8cb2} < 9\,000$,所以 $0 \leqslant b \leqslant 2$. 另一方程,因为 $\overline{8cb2}$ 是 4 的倍数,即 $\overline{b2}$ 是 4 的倍数,所以 $d = 1, \overline{21c8} \times 4 = \overline{8c12}$. 于是 $4 \times c + 3$ 的个位数是 1, $4 \times c$ 的个位数是 8,又显见 $c \geqslant 4$,故只能 $c = 7$.

经验证 $2\,178 \times 4 = 8\,712$ 满足题设.

例 6 试在"*"号的位置填上适当的数码,使等

九、数谜问题

式成立：
$$*00** = (***)^2$$

解 显然,左边五位数的算术平方根应是一个三位数. 我们分别设左边五位数的首位数是 $1,2,\cdots,9$,并分别用开方或查表的方法,可得

$100 = \sqrt{10\,000} \leqslant \sqrt{100**} \leqslant \sqrt{10\,099} < 101$

$141 < \sqrt{20\,000} \leqslant \sqrt{200**} \leqslant \sqrt{20\,099} < 142$

$173 < \sqrt{30\,000} \leqslant \sqrt{300**} \leqslant \sqrt{30\,099} < 174$

$200 = \sqrt{40\,000} \leqslant \sqrt{400**} \leqslant \sqrt{40\,099} < 201$

$223 < \sqrt{50\,000} \leqslant \sqrt{500**} \leqslant \sqrt{50\,099} < 224$

$244 < \sqrt{60\,000} \leqslant \sqrt{600**} \leqslant \sqrt{60\,099} < 246$

$264 < \sqrt{70\,000} \leqslant \sqrt{700**} \leqslant \sqrt{70\,099} < 265$

$282 < \sqrt{80\,000} \leqslant \sqrt{800**} \leqslant \sqrt{80\,099} < 284$

$300 = \sqrt{90\,000} \leqslant \sqrt{900**} \leqslant \sqrt{90\,099} < 301$

由此可见,本题共有如下的五解：

$10\,000 = 100^2, 40\,000 = 200^2, 60\,025 = 245^2,$

$80\,089 = 283^2, 90\,000 = 300^2$

例 7 求满足条件 $\overline{abcd} = (a+b+c+d)^4$ 的四位数.

（1991年上海市初三数学竞赛题）

我们为了减少计算,先用估计的方法,找出 $a+b+c+d$ 的大致范围.

解 因为 $10^4 = 10\,000$ 是五位数, $5^4 = 625$ 是三位数,所以 $6 \leqslant a+b+c+d = \sqrt[4]{\overline{abcd}} \leqslant 9$.

由计算得 $6^4 = 1\,296, 7^4 = 2\,401, 8^4 = 4\,096, 9^4 = 6\,561$,其中只有 $2\,401$ 满足题设条件.

整数的性质

例8 试求所有满足下列条件的六位整数 $\overline{abcdef}$：
（1987年武汉市数学夏令营试题）
$$\overline{abcdef} \times 3 = \overline{efabcd}$$

解 设 $\overline{abcd} = x, \overline{ef} = y$，易得
$$(100x + y) \times 3 = 10\,000y + x$$

整理得
$$23x = 769y$$

令 $\dfrac{x}{769} = \dfrac{y}{23} = k$，则有
$$x = 769k > 999, \quad y = 23k < 100$$

所以
$$\dfrac{999}{769} < k < \dfrac{100}{23}$$

所以
$$2 \leqslant k \leqslant 4$$

所以 $k = 2, 3, 4.$

故所求的六位整数为 153 846，230 769 或 307 692.

例9 求满足关系 $2^5 \cdot a^b = \overline{25ab}$ 的数字 a 与 b.
（1985年成都市初中数学竞赛题）

解 因为 $2^5 a^b$ 是偶数，所以个位数字 b 是偶数，因为
$$2\,500 < \overline{25ab} \leqslant 2\,599$$

所以
$$2\,500 < 2^5 \cdot a^b \leqslant 2\,599$$

所以
$$\dfrac{2\,500}{32} < a^b \leqslant \dfrac{2\,599}{32}$$

于是

九、数谜问题

$$78 < a^b < 82$$

进一步得

$$8 < \sqrt{78} < a^{\frac{b}{2}} < \sqrt{82} < 10$$

所以

$$a^{\frac{b}{2}} = 9$$

由此得 $a=9, b=2$ 或 $a=3, b=4$.

经检验,$a=9, b=2$ 是满足条件的解.

例10 求一切这样的三位数之和. 如果三位数本身增加 3,那么,所得的数的各位数字和就等于原来这三位数的各位数字和的 $\frac{1}{3}$.

(1991 年上海市初三数学竞赛题)

解 设三位数 $\overline{abc}$ 满足题设条件,则

(1) $c \geqslant 7$. 事实上,若 $c \leqslant 6$,则 $\overline{abc}+3$ 的各位数字之和将增加 3,不符合条件.

(2) $b \neq 9$. 这是因为

若 $c \geqslant 7, b=9, a=9$,则

$$\overline{abc}+3 = 1\,000+(c+3-10)$$

的数字和为

$$1+(c+3-10) = c-6 \neq \frac{1}{3}(9+9+c)$$

若 $c \geqslant 7, b=9, a<9$,则

$$\overline{abc}+3 = (a+1) \cdot 100+(c+3-10)$$

的数字之和为

$$(a+1)+(c+3-10) = a+c-6$$

而由 $a+c-6 = \frac{1}{3}(a+9+c)$ 导致 $2a+2c=27$,这是

整数的性质

不可能的.

由(1),(2)可知
$$\overline{abc}+3 = a\cdot 100+(b+1)\cdot 10+(c+3-10)$$
它的各位数字之和为
$$a+(b+1)+(c+3-10) = a+b+c-6 = \frac{1}{3}(a+b+c)$$
故
$$a+b+c = 9$$
又因为 $a \geq 1, c \geq 7$,故满足条件的三位数只有 3 个:
$$117, 108, 207$$
它们的和为 $117+108+207 = 432$.

例 11 已知等式
$$\underbrace{aa\cdots a}_{n \uparrow a}\underbrace{bb\cdots b}_{n \uparrow b}+1 = (\underbrace{cc\cdots c}_{n \uparrow c}+1)^2$$
对于任意自然数 n 都成立,求数码 a,b,c.

解 已知等式可以写成
$$a \times \underbrace{11\cdots 1}_{n \uparrow 1} \times 10^n + b \times \underbrace{11\cdots 1}_{n \uparrow 1} + 1 = (c \times \underbrace{11\cdots 1}_{n \uparrow 1}+1)^2$$

记 $\underbrace{11\cdots 1}_{n \uparrow 1} = \dfrac{10^n-1}{9} = m$,则 $10^n = 9m+1$,将它们代入上式,并整理得
$$(9a-c)^2 m^2 + (a+b-2c)m = 0$$
因为 m 的值有无穷多个,所以 $9a-c^2 = 0, a+b-2c = 0$,所以 $a = \left(\dfrac{c}{3}\right)^2, b = 2c-\left(\dfrac{c}{3}\right)^2$. 由此可见,$c$ 为 3 的倍数. 注意到 $0 < c \leq 9$,于是得本题的三组解为

九、数谜问题

$$\begin{cases} a = 1 \\ b = 5 \\ c = 3 \end{cases} \begin{cases} a = 4 \\ b = 8 \\ c = 6 \end{cases} \begin{cases} a = 9 \\ b = 9 \\ c = 9 \end{cases}$$

例 12 十进位自然数 a 由 n 个相同的数码 x 组成,而 b 由 n 个相同的数码 y 组成,c 由 $2n$ 个相同的数码 z 组成. 对于任意的 $n \geq 2$,求出所有使得 $a^2 + b = c$ 的数码 x, y, z.

(第 20 届全苏数学奥林匹克试题)

解 由题设得

$$(x \cdot \underbrace{11\cdots1}_{n\uparrow})^2 + (y \cdot \underbrace{11\cdots1}_{n\uparrow}) = z \cdot \underbrace{11\cdots1}_{2n\uparrow}$$

即

$$\left[\frac{x}{9}(10^n - 1)\right]^2 + \frac{y}{9}(10^n - 1) = \frac{z}{9}(10^{2n} - 1)$$

所以

$$x^2(10^n - 1) + 9y = 9z(10^n + 1)$$
$$(x^2 - 9z) \cdot 10^n = x^2 + 9z - 9y$$

(1) 当 $x^2 = 9z$ 时

① 由 $z = 1$,得 $x = 3, y = 2$.
② 由 $z = 4$,得 $x = 6, y = 8$.
③ 由 $z = 9$,得 $x = 9, y = 18$(舍去).

(2) 当 $x^2 \neq 9z$ 时

$$10^n = \frac{x^2 + 9z - 9y}{x^2 - 9z} \leq x^2 + 9z - 9y \leq 81 + 81 = 162$$

所以 $n \leq 2$. 由于 $n \geq 2$,所以 $n = 2$. 此时

$$11x^2 + y = 101z$$
$$11(x^2 - 9z) = 2z - y \neq 0$$

所以 $2z - y = 11$,于是 $x^2 - 9z = 1, x^2 = 9z + 1$,仅当 $z = 7$ 时,x 是整数,$x = 8$,此时 $y = 2z - 11 = 4$.

整数的性质

综上所述有以下解：

(1) $\underbrace{333\cdots3}_{n个3}{}^2 + \underbrace{222\cdots2}_{n个2} = \underbrace{111\cdots1}_{2n个1}$

(2) $\underbrace{666\cdots6}_{n个3}{}^2 + \underbrace{888\cdots8}_{n个8} = \underbrace{444\cdots4}_{2n个4}$

(3) $88^2 + 33 = 777$

练习九

1. 选择题

(1) 如果两个数中较大的那个数的3倍等于较小的那个数的4倍，且较大的数减较小的数的差为8，那么这两数中较大的数是　　　　　　（　　）

(A) 16　　　(B) 24　　　(C) 32

(D) 44　　　(E) 52

（第32届美国中学生数学竞赛题）

(2) 在1 000 和9 999 之间，有多少个四位不同数字组成的整数，其第一位数字与最后一位数字差的绝对值是2？　　　　　　　　　　　（　　）

(A) 672　　　(B) 784　　　(C) 840

(D) 896　　　(E) 1 008

（第33届美国中学生数学竞赛题）

(3) 一个两位数，交换它的十位数字所得的两位数是原来数的 $\dfrac{7}{4}$ 倍，则这样的两位数有（　　）

(A) 1个　　　(B) 2个

(C) 4个　　　(D) 无数多个

（1984年天津市初中数学竞赛题）

九、数谜问题

(4) 一个两位数,它的各位数字之和的3倍与这个数加起来所得的和恰好是原数的两个数码交换了位置后所得的两位数,满足这样条件的两位数 ( )

(A) 有1个　(B) 有4个
(C) 有5个　(D) 不存在

(1990年广州、武汉、重庆、洛阳、福州初中数学联合竞赛题)

(5) 在所有六位数中,各位数字之和等于52,这样的六位数有 ( )

(A) 2个　(B) 12个
(C) 21个　(D) 31个

(1990年浙江省初中数学竞赛题)

(6) n 为某一自然数,代入代数式 n^3-n 中计算其值时,四个同学算出如下四个结果,其中正确的结果只能是 ( )

(A) 388 944　(B) 388 945
(C) 388 954　(D) 388 948

(1992年广州等五市初中数学联赛题)

(7) 从1到46的整数中,能被3或5整除的个数是 ( )

(A) 18　(B) 21　(C) 24
(D) 25　(E) 27

(第7届美国初中数学竞赛题)

(8) 右式中不同的字母代表不同的整数,则 C 为 ( )

$$\begin{array}{r} A\,B\,C \\ A\,B \\ +\quad A \\ \hline 3\,0\,0 \end{array}$$

(A) 1　(B) 3　(C) 5
(D) 7　(E) 9

(第7届美国初中数学竞赛题)

2. 已知四个正整数 a,b,c,d 满足 $c<d<a<b$,

整数的性质

两个相加得六个和数为 $26,29,35,93,99,102$. 求 $100a+b$ 和 $100c+d$ 的值.

(1983 年天津市初中数学竞赛题)

3. 设 a,b 是 $0,1,2,\cdots,9$ 的数字, 且 $a+b$ 是质数. 已知八位数 $810ab315$ 是 7 的倍数, 求此八位数.

(1981 年哈尔滨市初中数学竞赛题)

4. 右边的算式里, 四个小纸片各盖住了一个数码. 被盖住的四个数码的总和是多少?

$$\begin{array}{r} \square\square \\ +\ \square\square \\ \hline 1\ 4\ 9 \end{array}$$

(1986 年华罗庚金杯赛初赛题)

5. 右面算式中的字母代表 $1,2,3,\cdots,9,0$ 中的不同数字, 若 $E=5$, 求出 A,B,C,D,E,F,G,H,L,I 所对应的数字.

$$\begin{array}{r} E\ B\ F\ D\ H\ E \\ +\ A\ L\ G\ D\ H\ E \\ \hline C\ B\ C\ L\ G\ I \end{array}$$

(1987 年沈阳市初中数学竞赛题)

6. 某两位数, 它的各位数字之和的立方等于它的平方, 这样的两位数是多少?

(1989 年上海市初一数学竞赛题)

7. 两位数 $\overline{xy}$ 减去互换数字位置后的自然数 $\overline{yx}$, 所得的差恰好是某自然数的立方, 这样的两位数共有多少个?

(1989 年上海市初二数学竞赛题)

8. 如果每一个字母表示一个不同的数字, 试确定下列算式中的各个数字.

(1) $\begin{array}{r} S\ E\ N\ D \\ +\ M\ O\ R\ E \\ \hline M\ O\ N\ E\ Y \end{array}$

(2) $\begin{array}{r} 奇\ 偶\ 偶 \\ \times\quad\ \ 偶\ 偶 \\ \hline 偶\ 奇\ 偶\ 偶 \\ 偶\ 奇\ 偶\quad \\ \hline 奇\ 奇\ 偶\ 偶 \end{array}$

九、数谜问题

9. 试恢复下列算式：

(1)
```
       * 2 * *
  ×      * 6
     -------
       * * 0 4
     * * 7 0
     ---------
     * * * * *
```

(2)
```
       A B C D
  ×    A B C D
     ---------
       * * * *
       * * * *
     * * * *
   * * * *
   -----------
   * * * * * *
```

(3)
```
         6 * *
  ×      * * *
       --------
         * * *
         * * *
       * * * *
     * 5 * 5
     ---------
     * * 5 * 4 *
```

(4)
```
         a b c
  ×      x y z
       --------
         a a p c
         k y k c
         y x c
       ---------
         z a t c c
```

10. 下面是一个八位数除以一个三位数的算式，试求商，并说明理由．（1958年上海市数学竞赛题）

```
              × 7 × × ×
         ┌─────────────
   × × × │ × × × × × × × 8
           × × ×
         ---------
             × × × ×
             × × ×
         ---------
               × × × ×
               × × × ×
             ---------
                     0
```

11. (1) 恢复下面算式：

```
              × 7 × × ×
         ┌─────────────
   × × × │ × × × × × × ×
           × × × ×
         ---------
             × × ×
             × × ×
           ---------
               × × × ×
               × × ×
             ---------
                 × × × ×
                 × × × ×
               ---------
                       0
```

整数的性质

（2）如果这个数被一个一位数除得下左式；而这个数被另一个一位数除得下右式. 根据这两个算式确定这个四位数.

（1954年莫斯科第17届数学竞赛题）

```
× × × × | ×              × × × × | ×
    ×   | × × ×              × ×  | × × ×
    × × |                    × × |
    ———                      ———
      ×                        × ×
      × ×                      0
      ———
      × ×
      ———
        0
```

12. 将 $0,1,\cdots,6$ 这七个数填在圆圈和方格内，每个数码恰好出现一次，组成只有一位和两位数的整数算式.

（1986年华罗庚金杯赛复赛试题）

$$\bigcirc \times \bigcirc = \square = \bigcirc \div \bigcirc$$

13. 求四位数 $\overline{abcd}$，使 $\overline{abcd} \times 9 = \overline{dcba}$.

14. 求满足条件 $\overline{abc} = (a+b+c)^3$ 的三位数 $\overline{abc}$.

15. 有一个正五位数 x，x 为奇数，将 x 中所有的 2 都换成 5，所有 5 都换成 2，其他数字不变，得到一个新五位数 y，若 x 和 y 满足等式 $y = 2(x+1)$，求 x.

（1987年全国初中数学联赛题）

16. 补齐下面算式中的数码：

$$(\square\square \times \square\square \div 9)^2 = \boxed{8\square\square 1}$$

17. 三个相邻偶数的乘积等于 $87****8$，求这三个偶数及其积.

18. 求满足下式的两个六位数：

$$3 \times \overline{BIDFOR} = 4 \times \overline{FORBID}$$

19. 求数码 x 及 y，使 $2^x \cdot 9^y = \overline{2x9y}$ 成立.

156

九、数谜问题

20. 求满足 $n=\overline{141x28y3}$ 能被 99 整除的 x 与 y.

21. 设素数 $p>3$,p^n 是 20 位数（十进制），证明这 20 个数字中至少有三个相同.

（1987 年东北三省数学联赛题）

22. 一个四位数是 397 的倍数，且可以表示成四个相邻的自然数的平方和. 这样的四位数只有一个，求这个四位数.

（1985 年齐齐哈尔市、大庆市初中数学竞赛题）

23. 等式

$$\overline{\square\square\square\square\square\square} \div 165 = \overline{\square\square 8} + \frac{7}{165}$$

中左端被除数是一个六位数，右端第一项是一个三位数，那么左端六位数中个位上的数字是_____，六位数的首位数字是_____.

（1984 年吉林省初中数学竞赛题）

24. 若某两位数，其十位数字与个位数字之积等于个位数字，此两位数的任意正整数次幂的个位数字还是这个两位数的个位数字，且此数能被 3 整除，则这个两位数是_____.

（1982 年湖北省初中数学竞赛题）

25. 甲、乙两个四位数，乙的常用对数为 $A+\lg B$，其中 A,B 为自然数. 甲数之千位数字与个位数字之和等于乙数减去甲数之差，求此二数. 说明推理过程.

（1982 年湖北省初中数学竞赛题）

26. 一个四位数是奇数，它的首位数字小于其余各位数字，而第二位数字大于其余各位数字，第三位数字等于首末两位数字的和的两倍，求这个四位数.

（1983 年福建省初中数学竞赛题）

整数的性质

27. 求满足下列条件的甲、乙、丙三数：(1) 三个数都是正整数；(2) 甲、乙两数的和的平方比丙数的平方大 55；(3) 乙数是以甲、丙两数为根的一元二次方程（首项系数为 1）的常数项．

　　　　（1979 年山东省中学数学竞赛题）

28. 有形式为 $\overline{a_1 a_2 a_3 b_1 b_2 b_3 a_1 a_2 a_3}$ 的九位数，等于 5 个质数积的平方，且 $\overline{b_1 b_2 b_3} = 2\overline{a_1 a_2 a_3}$ ($a_1 \neq 0$)，求此九位数．

　　　　（1979 年陕西省中学数学竞赛题）

29. 试求能被 9 除尽的：(1) 所有三位数的和；(2) 所有四位正整数的和；(3) 所有五位正整数的和．并归纳出 n 位正整数中能被 9 除尽的所有数的和的公式．

　　　　（1979 年青海省中学数学竞赛题）

30. 求满足下列条件的整数：把它的末位数字移到首位之后，得到的新数是原数的 5 倍．

31. 求具有下列性质的最小自然数 n：(1) 它的十进制表示法以 9 结尾；(2) 当删去最末一位 9 并把这个 9 写在余下的数字的第一位将成为 n 的三倍．

　　　　（《数学通报》问题 148）

32. 用 1, 2, 3, 4, 5, 6 这六个数码组成一个六位数 $\overline{abcdef}$，其中不同的字母代表 1~6 中不同的数码．要求前两个数码组成的两位数 $\overline{ab}$ 是 2 的倍数；并且还要求 $\overline{abc}$ 是 3 的倍数，$\overline{abcd}$ 是 4 的倍数，$\overline{abcde}$ 是 5 的倍数，$\overline{abcdef}$ 是 6 的倍数．试找出所有这样的六位数，并说明你的推理过程．

　　　　（1982 年北京市初中数学竞赛题）

33. 已知数 $\overline{x0yz}$ 除以整数 n 得数 $\overline{xyz}$，求 $\overline{x0yz}$ 及 n ($x \neq 0$)．

158

整数整除问题的证明方法

在整数论中,数的整除性问题占有重要的地位.在数学竞赛中经常出现这类问题,但由于数的整除性问题较深,因此,这里不可能全面叙述解决此类问题的方法,只就初中数学竞赛范围内的几个常用方法作一些介绍.

1. 基本性质法

这种方法就是直接运用前面介绍的整除的几个性质进行解决问题.

例1 将自然数 N 接写在每一个自然数的右面(例如:将 2 接写在 35 右面得 352),如果得到的新数都能被 N 整除,那么 N 称为魔术数.在小于 130 的自然数中,魔术数的个数为_____.

(1986 年全国初中数学联赛题)

解 任取自然数 P,魔术数为 N,设 N 为 m 位数,并将接写后的数记作 $\overline{PN}$,则 $\overline{PN} = P \cdot 10^m + N$.因为 $\overline{PN}$ 能被 N 整除 $\Rightarrow P \cdot 10^m$ 能被 N 整除.所以 N 为魔术数的条件是 10^m 能被 N 整除.

整数的性质

因为当 $m=1$ 时,$N=1,2,5$;当 $m=2$ 时,$N=10,20,25,50$;当 $m=3$ 时,且 $N<130$ 时,$N=100,125$. 故小于 130 的魔术数有 9 个.

说明 一般地,我们有下面的结论.

结论1 一个 m 位自然数 N 为魔术数的充要条件为 $N\mid 10^m$.

证明 必要性 设 N 为 m 位魔术数,P 为任意自然数,将 N 接写在 P 的右面,记作 $\overline{PN}$,则
$$\overline{PN} = P \times 10^m + N$$
又 $N \mid \overline{PN}$,即 $N\mid(P\times 10^m + N)$,所以
$$N \mid P \times 10^m$$
由 P 的任意性,得 $N \mid 10^m$.

充分性 若 $N\mid 10^m$,P 为任意自然数,则 $N\mid P\times 10^m$. 从而 $N\mid(P\times 10^m + N)$. 又 N 为 m 位自然数,所以 $\overline{PN} = P\times 10^m + N$,即 $N\mid\overline{PN}$,故 N 为魔术数.

结论2 若 N 为魔术数,则 $10N$ 也为魔术数.

证明 设 N 的位数为 m,P 为任意自然数,因为 N 为魔术数,所以 $N\mid\overline{PN}$,即 $N\mid(P\times 10^m + N)$. 从而 $10\mid(P\times 10^{m+1} + 10N)$,即 $10N\mid\overline{P(10N)}$.

由 P 的任意性,知 $10N$ 为魔术数.

结论3 若 N_m 表示 $m(m\geq 3)$ 位魔术数,则 N_m 有五个,且分别为 $1\times 10^{m-1},1.25\times 10^{m-1},2\times 10^{m-1},2.5\times 10^{m-1},5\times 10^{m-1}$.

证明 因为 N_m 为 $m(m\geq 3)$ 位魔术数,由结论1知 $N_m\mid 10^m$. 设 $10^m = RN_m$,R 为自然数,又 $10^m = 2^3\times 5^3\times 10^{m-3}$,所以 R 只有下列五种可能.

十、整数整除问题的证明方法

$R=2, N_m = 5 \times 10^{m-1}$；$R=2^2, N_m = 2.5 \times 10^{m-1}$；$R=2^3, N_m = 1.25 \times 10^{m-1}$；$R=2 \times 5, N_m = 1 \times 10^{m-1}$；$R=5, N_m = 2 \times 10^{m-1}$.

若不然，则有

① $R = 2^p, p > 3$；② $R = 5^q, q > 1$；③ $R = 2^p \cdot 5^q$ 而 $p > 1, q = 1$；或 $p = 1, q > 1$，或 $p > 1, q > 1$. 这时，$\dfrac{10^m}{R}$ 要么不是自然数；要么虽然是自然数，但不是 m 位数，都与 $N = \dfrac{10^m}{k}$ 为 m 位自然数矛盾. 定理得证.

由结论 1，3 即可推得求魔术数的公式为：

结论 4 设 p 为任一 $m(m \geq 3)$ 位自然数，则小于 p 的自然数中魔术数的个数为 $\phi(p)$

$$\phi(p) = 3 + 4 + 5(m-3) + r$$

其中

$$r = \begin{cases} 0 & \text{当 } p = 10^{m-1} \text{ 时} \\ 1 & \text{当 } 10^{m-1} < p \leq 1.25 \times 10^{m-1} \text{ 时} \\ 2 & \text{当 } 1.25 \times 10^{m-1} < p \leq 2 \times 10^{m-1} \text{ 时} \\ 3 & \text{当 } 2 \times 10^{m-1} < p \leq 2.5 \times 10^{m-1} \text{ 时} \\ 4 & \text{当 } 2.5 \times 10^{m-1} < p \leq 5 \times 10^{m-1} \text{ 时} \\ 5 & \text{当 } 5 \times 10^{m-1} < p \leq 10^m \text{ 时} \end{cases}$$

用这个结论解原竞赛题，如下：

因为 $p = 130$，所以 $m = 3$. 又 $1.25 \times 10^2 < p = 130 < 2 \times 10^2$，所以 $r = 2$.

故 $\phi(130) = 3 + 4 + 5(3-3) + 2 = 9$.

又如，小于 25 293 的自然数中魔术数的个数有多少个？

因为 $p = 25\ 293$，所以 $m = 5$. 又 $2.5 \times 10^4 < p =$

整数的性质

$25\,293 < 5 \times 10^4$. 所以 $r = 4$. 从而
$$\phi(25\,293) = 3 + 4 + 5(5 - 3) + 4 = 21$$

例 2 如果 u, v 是整数，$u^2 + uv + v^2$ 能被 9 整除，则 u, v 都能被 3 整除.

(1958 年匈牙利数学竞赛题)

证明 由 $u^2 + uv + v^2 = (u - v)^2 + 3uv$，由 $9 \mid (u^2 + uv + v^2)$，故 $3 \mid (u^2 + uv + v^2)$，又由 $3 \mid 3uv$，所以 $3 \mid (u - v)^2$，因为 3 是质数，所以 $9 \mid (u - v)^2$，所以 $9 \mid 3uv$. 即 $3 \mid uv$. 这只有当它们之中的一个因子能被 3 整除时才有可能. 又 $3 \mid u - v$，故必 $3 \mid u$ 和 $3 \mid v$ 同时成立.

例 3 假设 a, b, c, d 是整数，且与数 $m = ad - bc$ 互素. 证明：对 $ax + by$ 能被 m 整除的整数 x 和 y，$cx + dy$ 也能被 m 整除.

(1927 年匈牙利数学竞赛题)

证明 设 $ax + by = mk$（k 是整数），所以
$$ax = mk - by$$
$$a(cx + dy) = acx + ady = c(mk - by) + ady =$$
$$cmk - bcy + ady =$$
$$cmk + (ad - bc)y =$$
$$cmk + my =$$
$$m(ck + y)$$

所以 $m \mid a(cx + dy)$，由于 $(a, m) = 1$，所以 $m \mid cx + dy$.

在此题中，取 $m = 17$，即得 1894 年匈牙利数学竞赛中的一道试题.

证明：对于同样的整数 x 和 y，表达式
$$3x + 3y \text{ 和 } 9x + 5y$$

能同时被 17 整除.

2. 利用性质

几个连续自然数之积能被 $n! = n \cdot (n - 1) \cdots \cdot$

十、整数整除问题的证明方法

3·2·1 整除.

例 4 证明:对任意自然数 n,n^3+3n^2+5n+9 总能被 3 整除.

(1979 年云南省中学数学竞赛题)

证明 由于
$$n^3+3n^2+5n+9 = n(n+1)(n+2)+3(n+3)$$
所以对任何自然数 n,三个连续整数 $n(n+1)(n+2)$ 之积必能被 $1·2·3$ 整除,也能被 3 整除,又 $3(n+3)$ 能被 3 整除,故命题获证.

例 5 证明 $n(n^2-1)(n^2-5n+26)$ 可以被 120 整除.

证明 设 $f(n)=n(n^2-1)(n^2-5n+26)$,则 $f(1)=0, f(2)=120, f(3)=480.$ 当 $n>3$ 时
$$f(n)=(n-1)n(n+1)(n-2)(n-3)+20(n-1)n(n+1)$$
由于连续 5 个正整数的乘积能被 $5! = 120$ 整除,可知第一项能被 120 整除,又 $(n-1)n(n+1)$ 能被 3! 整除,所以 $120\mid 20(n-1)n(n+1)$,即 $120\mid f(n)$.

例 6 不存在自然数 n,使得数
$$n^6+3n^5-5n^4-15n^3+4n^2+12n+4$$
是完全平方数.

(1988 年第二届"友谊杯"国际数学竞赛题)

证明
$$n^6+3n^5-5n^4-15n^3+4n^2+12n+4 =$$
$$n(n+3)(n^4-5n^2+4)+3 =$$
$$n(n+3)(n^2-1)(n^2-4)+3 =$$
$$(n-2)(n-1)n(n+1)(n+2)(n+3)+3$$

整数的性质

因为连续两个自然数的积是偶数,连续五个自然数之积能被5整除,所以

$$10 \mid (n-2)(n-1)n(n+1)(n+2)(n+3)$$

即原式的个位数字是3,而完全平方数的个位数只能是0,1,4,5,6,9中的一个. 因此所给的表达式不可能是完全平方数.

请看下例:

求证:$g(x) = \dfrac{1}{30}(6x^6 + 15x^4 + 10x^3 - x)$ 为整数,其中 x 为任意自然数.

证明　$g(x) = \dfrac{1}{30}(6x^6 + 15x^4 + 10x^3 - x)$,所以只要证明 $6x^5 + 15x^4 + 10x^3 - x$ 能被30整除.

$6x^5 + 15x^4 + 10x^3 - x =$

$x(6x^4 + 6x^3 + 9x^3 + 9x^2 + x^2 - 1) =$

$x(x+1)(6x^3 + 9x^2 + x - 1) =$

$x(x+1)(6x^3 - 6x^2 + 15x^2 - 15x + 16x - 16 + 15) =$

$x(x+1)(x-1)(6x^2 + 15x + 16) + 15x(x+1) =$

$x(x-1)(x+1)(6x^2 + 16) + 15 \cdot (x+1)x \cdot (x-1) + 15x(x+1) =$

$x(x+1)(x-1)(6x^2 - 24 + 40) + 15x^2(x+1)(x-1) + 15x(x+1) =$

$6(x-2)(x-1)x(x+1)(x+2) + 40x(x-1)(x+1) + 15x^2(x+1)(x-1) + 15x(x+1)$

上式的每一项能被30整除,所以 $6x^5 + 15x^4 + 10x^3 - x$ 能被30整除.

3. 利用整数整除性的数码特征

例7　求出下面一列数:

十、整数整除问题的证明方法

$$1979, 19791979, \cdots, \underbrace{19791979\cdots 1979}_{n\text{个}}$$

各项中能被 11 整除的最小项.

解 考查数列中各项的奇位数字之和与偶位数字之和的差,把第 n 项的这个差记为 S_n,则

$$S_1 = (9+9) - (7+1) = 10$$
$$S_2 = 2(9+9) - 2(7+1) = 20$$
$$\vdots$$
$$S_n = n(9+9) - n(7+1) = 10n$$

因为 $S_n = 10n$ 可被 11 整除的最小 n 为 $n = 11$. 所以,原数列能被 11 整除的最小项是第 11 项,即

$$\underbrace{19791979\cdots 1979}_{11\text{个}}$$

例 8 设自然数 $\overline{62\alpha\beta427}$ 是 99 的倍数,求 α 和 β.

(1957 年上海市中学数学竞赛题)

解 $\overline{62\alpha\beta427} = 6\,200\,427 + 10\,000\alpha + 1\,000\beta =$
$62\,630 \times 99 + 57 + 9\,999\alpha + 990\beta =$
$10\beta + \alpha + 57 + 99(62\,630 +$
$101\alpha + 10\beta) =$
$\overline{\beta\alpha} + 57 + 99(62\,630 +$
$101\alpha + 10\beta)$

因为 $99 \mid \overline{62\alpha\beta427}$,所以 $99 \mid \overline{\beta\alpha} + 57$.

所以 $\overline{\beta\alpha} = 99 - 57 = 42$,所以 $\alpha = 2, \beta = 4$.
所求的数为 $6\,224\,427$.

例 9 求由 $1, 2, \cdots, 9$ 这九个数码组成的数码不重复的九位数中,能被 11 整除的最大数和最小数.

解 设所求的九位数是 $\overline{abcdefghi}$. 按被 11 整除的数的特征有

整数的性质

$$(i+g+e+c+a)-(h+f+d+b)=11k \quad (k \in \mathbf{Z})$$

因为

$$-15=(1+2+3+4+5)-(6+7+8+9) \leqslant$$
$$(i+g+e+c+a)-(h+f+d+b) \leqslant$$
$$(5+6+7+8+9)-(1+2+3+4)=25$$

所以

$$-1 \leqslant k < 2$$

另一方面

$$(i+g+e+c+a)+(h+f+d+b)=1+2+\cdots+9=45$$

为奇数,所以

$$(i+g+e+c+a)-(h+f+d+b)$$

也为奇数,于是 $k = \pm 1$,由

$$\begin{cases}(i+g+e+c+a)+(h+f+d+b)=45\\(i+g+e+c+a)-(h+f+d+b)=\pm 11\end{cases}$$

得

$$\begin{cases}i+g+e+c+a=28\\h+f+d+b=17\end{cases}$$

或

$$\begin{cases}i+g+e+c+a=17\\h+f+d+b=28\end{cases}$$

为了得到最大的数,可取 $a=9, b=8$ 及 $c>e>g>i$, $d>f>h$. 此时 $h+f+d+b \leqslant 8+7+6+5=26$,所以只能

$$\begin{cases}i+g+e+c+a=28\\h+f+d+b=17\end{cases}$$

即

$$\begin{cases}i+g+e+c=19\\h+f+d=9\end{cases}$$

满足 $h+f+d=9$ 及 $d>f>h$ 的正整数解中,d 最大只有取 $d=6,f=2,h=1$;余下的数码只能是 $c=7,e=5,g=4,i=3$. 因此,满足条件的最大数是 987 652 413.

同法可求得满足条件的最小数是 123 475 869.

4. 利用乘法公式

为了证明与整数有关的问题常需分解因式. 这时乘法公式是很有用的,除初中代数课本上的乘法公式外,还常用到下列三个公式:

$$a^n - b^n = (a-b)(a^{n-1} + a^{n-2}b + \cdots + ab^{n-2} + b^{n-1})$$
$$a^{2n} - b^{2n} = (a+b)(a^{2n-1} - a^{2n-2}b + \cdots + ab^{2n-2} - b^{2n-1})$$
$$a^{2n+1} + b^{2n+1} = (a+b)(a^{2n} - a^{2n-1}b + \cdots - ab^{2n-1} + b^{2n})$$

其实,在应用时我们只须记住 $(a-b) \mid (a^n - b^n)$,$(a+b) \mid (a^{2n} - b^{2n})$,$(a+b) \mid (a^{2n+1} + b^{2n+1})$ 就行了.

例 10 证明 $993^{993} + 991^{991}$ 能被 1 984 整除.

(1984 年芜湖市初中数学竞赛题)

证明 显然,$1\,984 = 2 \times 992 = 993 + 991$,利用公式 $(a+b) \mid (a^{2n+1} + b^{2n+1})$,可知

$$993^{991} + 991^{991} = (993 + 991)A$$

其中 A 为整数,于是

$$993^{993} + 991^{991} = (992+1)^2 \cdot 993^{991} + 991^{991} =$$
$$(992^2 + 2 \times 992 + 1)993^{991} + 991^{991} =$$
$$1\,984 \times (496+1) \times 993^{991} + 1\,984 A$$

因此,$993^{993} + 991^{991}$ 能被 1 984 整除.

说明 本题的解法的出发点是建立在 1 984 同 993,992,991 之间的特殊关系上的,即 $1\,984 = 2 \times 992 = 993 + 991$. 将这种关系进一步贯彻到有目的变形上,是解法的关键所在. 当然也可用另外的变形来证明此题,读者不妨一试.

整数的性质

例 11 证明:对任意自然数 n,表达式

(1897 年匈牙利数学竞赛题)

$$A = 2\,903^n - 803^n - 464^n + 261^n$$

能被 1 897 整除.

证明 $A = (2\,903^n - 464^n) - (803^n - 261^n)$

由公式 $(a - b) \mid (a^n - b^n)$,知 $2\,903^n - 464^n$ 能被

$$2903 - 464 = 2\,439 = 9 \times 271$$

整除. $803^n - 261^n$ 能被

$$803 - 261 = 542 = 2 \times 271$$

整除. 因此,A 能被 271 整除. 即 $A = 271B$,其中 B 是整数.

又 $A = (2\,903^n - 803^n) - (464^n - 261^n)$,且 $2\,903^n - 803^n$ 能被 $2\,903 - 803 = 2\,100 = 7 \times 300$ 整除;

$464^n - 261^n$ 能被 $464 - 203 = 7 \times 29$ 整除.

又 $(271, 7) = 1$,所以 $271 \times 7 \mid A$,即 $1\,897 \mid A$.

例 12 若 n 是奇数,求证:$6^n - 3^n - 2^n - 1$ 能被 60 整除.

分析 欲证 $6^n - 3^n - 2^n - 1$ 能被 60 整除,因为 $60 = 3 \times 4 \times 5$,并且 $3, 4, 5$ 互质,故只需证 $3, 4, 5$ 整除 $6^n - 3^n - 2^n - 1$ 即可,利用公式 $(a - b) \mid (a^n - b^n)$ 和 $(a + b) \mid (a^{2n+1} + b^{2n+1})$ 易证.

证明 因为 $3 \mid 6^n - 3^n, 3 \mid 2^n + 1$,所以

$$3 \mid [(6^n - 3^n) - (2^n + 1)]$$

因为

$$4 \mid 6^n - 2^n, \quad 4 \mid 3^n + 1$$

所以

$$4 \mid [(6^n - 2^n) - (3^n + 1)]$$

因为

十、整数整除问题的证明方法

$$5 \mid 6^n - 1, \quad 5 \mid 2^n + 3^n$$

所以
$$5 \mid [(6^n - 1) - (2^n + 3^n)]$$

又因为 $3,4,5$ 互质,且 $3 \times 4 \times 5 = 60$,所以
$$60 \mid 6^n - 3^n - 2^n - 1$$

例 13 证明:如果 n 是奇的正整数,那么数 $2^{2n}(2^{2n+1} - 1)$ 在十进制中的最后两位数为 28.

(1983 年荷兰数学竞赛题)

分析 要证明一个数 A 的末两位数字是 28,只要证明 $A - 28$ 能被 100 整除就可以了.

证明 因为 n 是正奇数,所以可设 $n = 2m + 1$,其中 m 为非负整数.

$$2^{2n}(2^{2n+1} - 1) - 28 =$$
$$2^{4m+2}(2^{4m+3} - 1) - 28 =$$
$$4(8 \cdot 2^{8m} - 2^{4m} - 7) =$$
$$4(16^m - 1)[8(16^m - 1) + 15]$$

因为
$$15 \mid 16^m - 1$$

所以
$$4 \times 15 \times 15 = 900 \mid 2^{2n}(2^{2n+1} - 1) - 28$$

于是 $2^{2n}(2^{2n+1} - 1)$ 的最后两位数是 28.

例 14 对于正整数 n 与 k,定义 $F(n,k) = \sum_{r=1}^{n} r^{2k-1}$,求证:$F(n,1)$ 可整除 $F(n,k)$.

(1986 年加拿大数学竞赛题)

证明 对 n 分为奇数和偶数进行讨论:

(1) 设 $n = 2t$,则
$$F(2t, 1) = \sum_{r=1}^{2t} r = t(2t + 1)$$

整数的性质

$$F(2t,k) = \sum_{r=1}^{2t} r^{2k-1} = \sum_{r=1}^{t} r^{2k-1} + \sum_{r=t+1}^{2t} r^{2k-1} =$$

$$\sum_{r=1}^{t} r^{2k-1} + \sum_{r=1}^{t} (2t+1-r)^{2k-1} =$$

$$\sum_{r=1}^{t} [r^{2k-1} + (2t+1-r)^{2k-1}]$$

由于 $r^{2k-1} + (2t+1-r)^{2k-1}$ 能被 $r + (2t+1-r) = 2t+1$ 整除,所以 $F(2t,k)$ 能被 $2t+1$ 整除.

另一方面

$$F(2t,k) =$$

$$\sum_{r=1}^{t-1} [r^{2k-1} + (2t-r)^{2k-1}] + t^{2k-1} + (2t)^{2k-1}$$

由于 $r^{2k-1} + (2t-r)^{2k-1}$ 能被 $r + (2t-r) = 2t$ 整除,而 t^{2k-1} 及 $(2t)^{2k-1}$ 也能被 t 整除,所以 $F(2t,k)$ 也能被 t 整除.

因为 $(t,2t+1) = 1$,所以 $F(2t,k)$ 能被 $t(2t+1)$,即 $F(2t,1)$ 整除.

(2) 设 $n = 2t + 1$,则

$$F(2t+1,1) = \sum_{r=1}^{2t+1} r = (t+1)(2t+1)$$

$$F(2t+1,k) = \sum_{r=1}^{t} [r^{2k-1} + (2t+2-r)^{2k-1}] + (t+1)^{2k-1}$$

第一项能被 $r + (2t+2-r) = 2(t+1)$ 整除,第二项能被 $t+1$ 整除,于是 $F(2t+1,k)$ 能被 $t+1$ 整除.

$$F(2t+1,k) = \sum_{r=1}^{t} [r^{2k-1} + (2t+1-r)^{2k-1}] + (2t+1)^{2k-1}$$

所以 $F(2t+1,k)$ 能被 $2t+1$ 整除.

因为 $(t+1, 2t+1) = 1$，所以 $F(2t+1, k)$ 能被 $(t+1)(2t+1)$，即 $F(2t+1, 1)$ 整除．

从而 $F(n,k)$ 能被 $F(n,1)$ 整除．

5. 利用整数的奇偶性

例 15 求证：不存在这样的整数 a, b, c, d 使

$$abcd - a = \underbrace{11\cdots1}_{1991\text{个}} \qquad ①$$

$$abcd - b = \underbrace{11\cdots1}_{1992\text{个}} \qquad ②$$

$$abcd - c = \underbrace{11\cdots1}_{1993\text{个}} \qquad ③$$

$$abcd - d = \underbrace{11\cdots1}_{1994\text{个}} \qquad ④$$

证明 由式①，$a(bcd - 1) = \underbrace{11\cdots1}_{1991\text{个}}$．此式右边为奇数，所以左边 a 为奇数，$bcd - 1$ 为奇数．

同理，由②，③，④ 知 b, c, d 必为奇数，那么 bcd 为奇数，$bcd - 1$ 必为偶数，则 $a(bcd - 1)$ 必为偶数，与式①右端为奇数矛盾．

所以命题得证．

说明 此题是由1961年莫斯科数学竞赛题改编的．原题是：

证明：不存在整数 a, b, c, d 满足下列等式：

$$\begin{cases} abcd - a = 1961 \\ abcd - b = 961 \\ abcd - c = 61 \\ abcd - d = 1 \end{cases}$$

例 16 设有 n 个实数 $x_1, x_2, \cdots, x_n$，其中每一个不是 $+1$ 就是 -1，且

$$\frac{x_1}{x_2} + \frac{x_2}{x_3} + \cdots + \frac{x_{n-1}}{x_n} + \frac{x_n}{x_1} = 0$$

整数的性质

试证 n 是 4 的倍数.

(1985 年合肥市初中数学竞赛题)

证明 设 $y_i = \dfrac{x_i}{x_{i+1}}(i = 1, 2, \cdots, n-1), y_n = \dfrac{x_n}{x_1}$. 则 y_i 不是 $+1$ 就是 -1, 但 $y_1 + y_2 + \cdots + y_n = 0$, 故其中 $+1$ 与 -1 的个数相同, 设为 k, 于是 $n = 2k$. 又 $y_1 y_2 \cdots y_n = 1$, 即 $(-1)^k = 1$, 故 n 为偶数.

故 n 是 4 的倍数.

6. 余数法

先介绍一个命题：

若 n_1, n_2 是正整数且 $n = n_1 + n_2$, 又 $n_1 = mq_1 + r_1$, $n_2 = mq_2 + r_2 (m, q_1, q_2, r_1, r_2$ 都是正整数), 则

$$n = m(q_1 + q_2) + (r_1 + r_2)$$

当 $m \mid (r_1 + r_2)$, 则 $m \mid n$.

例 17 试证 $222^{555} + 333^{444}$ 能被 7 整除.

证明 因为 $222 = 7 \times 31 + 5, 333 = 7 \times 47 + 4$, 所以

原数 $= (7 \times 31 + 5)^{555} + (7 \times 47 + 4)^{444} =$
$\qquad 7n + 5^{555} + 4^{444}$ （n 是整数）

又因为

$5^{555} + 4^{444} = (5^5)^{111} + (4^4)^{111} =$
$\qquad (5^5 + 4^4)m$ （m 是整数）

且

$\qquad 5^5 + 4^4 = 3\,381 = 7 \times 483$

因此原数能被 7 整除.

例 18 设 n 是大于 3 的质数, 证明：
$$n(n^2 - 1)(n^2 - 4)$$
能被 360 整除.

十、整数整除问题的证明方法

证明 因为 $n(n^2-1)(n^2-4) = (n-2)(n-1)n(n+1)(n+2)$

即 $n(n^2-1)(n^2-4)$ 是 5 个连续的自然数的乘积,所以它能被 $1\times 2\times 3\times 4\times 5 = 120$ 整除.

若 $n = 3k+1$ (k 为正整数),则
$$n(n^2-4)(n^2-1) = (3k+1)(9k^2+6k)(9k^2+6k-3) = 9k(3k+1)(3k+2)(3k^2+2k-1)$$

所以
$$9 \mid n(n^2-1)(n^2-4)$$

若 $n = 3k+2$ (k 为正整数),则
$$n(n^2-1)(n^2-4) = (3k+2)(9k^2+12k+3)(9k^2+12k) = 9k(3k+2)(3k^2+4k+1)(3k+4)$$

所以
$$9 \mid n(n^2-1)(n^2-4)$$

因为 n 是大于 3 的质数,故 n 不可能表示为 $3k$ (k 为整数)的形式,综上所述,对于大于 3 的任一质数 n,都有 $9 \mid n(n^2-1)(n^2-4)$,所以
$$[120,9] \mid n(n^2-1)(n^2-4)$$

即
$$360 \mid n(n^2-1)(n^2-4)$$

例 19 已知存在正整数 n,能使数 $\underbrace{11\cdots1}_{n\text{个}}$ 被 1 987 整除,求证:数
$$P = \underbrace{11\cdots1}_{n\text{个}}\underbrace{99\cdots9}_{n\text{个}}\underbrace{88\cdots8}_{n\text{个}}\underbrace{77\cdots7}_{n\text{个}}$$

整数的性质

$$Q = \underbrace{11\cdots1}_{n+1\text{个}}\underbrace{99\cdots9}_{n+1\text{个}}\underbrace{88\cdots8}_{n+1\text{个}}\underbrace{77\cdots7}_{n+1\text{个}}$$

都能被 1 987 整除.

(1987 年全国初中数学联赛题)

证明 $P = \underbrace{11\cdots1}_{n\text{个}}(10^{3n} + 9 \times 10^{2n} + 8 \times 10^n + 7)$,

因为

$$1\ 987 \mid \underbrace{11\cdots1}_{n\text{个}}$$

所以

$$1\ 987 \mid P$$

$$Q = \underbrace{11\cdots1}_{n+1\text{个}}[10^{3(n+1)} + 9 \times 10^{2(n+1)} + 8 \times 10^{n+1} + 7]$$

因为

$$10^n = 9 \times \underbrace{11\cdots1}_{n\text{个}} + 1$$

所以

$$10^{3(n+1)} = (10^n)^3 \times 10^3 = (9 \times \underbrace{11\cdots1}_{n\text{个}} + 1)^3 \times 10^3 =$$
$$[(9 \times \underbrace{11\cdots1}_{n\text{个}})^3 + 3(9 \times \underbrace{11\cdots1}_{n\text{个}})^2 +$$
$$3(9 \times \underbrace{11\cdots1}_{n\text{个}}) + 1] \times 10^3$$

由于括号内前三项都可被 $\underbrace{11\cdots1}_{n\text{个}}$ 整除, 所以 $10^{3(n+1)}$ 被 $\underbrace{11\cdots1}_{n\text{个}}$ 除所得的余数是 1 000, 同理可知 $10^{2(n+1)}, 10^{n+1}$ 被 $\underbrace{11\cdots1}_{n\text{个}}$ 除的余数分别是 100, 10. 于是 Q 的表达式中括号内的数被 $\underbrace{11\cdots1}_{n\text{个}}$ 除余数为 1 987, 所以 Q 能被 1 987 整除.

说明 下面我们来讨论一下这个题目:

十、整数整除问题的证明方法

已知存在正整数 n，能使数 $\underbrace{11\cdots1}_{n\text{个}}$ 被 1 987 整除的存在性，并对条件中除数的取值范围加以推广.

（1）条件存在性的证明——就是要证明

存在自然数 n，能使数 $\underbrace{11\cdots1}_{n\text{个}}$ 被 1 987 整除.

证明 构造一个数列 $1, 11, 111, \cdots, 1\cdots1$. 这个数列各项被 1 987 除所得的余数设为 $r_1, r_2, \cdots, r_{1988}$.

所以 $r_i (i=1,2,\cdots,1988)$ 是非负整数.

且 $r_i \leqslant 1\,986$.

所以 r_i 不同的值最多只有 1 987 个.

根据抽屉原则，则 r_1, r_2, r_{1988} 各项的项数中必存在 $k, l = $ 整数 $(1 \leqslant k < l \leqslant 1\,988)$，使

$$r_k = r_l = T \quad (0 \leqslant T \leqslant 1\,986)$$

设

$$\underbrace{1\cdots1}_{k\text{个}} = 1\,987 \cdot q_k + T$$

$$\underbrace{1\cdots1}_{l\text{个}} = 1\,987 \cdot q_l + T$$

则

$$\underbrace{1\cdots1}_{l-k\text{个}}\underbrace{0\cdots0}_{k\text{个}} = \underbrace{1\cdots1}_{l\text{个}} - \underbrace{1\cdots1}_{k\text{个}} = 1\,987(q_l - q_k)$$

所以 $\underbrace{11\cdots1}_{l-k\text{个}}\underbrace{00\cdots0}_{k\text{个}}$ 被 1 987 整除.

而

$$\underbrace{11\cdots1}_{l-k\text{个}}\underbrace{00\cdots0}_{k\text{个}} = \underbrace{11\cdots1}_{l-k\text{个}} \times 1\underbrace{00\cdots0}_{k\text{个}}$$

$1\underbrace{0\cdots0}_{k\text{个}}$ 只含因数 2,5，数 1 987 不含因数 2,5，所以数 $1\underbrace{00\cdots0}_{k\text{个}}$ 和 1 987 互质.

整数的性质

所以数 $\underbrace{11\cdots1}_{l-k\text{个}}$ 被 1 987 整除.

由 $1 \leqslant k < l \leqslant 1\,988$,可知 $0 < l-k \leqslant 1\,987$.

所以存在一个不大于 1 988 的自然数 n,使数 $\underbrace{11\cdots1}_{n\text{个}}$ 被 1 987 整除.

上面证明了一定存在正整数 n,使形如 $1\cdots1$ 的数被 1 987 整除,我们还可利用计算机求出商是一个 327 位数,被除数中数码"1"的个数是 331 个.

(2)问题的推广——最后我们对题目条件中,除数的取值范围作一推广,也就是要讨论一下,除了本题所提出的:"存在正整数 n,能使数 $\underbrace{11\cdots1}_{n\text{个}}$ 被 1 987 整除"以外,$\underbrace{1\cdots1}_{n\text{个}}$ 还能被怎样的数整除呢?

我们用类似于前面所用的方法来进行讨论.

设存在正整数 n,能使数 $\underbrace{11\cdots1}_{n\text{个}}$ 被正整数 p 整除.

构造数列:

$1,11,111,\cdots,\underbrace{11\cdots1}_{p+1\text{个}}$,则存在自然数 k,l,满足 $1 \leqslant k < l \leqslant p+1$,使 $\underbrace{11\cdots1}_{l-k\text{个}}\underbrace{00\cdots0}_{k\text{个}}$ 被 p 整除.

因为 $\underbrace{11\cdots1}_{l-k\text{个}}\underbrace{00\cdots0}_{k\text{个}} = \underbrace{11\cdots1}_{l-k\text{个}} \times 1\underbrace{0\cdots0}_{k\text{个}}$.

所以存在 n,使数 $\underbrace{11\cdots1}_{n\text{个}}$ 被 p 整除的条件是 $1\underbrace{00\cdots0}_{k\text{个}}$ 与 p 互质,而 $1\underbrace{00\cdots0}_{k\text{个}} = 2^k \times 5^k$,即当 q 不含因数 2 或 5 时,必存在整数 n,使数 $\underbrace{11\cdots1}_{n\text{个}}$ 被 p 整除. 反之,因为数 $\underbrace{11\cdots1}_{n\text{个}}$ 一定不含因数 2 或 5,所以若 p 含因数 2 或 5 时,数 $\underbrace{11\cdots1}_{n\text{个}}$ 必不能被 p 整除.

由此可得,存在正整数 n,使得数 $\underbrace{11\cdots1}_{n个}$ 被正整数 p 整除的充要条件是 p 不含因数 2 或 5.

7. 利用末位数分析法

例 20 证明:$10 \mid (53^{53} - 33^{33})$.

(波兰第六届数学竞赛题)

证明 因为 $53^{53} = 53^{4 \times 13 + 1}$,$33^{33} = 33^{4 \times 8 + 1}$,所以 53^{53} 与 33^{33} 的末位数都为 3,即 $53^{53} - 33^{33}$ 的末位数为 0,故 $10 \mid (53^{53} - 33^{33})$.

例 21 设 p,q 都是大于 5 的质数,证明:$p^4 - q^4$ 总能被 80 整除.

(1988 年江苏省初中数学竞赛题)

分析 因为 $80 = 5 \times 16$,且 $(5,16) = 1$,所以只需证明 $p^4 - q^4$ 分别被 5 与 16 整除.

证明 大于 5 的质数的末位数只能是 1,3,7,9,而易知 $1^4, 3^4, 7^4, 9^4$ 的末位数都是 1. 又因 p^4 与 q^4 的末位数分别是 p 与 q 的末位数的 4 次方的末位数,故 p^4 与 q^4 的末位数都是 1,从而 $p^4 - q^4$ 的末位数是 0,当然可被 5 整除.

另一方面,p,q 都是奇数,可设 $p = 2n + 1, q = 2m + 1$(n,m 为不小于 3 的某些整数),于是
$$p^4 - q^4 = (p-q)(p+q)(p^2+q^2) =$$
$8(n-m)(n+m+1)(2n^2 + 2m^2 + 2n + 2m + 1)$
因为 $(n-m)$ 与 $(n+m+1)$ 中必有一个是偶数,故上式右端是 $8 \times 2 = 16$ 的倍数,即 $16 \mid (p^4 - q^4)$.

故 $80 \mid (p^4 - q^4)$.

8. 求值验算法

定理 设 $f(n)$ 是一个 k 次多项式,如果 n 以连续 $k + 1$ 个整数代入,$f(n)$ 的值都能被自然数 m 整除,则

对任意整数 n, $f(n)$ 的值必能被 m 整除.

这个定理的证明超出初中范围,从略.

例 22 求证:当 n 为任意整数时
$$f(n) = (n-1)^3 + n^3 + (n+1)^3$$
的值能被 9 整除.

证明 取 $n = -1, 0, 1, 2$ 四个连续整数代入,得
$$f(-1) = (-2)^3 + (-1)^3 + 0^3 = -9$$
$$f(0) = (-1)^3 + 0^3 + 1^3 = 0$$
$$f(1) = 0^3 + 1^3 + 2^3 = 9$$
$$f(2) = 1^3 + 2^3 + 3^3 = 36$$

因为 $f(-1), f(0), f(1), f(2)$ 均能被 9 整除,所以 $f(n)$ 能被 9 整除.

9. 利用反证法

在解决有关整除性问题时,有时直接证明较为困难,此时采用反证法,往往会事半功倍.

例 23 证明:对任何正整数 n,数 $n^2 + 3n + 5$ 都不可被 121 整除.

(1946 年第 9 届莫斯科数学竞赛题)

证明 用反证法. 如若不然,则
$$121 \mid n^2 + 3n + 5$$
设 $n^2 + 3n + 5 = 121k$(k 为整数),于是
$$n^2 + 3n + 5 - 121k = 0$$
解关于 n 的二次方程,得
$$n = \frac{-3 \pm \sqrt{9 - 4(5 - 121k)}}{2} = \frac{-3 \pm \sqrt{11(44k-1)}}{2}$$

因为 n 为整数,所以 $11 \mid 44k + 1$ 必为完全平方数,即 $44k - 1$ 必须被 11 整除,但这显然是不可能的,所以
$$121 \nmid n^2 + 3n + 5$$

十、整数整除问题的证明方法

命题获证.

例24 试证由数字 0,1,2,3,4,5 组成数字不重复的六位数不可能被 11 除尽.

证明 设所组成的六位数是 $\overline{a_5a_4a_3a_2a_1a_0}$,假设它能被 11 除尽,所以

$$a_0 - a_1 + a_2 - a_3 + a_4 - a_5 = 11n$$

即

$$a_0 + a_1 + a_2 + a_3 + a_4 + a_5 = 11n + 2(a_1 + a_3 + a_5)$$

但

$$a_0 + a_1 + a_2 + a_3 + a_4 + a_5 = 15$$

所以

$$11n + 2(a_1 + a_3 + a_5) = 15$$

显然 $0 \leq n < 2$. 当 $n = 0$ 时左端为偶数,而右端为奇数,此情况下无解. 当 $n = 1$ 时

$$2(a_1 + a_3 + a_5) = 4$$

$$a_1 + a_3 + a_5 = 2$$

但在数字 0,1,2,3,4,5 中任意三个数字之和都大于 2,所以在这种情况下也无解. 因此,这六个数字不可能组成数字不重复又能被 11 除尽的六位数.

10. 利用抽屉原理

利用抽屉原理解整除问题,也是一种常用的方法. 根据抽屉原理,有

如果 $n+1$ 个整数 $a_1, a_2, \cdots, a_n, a_{n+1}$,它们分别被 n 除后,那么其中至少有两个数的余数是相同的.

例25 a, b, c, d 是不同整数,求证

$$(d-a)(d-b)(d-c)(c-a)(c-b)(b-a)$$

能被 12 整除.

证明 (1)根据抽屉原则,a, b, c, d 四个整数分别

被 3 除后,必有两个数的余数相同,因此这两个数之差能被 3 整除,则六项乘积能被 3 整除.

(2) 如果四个数 a,b,c,d 被 4 除后,有两数的余数相同,那么这两数之差能被 4 整除,从而题中六项乘积也能被 4 整除.

如果 a,b,c,d 被 4 除后余数各不相同,那么这四个数中必是两个奇数和两个偶数. 由于二奇数之差和二偶数之差都是偶数,所以题中六项乘积中必有两项是偶数,从而六项乘积也能被 4 整除.

综合(1),(2),知命题成立.

例 26 设自然数 n 有下面性质:从 $1,2,\cdots,n$ 中任取 50 个不同的数,这 50 个数中必有两个数之差等于 7. 这样的 n 最大的一个是_____.

(1987 年全国初中数学联赛题)

解 因为 $50 = 7 \times 7 + 1$,所以把任取的 50 个不同的数按对 7 的余数之不同分为七类. 根据抽屉原则,则在这 50 个数中必有 8 个数被 7 除所得的余数相同,设此余数为 r. 又因为 $98 = 14 \times 7$,所以在 $1,2,\cdots,98$ 中恰有 14 个数被 7 除余数为 r,并且在这 14 个数中的任意 8 个不同的数,必有两数之差等于 7,即 98 具有所设的性质.

另一方面,设 $n > 98$,在 $1,2,3,\cdots,n$ 中可取出下列 50 个数:

$1,2,\cdots,7;15,16,\cdots,21;29,30,\cdots,35;43,44,\cdots,49;57,58,\cdots,63;71,72,\cdots,77;85,86,\cdots,91;99.$

它们中任何两数之差都不是 7. 所以大于 98 的整数都没有题中的性质.

综上所述,满足本题要求的 n 最大的一个是 98.

十、整数整除问题的证明方法

11. 其他方法

例27 使 n^3+100 能被 $n+10$ 整除的正整数 n 的最大值是多少?

(1986年第四届美国数学邀请赛题)

解 $n^3+100=(n+10)(n^2-10n+100)-900.$

若 $n+100$ 能被 $n+10$ 整除,则 900 也能被 $n+10$ 整除.且当 $n+10$ 的值为最大时,相应 n 的值最大.因为 900 的最大因子是 900,所以 $n+10=900$,$n=890$.

例28 设 a,b,c 为满足不等式 $1<a<b<c$ 的整数,且 $(ab-1)(bc-1)(ca-1)$ 能被 abc 整除.求所有可能数组 (a,b,c).

(1989年高二数学竞赛题)

解 因为
$$(ab-1)(bc-1)(ca-1)=$$
$$a^2b^2c^2-abc(a+b+c)+ab+ac+bc-1 \quad ①$$
又因为
$$abc \mid (ab-1)(bc-1)(ca-1)$$
所以存在正整数 k,使
$$ab+bc+ca-1=kabc \quad ②$$
$$k=\frac{1}{a}+\frac{1}{b}+\frac{1}{c}-\frac{1}{abc}<$$
$$\frac{1}{a}+\frac{1}{b}+\frac{1}{c}<\frac{3}{a}<\frac{3}{2}$$
所以 $k=1$.

若 $a\geqslant 3$,此时
$$1=\frac{1}{a}+\frac{1}{b}+\frac{1}{c}-\frac{1}{abc}<$$
$$\frac{1}{3}+\frac{1}{4}+\frac{1}{5}=\frac{47}{60}$$

整数的性质

矛盾.

已知 $a > 1$,所以只有 $a = 2$.

当 $a = 2$ 时,代入式 ② 中得
$$2b + 2c - 1 = bc$$
即
$$1 = \frac{2}{b} + \frac{2}{c} - \frac{2}{bc} < \frac{2}{b} + \frac{2}{b} = \frac{4}{b}$$
所以 $0 < b < 4$ 知 $b = 3$,从而易得 $c = 5$.

说明 在此例中通过对因数 k 的范围讨论,从而逐步确定 a,b,c 是一项重要的解题技巧.

在本节的最后,我们来看 1992 年在莫斯科举行的第 33 届 IMO 中的一道试题.

例 29 试求出所有的整数 a,b,c,其中 $1 < a < b < c$,且使得 $(a-1)(b-1)(c-1)$ 是 $abc - 1$ 的约数.

解 令 $a = x + 1, b = y + 1, c = z + 1$,则 $x,y,z \in \mathbf{N}$,且
$$abc - 1 = xyz + yz + zx + xy + x + y + z = kxyz$$
于是
$$\frac{1}{x} + \frac{1}{y} + \frac{1}{z} + \frac{1}{yz} + \frac{1}{zx} + \frac{1}{xy} = k - 1, \quad k - 1 \in \mathbf{N}$$
由于 $x < y < z$,故上式左边 $\leq 1 + \frac{1}{2} + \frac{1}{3} + \frac{1}{6} + \frac{1}{3} + \frac{1}{2} < 3$,所以 $k = 2$ 或 3.

(1) $k = 2, \frac{1}{x} + \frac{1}{y} + \frac{1}{z} + \frac{1}{yz} + \frac{1}{zx} + \frac{1}{xy} = 1, x > 1,$

十、整数整除问题的证明方法

又 $x \geq 3$,则

$$左边 \leq \frac{1}{3} + \frac{1}{4} + \frac{1}{5} + \frac{1}{20} + \frac{1}{15} + \frac{1}{12} < 1$$

所以 $x = 2$,代入得

$$\frac{3}{2y} + \frac{3}{2z} + \frac{1}{yz} = \frac{1}{2}$$

$$3z + 3y + 2 = yz$$

$$z = \frac{3y+2}{y-3} = 3 + \frac{11}{y-3}, \quad y = 1 \text{ 或 } 11$$

求得一组解 $(x,y,z) = (2,4,14)$. $y = 14$ 时, $z = 4$ 不合, 舍去.

(2) $k = 3, \dfrac{1}{x} + \dfrac{1}{y} + \dfrac{1}{z} + \dfrac{1}{yz} + \dfrac{1}{zx} + \dfrac{1}{xy} = 2$. 如 $x \geq 2$,则左边 $\leq \dfrac{1}{2} + \dfrac{1}{3} + \dfrac{1}{4} + \dfrac{1}{12} + \dfrac{1}{8} + \dfrac{1}{6} < 2$, 不合, 所以 $x = 1$. 代入得

$$\frac{2}{y} + \frac{2}{z} + \frac{1}{yz} = 1$$

$$2z + 2y + 1 = yz$$

$$z = \frac{2y+1}{y-2} = 2 + \frac{5}{y-2}$$

$$y - 2 = 1 \text{ 或 } 5$$

求得一组解为 $(x,y,z) = (1,3,7)$.

因此, 本题所有解是

$$(a,b,c) = (2,4,8) \text{ 或 } (3,5,15)$$

下面的解法是由我国参赛选手何斯迈同学给出的:

由题设有 $a \geq 2, b \geq 3, c \geq 4$, 故

$$\frac{a-1}{a} = 1 - \frac{1}{a} \geq \frac{1}{2}$$

整数的性质

$$\frac{b-1}{b} \geq \frac{2}{3}$$

$$\frac{c-1}{c} \geq \frac{3}{4}$$

所以
$$abc \leq 4(a-1)(b-1)(c-1)$$
$$S = \frac{abc-1}{(a-1)(b-1)(c-1)} < 4$$

由题设知 $S \in \mathbf{N}$,从而 $S = 1, 2, 3$.

(1) 若 $S = 1$,即
$$(a-1)(b-1)(c-1) = abc - 1$$

亦即
$$a + b + c = ab + bc + ca \qquad ①$$

但由 $a < ab, b < bc, c < ca$,有
$$a + b + c < ab + bc + ca$$

与式①矛盾.

(2) 若 $S = 2$,即
$$2(a-1)(b-1)(c-1) = abc - 1 < abc \qquad ②$$

从而 a, b, c 均为奇数. 再由 $c > b > a > 1$,得
$$a \geq 3, \quad b \geq 5, \quad c \geq 7$$

若 $b \geq 7$,则 $c \geq 9$,从而
$$\frac{(a-1)(b-1)(c-1)}{abc} \geq \frac{2}{3} \cdot \frac{6}{7} \cdot \frac{8}{9} = \frac{32}{63} > \frac{1}{2}$$

与式②矛盾. 所以,只能有 $b = 5, a = 3$,代入式②得
$$16(c-1) = 15c - 1$$

解得 $c = 15$.

(3) 若 $S = 3$,即
$$3(a-1)(b-1)(c-1) = abc - 1 < abc \qquad ③$$

若 $a \geq 3$,则 $b \geq 4, c \geq 5$,从而

十、整数整除问题的证明方法

$$\frac{(a-1)(b-1)(c-1)}{abc} \geqslant \frac{2}{5} > \frac{1}{3}$$

这与式 ③ 矛盾. 所以只能有 $a=2$.

若 $b \geqslant 5$,则

$$\frac{(a-1)(b-1)(c-1)}{abc} \geqslant \frac{1}{3}$$

仍与式 ③ 矛盾,故只能 $b=3,4$.

若 $b=3$,由式 ③ 得 $6(c-1)=6c-1$,此方程无解;
若 $b=4$,由式 ③ 得 $9(c-1)=8c-1$,解得 $c=8$.

综上讨论,解为

$$(a,b,c)=(3,5,15) \text{ 或 } (2,4,8)$$

解决整除性问题的常用方法还有数学归纳法和应用二项式定理展开法,这在高中数学中将能学到;还有同余法和利用费马小定理,这在另一书《同余理论》中的相关章节有介绍.

练习十

1. 选择题

(1) 设 S 为所有三个连续整数的和数所组成的集,那么   (   )

(A) S 中没有一个元素可以被 2 除尽

(B) S 中没有一个元素可以被 3 除尽,但有些元素可以被 11 除尽

(C) S 中没有一个元素可以被 3 或 5 除尽

(D) S 中没有一个元素可以被 3 或 7 除尽

(E) 并非上述中的任何一个

(1970 年美国中学生数学竞赛题)

整数的性质

(2) 以三个不同的非零数字(十进制)组成的三位数,除以这三个数字之和,所得商的最小值是
( )
(A)9.7　(B)10.1　(C)10.5　(D)10.9
(1972 年美国中学生数学竞赛题)

(3) 著名的哥德巴赫猜想指出,任何大于 7 的偶数可以恰好写为两个不同素数之和,用这种方法表示偶数 126,两个素数之间最大的差是　( )
(A)112　(B)110　(C)92　(D)88
(1973 年美国中学生数学竞赛题)

(4) 可以除尽 $3^{11}+5^{13}$ 的最小素数是　( )
(A)2　(B)3　(C)5　(D)$3^{11}+5^{13}$
(1974 年第 25 届美国中学生数学竞赛题)

(5) 有不止一个大于 1 的正整数,当它除以任何整数 $k(2 \leqslant k \leqslant 11)$ 时,有余数 1,两个最小的这样的整数之差是　( )
(A)2 310　　　　(B)2 311
(C)27 720　　　(D)27 721
(1978 年第 29 届美国中学生数学竞赛题)

(6) 已知 a,b,c,d 是整数,且 $a<2b,b<3c,c<4d$,如果 $d<100$,那么 a 的最大值是　( )
(A)2 367　(B)2 375　(C)2 391　(D)2 399
(1989 年第 40 届美国中学生数学竞赛题)

(7) 问 1 至 1 990 中有多少数使得 $\dfrac{N^2+7}{N+4}$ 不是既约分数?　( )
(A)0　(B)86　(C)90　(D)104
(1990 年第 41 届美国中学生数学竞赛题)

十、整数整除问题的证明方法

(8) 设 x 是一个正整数的立方,而 d 是 x 的正因子的个数,则 d 可以是 （   ）

(A) 200   (B) 201   (C) 202   (D) 203

(1991 年第 42 届美国中学生数学竞赛题)

(9) 如果将一个正整数 N 的各位数字顺序倒过来写仍为它本身,则称 N 为回文数,1991 年是 20 世纪中唯一具有下列两个性质的年份 （   ）

① 它是一个回文数

② 它可以分解为一个两位的素数回文数与一个三位素数回文数之积,那么从 1000 年至 2000 年间有多少个年份具有①②两条性质? （   ）

(A) 1   (B) 2   (C) 3   (D) 4

(1991 年第 42 届美国中学生数学竞赛题)

(10) 小于 5 000 且含有奇数个数字"5"的五位数共有 （   ）

(A) 2 952 个   (B) 11 808 个   (C) 16 160 个

(D) 26 568 个   (E) 36 160 个

(1984 年上海市高中数学竞赛题)

(11) 如果 n 是整数,则 $n^2(n^2-1)$ 恒能被以下各数中的哪个整除 （   ）

(A) 8   (B) 12   (C) 24   (D) 不同于上述答案

(1987 年上海市高中数学竞赛题)

(12) 如果 $p(p \geq 5)$ 是一个质数,而且 (p^2-1) 除以 24 没有余数,则这种情况会不会发生 （   ）

(A) 决不能   (B) 只是有时可能

(C) 总是可能   (D) 只有当 $p=5$ 时可能

(1983 年福建省初中数学竞赛题)

(13) 设 n^3+p 能被 $n+q$ 整除 (n,p,q 都是正整

整数的性质

数),对于下列各组 p,q 值,使 n 最大的是 ( )

(A)$p=100,q=10$ (B)$p=5\,000,q=20$
(C)$p=50,q=12$ (D)$p=300,q=15$

(1986年江苏省初中数学竞赛试题)

(14)从1,2,3,4,5,6,7,8,9中任取5个数,则①其中必有两数互质;②其中必有一数是另一数的倍数;③其中必有一数的两倍是另一数的倍数.以上结论中,正确的个数为 ( )

(A)0个 (B)1个 (C)2个 (D)3个

(1988年江苏省初中数学竞赛题)

(15)设a,b都是整数,给出四个命题:①若$a+5b$是偶数,则$a-3b$也是偶数;②若$a+b$能被3整除,则a,b都能被3整除;③若$a+b$是素数,则$a-b$一定不是素数;④若$c=a+b\neq 0$,则$\dfrac{a^3-b^3}{a^3+b^3}=\dfrac{a-b}{a+b}$.上述命题中是正确命题的个数是 ( )

(A)1个 (B)2个
(C)3个 (D)4个

(1989年祖冲之杯初中数学邀请赛题)

(16)已知下面四组x和y的值中,有且只有一组使$\sqrt{x^2+y^2}$是整数,这组x和y的值是 ( )

(A)$x=88\,209,y=90\,288$;
(B)$x=82\,098,y=89\,028$;
(C)$x=28\,098,y=89\,082$;
(D)$x=90\,882,y=28\,809$.

(1991年江苏省初中数学竞赛题)

(17)把从19到92的两位整数依次写出得到整数 $N=19202122\cdots909192$.如果3^k是N的约数3的最高次

十、整数整除问题的证明方法

幂,则 $k=$ ( )

(A) 0 　　(B) 1 　　(C) 2

(D) 3 　　(E) 大于 3

(1992 年第 43 届美国中学生数学竞赛题)

2. (1) 1 到 1 000 中所有被 3 除余 2,并且被 7 除余 4 的正整数之和为_____.

(1983 年上海市高中数学竞赛题)

(2) 某三位数,如果它本身增加 3,那么新的三位数的各位数字的和就减少到原来三位数的 $\dfrac{1}{3}$,一切这样的三位数之和是_____.

(1990 年全国部分省市初中数学通讯赛题)

(3) 一个四位数与它的四个数字之和等于 1 991,这个四位数是_____.

(1991 年南昌市初中数学竞赛题)

(4) 设 A 是一个三位数,B 是一个两位数,且 $A:B=3:1$,如果把 B 放置于 A 的左边得一个五位数 C,把 A 放置于 B 的左边也得一个五位数 D,且 D 比 C 小 40 014,那么数幂 D^A 的末位数字是_____.

(1990 年四川省初中数学竞赛题)

(5) 已知 a,b 是整数,a 除以 7 余 3,b 除以 7 余 5.当 $a^2 > 4b$ 时,$a^2 - 4b$ 除以 7 的余数是_____.

(1991 年天津市初二数学竞赛题)

(6) 不能写成两个合数之和的最大自然数是_____.

(1991 年上海市初三数学竞赛题)

(7) 定义:如果 n 个不同的整数,对其中的任意两个数,这两个数的积能被这两数的和整除,那么称这组

整数的性质

数为 n 个数的祖冲之数组. 例如:60,120,180 这三个数就构成一个三个数的祖冲之数组（因 $(60 \times 120) \div (60 + 120), (60 \times 180) \div (60 + 180), (120 \times 180) \div (120 + 180)$ 都是整数）. 请你写出一组四个数的祖冲之数组_____.

(1991 年第四届祖冲之杯数学邀请赛题)

3. 若 n 为小于 50 的自然数, 求使代数式 $4n + 5$ 和 $7n + 6$ 的值有大于 1 的公约数的所有的 n 的值.

(1991 年天津市初二数学竞赛题)

4. 设 n 为任一自然数, 证明 $3^{4n+2} + 5^{2n+1}$ 是 14 的倍数.

(1981 年河南省高中数学竞赛题)

5. 证明:如果 n 是奇数, 那么 $46^n + 296 \cdot 13^n$ 能被 1 947 整除.

(1947 年匈牙利数学竞赛题)

6. 有 n 个整数, 其积为 n, 其和为 0. 求证:数 n 被 4 整除.

(1984 年全苏第 18 届中学数学竞赛题)

7. 对哪些整数 n, 数 $20^n + 16^n - 3^n - 1$ 可被 323 整除?

(第 20 届莫斯科数学竞赛题)

8. 证明:对一切整数 $n, n^2 + 2n + 12$ 不是 121 的倍数.

(1971 年加拿大数学竞赛题)

9. 证明: $27\,195^8 - 10\,887^8 + 10\,152^8$ 可被 26 460 整除.

(第 12 届莫斯科数学竞赛题)

10. 设 $a_i (i = 1, 2, \cdots, 2n)$ 为不能被 3 整除的奇数,

十、整数整除问题的证明方法

试证：$a_1^2 - a_2^2 + a_3^2 - a_4^2 + \cdots + a_{2n-1}^2 - a_{2n}^2$ 能被 24 整除.

11. 设 a,b 为满足不等式 $a > b > 2$ 的整数，而 $2a + 2b + ab - 1$ 能被 $2ab$ 整除.

(1) 试证 $(2a-1)(2b-1)(ab-1)$ 也能被 $2ab$ 整除；

(2) 求所有的 a,b.

(1985 年北京少年数理竞赛试题)

12. 设 n 为非负整数，证明

$$F(n) = 2\,179^n - 1\,959^n - 1\,702^n + 1\,482^n$$

可被 1 980 整除.

(1980 年天津市初中数学竞赛题)

13. 有九个袋子分别装有 9,12,14,16,18,21,24,25,28 只球，甲取走若干袋，乙也取走若干袋，最后剩下一袋. 已知甲取走的球数总和是乙的球数总和的两倍，问剩下的一袋内装有几只球？

(1991 年"智慧杯"初二数学通讯赛题)

整值多项式

我们学过求多项式的值,下面我们来讨论求多项式的整值的问题. 例如,多项式

$$f(x) = \frac{1}{3}x^3 + \frac{1}{4}x^2$$

$$g(x) = 2x^3 - 5x^2 + 4x - 1$$

$$h(x) = \frac{1}{15}x^5 - \frac{1}{3}x^4 + \frac{2}{3}x^3 - \frac{2}{3}x^2 - \frac{8}{5}x$$

当我们用任意的整数 x 分别代入时,由计算知: $g(x)$, $h(x)$ 的值都是整数,而多项式 $f(x)$ 的值不一定是整数,它仅当 x 取 12 的倍数时才是整数, x 取其余的整数值时, $f(x)$ 的值都不是整数.

定义 1　如果对于任何整数值 x,多项式

$$f(x) = a_n x^n + a_{n-1} x^{n-1} + \cdots + a_1 x + a$$

的值总是整数,那么这个多项式就称为整值多项式.

十一、整值多项式

关于整值多项式的证明,常用的方法有用讨论或分拆成连续乘积的方法,有时还能利用一些整除定理(例如费马小定理、威尔逊定理等)和数学归纳法(超出初中范围,略).

例1 证明:对任意整数 n,$\dfrac{n^5}{5}+\dfrac{n^3}{3}+\dfrac{7n}{15}$ 是整数.

(1971 年基辅数学奥林匹克试题)

证明 因为 $\dfrac{1}{5}n^5+\dfrac{1}{3}n^3+\dfrac{7}{15}n=$

$\dfrac{1}{15}[3n^5+5n^3+7n]=$

$\dfrac{1}{15}n[3n^4+5n^2+7]$

而
$n[3n^4+5n^2+7]=$
$n[3n^4-3n^2+8n^2-8+15]=$
$n[3n^2(n^2-1)+8(n^2-1)+15]=$
$n(n+1)(n-1)(3n^2+8)+15n=$
$(n-1)n(n+1)(3n^2-12+20)+15n=$
$3(n-2)(n-1)n(n+1)(n+2)+20(n-1)n(n+1)+15n$

因为 $(n-2)(n-1)n(n+1)(n+2)$ 是五个连续整数之积,一定是 $5\times4\times3\times2$ 的倍数,当然是 15 的倍数.

又 $(n-1)n(n+1)$ 是三个连续整数的积,一定是 3×2 的倍数,那么 $20(n-1)n(n+1)$ 至少是 15 的倍数.

所以 $n(3n^4+5n^2+7)$ 是 15 的倍数,即 $\dfrac{1}{15}n(3n^4+5n^2+7)$ 是整数.

整数的性质

故 $\frac{1}{5}n^5 + \frac{1}{3}n^3 + \frac{7}{15}n$ 是整值多项式.

另证 $\frac{1}{5}n^5 + \frac{1}{3}n^3 + \frac{7}{15}n = \frac{3n^5 + 5n^3 + 7n}{15}.$

因为 $(3,5) = 1$, 只需证明对任何整数 n
$$3 \mid (3n^5 + 5n^3 + 7n)$$
及
$$5 \mid (3n^5 + 5n^3 + 7n)$$

由费马定理知
$$n^3 \equiv n \pmod{3}$$
故
$$3n^5 + 5n^3 + 7n \equiv 3n^3 + 5n + 7n \equiv 12n \equiv 0 \pmod{3}$$
又由
$$n^5 \equiv x \pmod{5}$$
故
$$3n^5 + 5n^3 + 7n \equiv 5n^3 + 10n \equiv 0 \pmod{5}$$
所以
$$5 \mid 3n^5 + 5n^3 + 7n$$

综上所述,$\frac{1}{5}n^5 + \frac{1}{3}n^3 + \frac{7}{15}n$ 是一个整数.

例 2   证明:对任何整数 x
$$h(x) = \frac{1}{5}x^5 + \frac{1}{2}x^4 + \frac{1}{3}x^3 - \frac{1}{30}x$$
为整数.

证明 $h(x) = \frac{1}{30}(6x^5 + 15x^4 + 10x^3 - x)$,所以只要证明 $6x^5 + 15x^4 + 10x^3 - x$ 能被 30 整除.
$6x^5 + 15x^4 + 10x^3 - x = x(6x^4 + 6x^3 + 9x^3 + 9x^2 + x^2 - 1) = x(x+1)(6x^3 + 9x^2 + x - 1) =$

十一、整值多项式

$x(x+1)(6x^3 - 6x^2 + 15x^2 - 15x + 16x - 16 + 15) =$
$x(x+1)(x-1)(6x^2 + 15x + 16) + 15x(x+1) =$
$x(x-1)(x+1)(6x^2 + 16) + 15x \cdot x(x+1)(x-1) + 15x(x+1) =$
$x(x+1)(x-1)(6x^2 - 24 + 40) + 15x^2(x+1)(x-1) + 15x(x+1) =$
$6(x-2)(x-1)x(x+1)(x+2) + 40x(x+1)(x-1) + 15x^2(x+1)(x-1) + 15x(x+1)$

上式的每一项都能被 30 整除,所以 $h(x)$ 是整值多项式.

说明 上面两例是通过拆项,分解成几个整数因式连乘积的形式,使问题得证的. 下面介绍另一种证明方法.

定理 1 如果 x 取 $m+1$ 个连续整数时,m 次多项式 $f(x)$ 的值皆为整数,则对任意整数 x,$f(x)$ 的值恒为整数,即 $f(x)$ 是整值多项式.

这个定理的证明超出了初中范围,略去.

作为定理的另一表述形式,可得以下推论:

推论 如果 x 取 $m+1$ 个连续整数时,m 次多项式 $f(x)$ 都能被整数 n 整除,则对任意整数 x,$f(x)$ 都能被 n 整除.

例 3 证明:$f(n) = n^3 + \dfrac{3}{2}n^2 + \dfrac{1}{2}n - 1$ 对任何正整数 n 都是整数,并用 3 除时余 2.

(1956 年北京市数学竞赛题)

证明 因为 $f(n)$ 是三次多项式,而 $f(-1) = 1$,$f(0) = -1$,$f(1) = 2$,$f(2) = 14$ 都为整数,则由定理 1 知,$f(n)$ 应是整值多项式.

整数的性质

其次,欲证$f(n) \equiv 2 \pmod 3$,只需证明$3 \mid g(n)$,$g(n) = f(n) - 2 = n^3 + \frac{3}{2}n^2 + \frac{1}{2}n - 3$.

显然,由于$g(-1) = g(0) = -3, g(1) = 0, g(2) = 12$都能被3整除,则由推论有$3 \mid g(n)$,即$f(n)$用3除时余2. 证毕.

实际上完成证明时,应注意避免复杂的计算. 例如,本例在证明前者时,因$n = 0, 2$时,结论显然,余下的只需判断$n = \pm 1$时,$f(n) = \frac{3}{2}n^2 + \frac{1}{2}n$为整值即可.

例如,前面的例1用定理证如下:

因为$f(0) = 0, f(1) = 1, f(2) = 10, f(3) = 59$,则由定理1即证得$f(x)$应是整值多项式.

例4 证明中间项为完全立方的三个连续整数的乘积必能被504整除.

(波兰数学竞赛题)

证明 设三个连续整数之积为
$$f(n) = (n^3 - 1) \cdot n^3 (n^3 + 1)$$
以下证明对任意整数n,有$504 \mid f(n)$.

注意到$f(n)$是9次多项式,除了$f(0) = f(\pm 1) = 0$以外,还需要检验其余7个值. 但因$f(x)$是奇函数,所以,只需检验$f(2), f(3), f(4), f(5)$的情况.

注意到检验内容,我们应保留$f(n)$的数值的乘积形式(所以检验中的实际计算量并不大). 因$504 = 7 \times 8 \times 9$,而$f(2), f(3), f(4), f(5)$分别是$7 \times 8 \times 9, 26 \times 27 \times 28, 63 \times 64 \times 65, 124 \times 125 \times 126$,都含7,8,9因子.

综上所述,即有$504 \mid f(n)$.

下面再介绍另一个结论.

十一、整值多项式

定理 2 要证明一个多项式 $f(x)$ 能被整数 m 整除,我们利用 $mk+r$ 型数(其中 $0 \leqslant r \leqslant m-1$),并将 $mk, mk+1, mk+2, \cdots, mk+m-1$ 这 m 个数分别代入 $f(x)$ 中,这时若 $f(mk+r)(r=0,1,\cdots,m-1)$ 都能被整数 m 整除,即被整数 m 所除的余数都是零,那么对所有的整数 x,这个多项式 $f(x)$ 都能被整数 m 整除,而这时 $f(x)$ 也就是一个整值多项式.

例 5 证明多项式 $\dfrac{1}{6}x^3 + \dfrac{5}{6}x$ 是整值多项式.

证明 $x^3 + 5x = x(x^2+5) = x(x^2-1+6) =$
$(x-1)x(x+1) + 6x$

因为 $(x-1)x(x+1)$ 是三个连续整数之积,必为 6 的倍数,$6x$ 也是 6 的倍数,所以
$$6 \mid x^3 + 5x$$
即 $\dfrac{1}{6}x^3 + \dfrac{5}{6}x$ 是整值多项式.

本例还可以如下考虑:

任意整数 x 被 6 除的余数只能是 $0,1,2,3,4,5$ 这六种,所以 $x = 6q + r (0 \leqslant r \leqslant 5)$.

$x^3 + 5x = x(x^2 + 5) =$
$(6q+r)[(6q+r)^2 + 5] =$
$(6q+r)(36q^2 + 12qr + r^2 + 5) =$
$(6q)(36q^2 + 12qr + r^2 + 5) + r(36q^2 + 12qr) +$
$r(r^2 + 5)$

前两项均为 6 的倍数,只需考虑 $r(r^2+5)$ 这一项.

当 $r=0$ 时,$r(r^2+5) = 0$;
当 $r=1$ 时,$r(r^2+5) = 1(1^2+5) = 6$;
当 $r=2$ 时,$r(r^2+5) = 2(2^2+5) = 18$;

整数的性质

当 $r=3$ 时,$r(r^2+5)=3(3^2+5)=42$;
当 $r=4$ 时,$r(r^2+5)=4(4^2+5)=84$;
当 $r=5$ 时,$r(r^2+5)=5(5^2+5)=150$;
均为 6 的倍数,所以 $6 \mid x^3+5x$.

一般地,当需证明某多项式为正整数 n 的倍数时,可用 $0,1,2,\cdots,(n-1)$ 依次代入,若多项式的值均为 n 的倍数,则此多项式为整值多项式. 实际上可用任何 n 个连续整数代入检验是否均为 n 的倍数.

例6 求证:$g(x)=\dfrac{1}{7}x^7-2x^5+7x^3-\dfrac{36}{7}x+2$ 是整值多项式.

证法1 $g(x)=\dfrac{1}{7}(x^7-14x^5+49x^3-36x+14)=\dfrac{1}{7}g_1(x)$. 将 $7k+r(r=0,1,2,3,4,5,6,k$ 为整数$)$ 分别代入 $g_1(x)$ 中,有

当 $x=7k$ 时
$$g_1(7k)=(7k)^7-14(7k)^5+49(7k)^3-36(7k)+14$$
是 7 的倍数,故 $g_1(x)=g_1(7k)$ 时,能被 7 整除.

当 $x=7k\pm1$ 时
$$\begin{aligned}g_1(7k\pm1)&=(7k\pm1)\big[(7k\pm1)^6-14(7k\pm1)^4+49(7k\pm1)^2-36\big]+14\\&=7M_1\pm\big[(7k\pm1)^6-14(7k\pm1)^4+49(7k\pm1)^2-36\big]=\\&=7M_1\pm7M_2\pm\big[(7k\pm1)^6-36\big]=\\&=7M_3\pm\big\{\big[(49k^2\pm14k)^3+3(49k^2\pm14k)^2+3(49k^2\pm14k)-35\big]\big\}\end{aligned}$$

十一、整值多项式

是 7 的倍数,其中

$$M_1 = k[(7k \pm 1)^6 - 14(7k \pm 1)^4 + 49(7k \pm 1)^2 - 36] + 2$$
$$M_2 = [7(7k \pm 1)^2 - 2(7k \pm 1)^4]$$
$$M_3 = M_1 \pm M_2$$

又

$$g_1(7k \pm 2) = (7k \pm 2)[(7k \pm 2)^6 - 14(7k \pm 2)^4 + 49(7k \pm 2)^2 - 36] + 14 =$$
$$7N_1 \pm 2[49(7k \pm 2)^2 - 14(7k \pm 2)^4] \pm 2[(7k \pm 2)^6 - 36] =$$
$$7N_1 \pm 7N_2 \pm 2[(49k^2 \pm 28k + 4)^3 - 36] =$$
$$7N_3 \pm [(49k^2 \pm 28k)^3 + 12(49k^2 \pm 28k)^2 + 48(49k^2 \pm 28k) + 28]$$

是 7 的倍数,其中

$$N_1 = k[(7k \pm 2)^6 - 14(7k \pm 2)^4 + 49(7k \pm 2)^2 - 36] + 2$$
$$N_2 = 2[49(7k \pm 2)^2 - 14(7k \pm 2)^4]$$
$$N_3 = N_1 \pm N_2$$

所以对所有的整数 $x, g(x)$ 都是一个整值多项式.

证法 2 记

$$g_1(x) = x^7 - 14x^5 + 49x^3 - 36x + 14 =$$
$$x(x^6 - 14x^4 + 49x^2 - 36) + 14 =$$
$$x[x^2(x^4 - 5x^2 + 4) - 9(x^4 - 5x^2 + 4)] + 14 =$$
$$x(x^2 - 9)(x^4 - 5x^2 + 4) + 14 =$$
$$(x-3)(x-2)(x-1)x(x+1)(x+2)(x+3) + 14$$

可知 $g_1(x)$ 能被 7 整除,即 $g(x)$ 是整值多项式,当然分

整数的性质

解因式的方法可以不同.

说明 从上例可以看出,如果因式分解比较熟悉,证法 2 比证法 1 要简便些.

比整值多项式更广泛的概念是整值解析式.

定义 2 在一个解析式中,若当变数 x 取任何使解析式有意义的整数值时,解析式的值均为整数,则称这种解析式为整值解析式.

下面再举例说明整值多项式与整值解析式的几个例子.

例 7 求证:对于任意非负整数 n,$f(n) = 2\,326^n - 1\,633^n - 2\,146^n + 1\,453^n$ 能被 $1\,980$ 整除.

证明 由于 n 为非负整数.

当 $n = 0$ 时,$f(0) = 0$ 能被 $1\,980$ 整除;

当 n 为正整数时,由于

$$f(n) = (2\,326^n - 1\,633^n) - (2\,146^n - 1\,453^n)$$

能被 $2\,326 - 1\,633 = 693$ 所整除(此时也有 $2\,146 - 1\,453 = 693$),而 $693 = 99 \times 7$,又

$$f(n) = (2\,326^n - 2\,146^n) - (1\,633^n - 1\,453^n)$$

能被 $2\,326 - 2\,146$ 或 $1\,633 - 1\,453$,即 180 整除,而 $180 = 20 \times 9$. 由于 99 与 20 互质,故 $f(n)$ 能被 $99 \times 20 = 1\,980$ 整除.

说明 由于 $693 = 3^2 \cdot 7 \cdot 11$,$180 = 2^2 \cdot 3^2 \cdot 5$,所以,还可以进一步得出 $f(n)$ 能被它的最小公倍数 $2^2 \cdot 3^2 \cdot 5 \cdot 7 \cdot 11 = 13\,860$ 整除.

例 8 当 n 为非负整数时,求 $f(n) = 7^{n+2} + 8^{2n+1}$ 的约数的个数.

解 由于 n 为非负整数,我们首先考虑 $f(0)$,由于 $f(0) = 57$,因此,$f(n)$ 的最大约数不可能超过 57,于

十一、整值多项式

是我们只需考虑 $f(n)$ 能否被 57 或 57 的哪些因数所整除，就可以判断出 $f(n)$ 的约数的个数了. 由于 $57 = 19 \times 3 = (-19)(-3) = 1 \times 57 = (-1)(-57)$，我们可以采取从大到小的排除法来讨论. 若 57 能整除 $f(n)$，则 $f(n)$ 有 8 个约数，若 57 不能整除 $f(n)$，则再用 ± 19，± 3 等去试除.

由于 n 为正整数时，有
$$f(n) = 49 \times 7^n + 8 \times 64^n =$$
$$8 \times 64^n - (8 - 57) \times 7^n =$$
$$8(64^n - 7^n) + 57 \times 7^n$$

而 $64^n - 7^n$ 能被 $64 - 7 = 57$ 整除，57×7^n 也能被 57 整除.

故 $f(n)$ 的约数有 8 个.

例 9 设 $a_1, a_2, \cdots, a_n$ 是自然数，它们之和能被 30 整除. 证明：$a_1^5 + a_2^5 + \cdots + a_n^5$ 能被 30 整除.

(1973 年基辅数学奥林匹克试题)

证明 我们来证明，对任何自然数 a，
$$a^5 - a = a(a-1)(a+1)(a^2+1)$$
能被 30 整除. 显然 $(a-1)a(a+1)$ 能被 $1 \times 2 \times 3 = 6$ 整除. 进一步，如果 a 除 5 后所得余数为 1，0 或 4，则相应地 $a-1, a, a+1$ 能被 5 整除，如果这个余数为 2 和 3，那么 $a^2 + 1$ 能被 5 整除，因为
$$a^2 + 1 = (a-2)(a+2) + 5 = (a-3)(a+3) + 10$$

因此，$a^5 - a$ 总能被 $6 \times 5 = 30$ 整除. 因为 $a_1 + a_2 + \cdots + a_n$ 能被 30 整除，及
$$a_1^5 + a_2^5 + \cdots + a_n^5 = (a_1^5 - a_1) +$$
$$(a_2^5 - a_2) + \cdots + (a_n^5 - a_n) + (a_1 + a_2 + \cdots + a_n)$$

其中每一项都能被 30 整除，所以这个五次方的和同样

整数的性质

也能被 30 整除.

例 10 现在有一大缸水和 5 个量杯,量杯的容积依次为 $1,5,25,125,625$(毫升). 试证明:对于不超过 1 562 的整数 a,只要用这 5 个量杯,每个至多用两次,就能把 a 毫升的水注入空水桶中.

(说明:从大缸量一杯水倒入水桶或从水桶量一杯水倒入大缸,均算用量杯一次)

(1991 年南昌市初中数学竞赛题)

证明 考虑多项式

$$M = 625b + 125c + 25d + 5e + f$$

其中每个字母表示用其系数相应的毫升数的量杯使用的次数(如字母为正值,表示从水缸中量取的水倒入水桶中;字母为负值,表示从水桶中量取的水倒入水缸中).

由于 b,c,d,e,f 都在 $-2,-1,0,1,2$ 中取值,每个都能取 5 个值,共能取 $5^5 = 3\ 125$ 个值,因此 M 也有 3 125 个值. 下面证明 M 的这 3 125 个值各不相同. 假定对不同的两组 b_1,c_1,d_1,e_1,f_1 和 b_2,c_2,d_2,e_2,f_2,有

$$625b_1 + 125c_1 + 25d_1 + 5e_1 + f_1 =$$
$$625b_2 + 125c_2 + 25d_2 + 5e_2 + f_2$$

那么

$$625(b_1 - b_2) + 125(c_1 - c_2) +$$
$$25(d_1 - d_2) + 5(e_1 - e_2) + f_1 - f_2 = 0$$

由于 $625,125,25,5$ 都是 5 的倍数,所以 $f_1 - f_2$ 也是 5 的倍数. 由于 $|f_1 - f_2| < 5$,所以 $f_1 - f_2 = 0$,即 $f_1 = f_2$. 于是

$$125(b_1 - b_2) + 25(c_1 - c_2) +$$
$$5(d_1 - d_2) + e_1 - e_2 = 0$$

十一、整值多项式

同理可证 $e_1 = e_2$,以及 $d_1 = d_2, c_1 = c_2, b_1 = b_2$. 这与 b_1, c_1, d_1, e_1, f_1 和 b_2, c_2, d_2, e_2, f_2 是不同的两组矛盾. 所以对于不同的 b, c, d, e, f, M 的值不同,即 M 有 3 125 个不同的值. 又因为 M 的值都是整数,且最大值是 1 562(当 $b = c = d = e = f = 2$ 时),最小值是 $-1 562$(当 $b = c = d = e = f = -2$ 时). 即 M 的值都是 $-1 562$ 到 1 562 间的整数,而 $-1 562$ 到 1 562 共有 $2 \times 1 562 + 1 = 3 125$ 个值. 即 M 能取到 $-1 562$ 到 1 562 的所有整数值,当然能取到 1 到 1 562 的整数值.

例 11 求所有的整数 x,使得多项式 $2x^2 - x - 36$ 的值是某个素数的平方.

(1962 年捷克和斯洛伐克数学竞赛题)

解 设 $2x^2 - x - 36 = p^2, p$ 是素数,则
$$p^2 = (x + 4)(2x - 9)$$
因为 p 是素数,所以 p^2 只有三个约数:$1, p$ 和 p^2.

(1) 当 $x + 4 = 1$ 时,$x = -3, 2x - 9 = -15 \neq p^2$.

(2) 当 $x + 4 = p$ 时,$2x - 9 = p$,所以 $x + 4 = 2x - 9, x = 13, p = 17$ 是质数.

(3) 当 $x + 4 = p^2$ 时,$2x - 9 = 1, x = 5, x + 4 = 9 = p^2, p = 3$ 是质数.

故所求的数是 $x = 13$ 和 $x = 5$.

练习十一

1. 证明:对任何自然数 $m, \dfrac{m^3}{6} + \dfrac{m^2}{2} + \dfrac{m}{3}$ 是整数.

(1953 年基辅数学竞赛题)

整数的性质

2. 求证：$h(x) = \dfrac{x^5}{15} - \dfrac{2x^3}{3} - x^2 + \dfrac{14x}{15}$ 是整值多项式.

3. 证明：多项式 $\dfrac{1}{7}x^7 + \dfrac{1}{5}x^5 + \dfrac{1}{3}x^3 + \dfrac{34}{105}x$ 是整值多项式.

4. 已知 $a, b, a-b$ 都不能被 3 整除，求证：$a^3 + b^3$ 能被 9 整除.

5. 求证：对所有正整数 n，$f(n) = n^2 + n + 2$ 不可能被 15 整除.

6. 求证：n 为任何自然数时，$f(n) = \dfrac{n^2}{5} + \dfrac{n}{5} + \dfrac{2}{5}$ 都不是整值多项式.

7. 试证：多项式 $x^{9\,999} + x^{8\,888} + \cdots + x^{1\,111} + 1$ 能被多项式 $x^9 + x^8 + \cdots + x^2 + x + 1$ 整除.

8. 证明：对于任何非负整数 k，$2^{6k+1} + 3^{6k+1} + 5^{6k} + 1$ 能被 7 整除.

（1960 年基辅数学竞赛题）

9. 证明：多项式

$$p(x) = \dfrac{1}{630}x^9 - \dfrac{1}{21}x^7 + \dfrac{13}{30}x^5 - \dfrac{82}{63}x^3 + \dfrac{32}{35}x$$

对所有整数 x 都取整数值.

（1983 年民主德国数学竞赛题）

10. 设对任意整数 x，整系数多项式 $ax^3 + bx^2 + cx + d$ 都能被 5 整除. 证明：系数 a, b, c, d 都能被 5 整除.

（1957 年莫斯科数学奥林匹克试题）

11. 多项式 $p(x) = ax^3 + bx^2 + cx + d$，当 $x = -1, 0, 1, 2$ 时取整数值，求证这个多项式对所有整数 x，都取到整数值.

（1988 年全俄中学生数学竞赛题）

十一、整值多项式

12. 设 $p(x)$ 为整系数多项式，满足
$$p(m_1) = p(m_2) = p(m_3) = p(m_4) = 7$$
这里 m_1, m_2, m_3, m_4 是给定的互不相等的整数. 证明没有整数 m, 使 $p(m) = 14$.

(1989 年第 30 届 IMO 备选题)

13. 设二次三项式 $ax^2 + bx + c$ 的系数都是正整数. 已知当 $x = 1\,991$ 时，二次三项式的值
$$a \times 1\,991^2 + b \times 1\,991 + c = p$$
是一个素数. 证明 $ax^2 + bx + c$ 不可能分解成两个整系数一次式的积.

(1991 年"祖冲之杯"初中数学邀请赛题)

数学竞赛中的整数杂题

整数问题,涉及的知识不多,但技巧性很强. 而解一些非"标准"的整数问题(常称为整数杂题),尤其需要综合运用多种数学知识及解题方法. 在本节里,我们将研究数学竞赛中的几个例子.

例1 如果 $p,q,\dfrac{2p-1}{q},\dfrac{2q-1}{p}$ 都是整数,并且 $p>1,q>1$,试求 $p+q$ 的值.

(1988年全国初中数学联赛试题)

解法1 首先,有 $p \neq q$. 事实上,若 $p=q$,则 $\dfrac{2p-1}{q}=\dfrac{2q-1}{p}=2-\dfrac{1}{p}$,因 $p>1$,$\dfrac{2p-1}{q}$ 不是整数,与题设矛盾.

由对称性,不妨设 $p>q$. 令 $\dfrac{2q-1}{p}=m$,则 m 为正整数,因为 $mp=2q-1<2p-1<2p$,所以 $m=1$,这样 $p=2q-1$.

由此,$\dfrac{2p-1}{q} = \dfrac{4q-3}{q} = 4 - \dfrac{3}{q}$. 但 $\dfrac{2p-1}{q}$ 也是正整数,且 $q > 1$,所以 $q = 3$.

于是 $p = 2q - 1 = 5$,所以 $p + q = 8$.

解法2 如解法1的讨论,知 $p \neq q$,不妨设 $p > q$,令

$$\dfrac{2p-1}{q} = m \qquad ①$$

$$\dfrac{2q-1}{p} = n \qquad ②$$

则 m, n 都是正整数,且易知 $m > n$.

由式 ② 有 $q = \dfrac{np+1}{2}$,将其代入式 ①,得

$$2p - 1 = mq = m \cdot \dfrac{np+1}{2}$$

所以

$$(4 - mn)p = m + 2$$

故 $4 - mn$ 为正整数.

所以 $mn = 1, mn = 2$,或 $mn = 3$.

再注意到 $m > n$,因而仅有 $\begin{cases} m = 2 \\ n = 1 \end{cases}$ 或 $\begin{cases} m = 3 \\ n = 1 \end{cases}$.

当 $m = 2, n = 1$ 时,由 ①,② 解得 $p = 2, q = \dfrac{3}{2}$,不合题意.

当 $m = 3, n = 1$ 时,由 ①,② 解得 $p = 5, q = 3$.

故 $p + q = 8$.

例2 将所有正整数,自 1 开始依次写下去,可得一列如下形式的数码:

$$N = 123456789101112131415\cdots$$

整数的性质

试确定在第 206 788 个位置上所出现的数字是几?

(第 6 届莫斯科数学奥林匹克试题)

分析 注意到 N 中前 9 个一位数,接着有 90 个两位数 …… 由此可推算第 206 788 个位置是一个几位数的数码所在.

解 N 中有 9 个一位数;99 − 9 = 90 个两位数;999 − 99 = 900 个三位数;9 999 − 999 = 9 000 个四位数. 一位数占 9 个位置;两位数占 90 × 2 = 180 个位置;三位数占 900 × 3 = 2 700 个位置;四位数占 9 000 × 4 = 36 000 个位置;五位数占 (99 999 − 9 999) × 5 = 450 000 个位置. 因为

$$9 + 180 + 2\ 700 + 36\ 000 =$$
$$38\ 889 < 206\ 788 < 38\ 889 + 450\ 000$$

可知 N 中第 206 788 个位置一定为一个五位数的数码所占,又因为

$$206\ 788 - 38\ 889 = 167\ 899 = 5 \times 33\ 579 + 4$$

所以,在 N 中的第 206 788 位前面已写下了全部的一位数、两位数、三位数、四位数和前 33 599 个五位数,所以在 N 中的第 206 788 个位置是第 33 580 个五位数中的第四个数码.

第 33 580 个五位数是

$$a_{33\ 600} = 10\ 000 + (33\ 580 - 1) = 43\ 579$$

故 N 中的第 206 788 个位置上的数字为 7.

例 3 试从所给出的数 12345678910111213141516…99100 中划去 100 个数码,使得剩下的数最大.

(第 17 届莫斯科数学奥林匹克试题)

解 设所给数为 Z,则数 Z 有 192 位,划去 100 个

十二、数学竞赛中的整数杂题

数字以后,剩下 92 个数字,所以 Z' 只有 92 个数位.

对于两个同为 92 位的数来说,前面的数字都是 9 的数位多的那个数显然比较大. 按照本题的要求,Z' 前面应当有尽可能多的数字是 9.

在数 Z 中划去第一个数字"9"前面的 8 个数字,再划去第二个"9"前面的 19 个数字,再分别划去第三个、第四个和第五个"9"前面的 19 个数字,这时从数 Z 中已经划去 $8 + 19 \times 4 = 84$ 个数字,以后还要划去 16 个数字. 划去 84 个数字以后得到的数是

99999505152535455565758596061 62…100

第 6 个数字"9"前面有 19 个小于 9 的数字,所以不能把它们全部划去. 如果我们保留"8",那么前面要划去 17 个数字,因此 Z' 的第六位只能选取数字"7",前面划去 15 个数字,再划去"7"后面的一个数字"5". 这样总共划去 16 个数字,加上前面划去的 84 个,共划去了 100 个数字,最后得出的数是

$Z' = 999997859606162…99100$

类似地,可以解决 1985 年上海市初中数学竞赛的一道试题:

从 12345678910111213…99100 中划去 100 个数字,使剩下的数首位不是 0,且数值最小,这个数是_____.

答:10000012340616263…99100.

例 4 试将 3,4,5,6,7,8,9 七个数字分别排列成一个三位数和一个四位数,并且使这两个数的乘积最大,问应如何分组排列?并证明你的结论.

(1981 年北京市初中数学竞赛题)

解 在组成每一个数时,数值大的数码应排在最

整数的性质

高位上. 于是 9 与 8 应分别作为两个数的首位数字. 现由剩余数码中各选一数码分别填在 9 与 8 后面组成两个两位数, 且使其乘积最大, 显然应选 7 与 6. 由于 $96 \times 87 > 97 \times 86$, 所以由两位数组成的数字中 96 与 87 的乘积最大. 由此我们考虑一般情况.

设 A, B 为自然数, $A > B$. 现将数码 c, d(设 $c > d$) 分别填在 A, B 后面组成新数, 只有两组可能:

一组是 $\overline{Ac} = A \times 10 + c$ 与 $\overline{Bd} = B \times 10 + d$;

另一组是 $\overline{Ad} = A \times 10 + d$ 与 $\overline{Bc} = B \times 10 + c$.

现在比较这两组新数乘积的大小.

$\overline{Ac} \times \overline{Bd} - \overline{Ad} \times \overline{Bc} =$
$(A \times 10 + c)(B \times 10 + d) -$
$(A \times 10 + d)(B \times 10 + c) =$
$10(Ad + Bc - Ac - Bd) =$
$10(A - B)(d - c) < 0$

所以

$$\overline{Ac} \times \overline{Bd} < \overline{Ad} \times \overline{Bc}$$

可见 $\overline{Ad}$ 与 $\overline{Bc}$ 的乘积最大.

由此可知, 把 9, 8, 7, 6 四个数字分成两组, 构成两个两位数时, 第一组先取 9, 然后第二组取 8, 再使第一组取 7 与 6 中较小的数码 6, 第二组取 7, 这样所得的两个两位数的乘积: 96×87 最大. 同样考虑 9, 8, 7, 6, 5, 4 六个数字, 把它们分成两组, 构成两个三位数, 则在第一组取 96, 第 2 组取 87 之后, 接下去第一组取 5 与 4 中较小的数码 4, 第 2 组取 5. 这样所得的两个三位数的乘积 964×875 最大.

最后还剩下一个数码 3, 不妨再填一个数码 0, 将

十二、数学竞赛中的整数杂题

3,0 分别填在 964 与 875 后面. 根据上述结论, 两数的乘积最大的应是: $9\,640 \times 8\,753$, 把末位数 0 去掉后, 组成一个三位数和一个四位数, 它们的乘积最大的是 $964 \times 8\,753$.

因此, 将 3,4,5,6,7,8,9 七个数字分组, 排列成一个三位数 964 及一个四位数 8 753 时, 乘积 $964 \times 8\,753$ 最大.

例 5 将所有的正有理数排成下列数列形式:

$$\frac{1}{1},\frac{2}{1},\frac{1}{2},\frac{3}{1},\frac{2}{2},\frac{1}{3},\frac{4}{1},\frac{3}{2},\frac{2}{3},\frac{1}{4},\frac{5}{1},\frac{4}{2},\frac{3}{3},\cdots$$

证明: 数 $\frac{q}{p}$ 在该数列中排在第 $\frac{1}{2}(p+q-1)(p+q-2)+q$ 位.

(1963 年基辅数学奥林匹克试题)

解 先观察整个序列的排列规律, 不难看出分母是按 1;1,2;1,2,3;1,2,3,4;… 排列, 而分子是按 1;2,1;3,2,1;4,3,2,1;… 排列. 若按照这样的规律分别找出分子 q 和分母 p 各在哪些序号出现, 从中找出它们共同所在的序号数则比较麻烦. 不妨把数列进行如下分组: $\frac{1}{1};\frac{2}{1},\frac{1}{2};\frac{3}{1},\frac{2}{2},\frac{1}{3};\frac{4}{1},\frac{3}{2},\frac{2}{3},\frac{1}{4};\frac{5}{1},\frac{4}{2},\cdots$ 容易看出用分号";"隔开的每一组分数, 其分子分母之和相等, 这个和从 2 起按自然数数序排列; 每组数的分母总是从 1 开始的. 据此知 $\frac{q}{p}$ 在 $(p+q-1)$ 组, 且在该组的第 p 位, 所以它在序列中的序号数为

$$1+2+\cdots+(p+q-2)+q=$$
$$\frac{1}{2}(p+q-1)(p+q-2)+q$$

整数的性质

例如,$\frac{10}{9}$ 在该数列中排在第 $\frac{1}{2}(9+10-1)(9+10-2)+9=162$ 位.

例 6 从 1 开始的若干个连续自然数之和等于一个各位数字相同的三位数,问应取几个连续自然数?

（1955 年基辅数学奥林匹克试题）

解 形如 $\overline{aaa}$ 的三位数可表示为

$$\overline{aaa} = 10^2 a + 10a + a = 111a = 37 \cdot 3a$$

这里 a 是数字 $1, 2, \cdots, 9$ 中的一个.

设应取 n 个数,因为

$$1 + 2 + 3 + \cdots + n = \frac{n(n+1)}{2}$$

所以

$$n(n+1) = 2 \cdot 3 \cdot 37 a \qquad ①$$

于是数 n 或 $n+1$ 能被 37 整除,如果 $n = 37k$（k 为自然数）,代入式①得

$$k(37k+1) = 6a$$

但 $6a \le 54$,于是 $k = 1, n = 37$,这时 $\frac{n(n+1)}{2} = 703$,不合题意. 如果 $n + 1 = 37k$,那么 $k(37k - 1) = 6a$,此时只可能取 $k = 1$,这时

$$\frac{n(n+1)}{2} = \frac{36 \cdot 37}{2} = 666$$

因此,$n = 36$,故应取 36 个数.

例 7 甲、乙两人合养了 n 头羊,而每头羊的卖价又恰为 n 元. 全部卖完后,两人分钱的方法如下:先由甲拿 10 元,再由乙拿 10 元,如此轮流,拿到最后,剩下不足 10 元,轮到乙拿去,为了平均分配,甲应补给乙多

少元钱?

(第三届祖冲之杯数字邀请赛试题)

解 显然卖羊的总钱数为 n^2 元,且 n^2 中共含奇数个十和一个非零个位数.

设 $n = 10a + b(a,b$ 是正整数,$b \leqslant 9)$,则
$$n^2 = (10a + b)^2 = 100a^2 + 20ab + b^2 = 10(10a^2 + 2ab) + b^2$$

因为 $10a^2 + 2ab = 2(5a^2 + ab)$ 为偶数,即 $n^2 - b^2$ 共含有偶数个 10,因此,由 n^2 含有奇数个 10,则 b^2 中含有奇数个 10. 由于 $1 \leqslant b \leqslant 9$,经检验 $1^2, 2^2, \cdots, 9^2$ 中仅有 $4^2 = 16, 6^2 = 36$ 中分别含有 1 个 10,3 个 10 符合题意. 这时 b^2 的末位数都是 6,即 n^2 的末位数字为 6,乙最后只拿了 6 元,为了平均分配,甲应补给乙 2 元.

例 8 设 n 是五位数(第一位数码不是零),m 是由 n 取消它的中间一位数码后所成的四位数. 试确定一切 n 使得 $\dfrac{n}{m}$ 是整数.

(1971 年加拿大数学竞赛题)

解 设 $n = \overline{abcde}, m = \overline{abde}$,则由题意可知
$$n = km \quad (k \text{ 为正整数})$$

即 $\overline{abcde} = k\,\overline{abde}$,显然 $k < 100$.

$$1\,000\,\overline{ab} + 100c + \overline{de} = k(100\,\overline{ab} + \overline{de})$$
$$100(10 - k)\,\overline{ab} + 100c = (k - 1)\,\overline{de}$$

(1) 若 $k < 10$,则左 > 1 000,右 < 1 000,这不可能.

(2) 若 $k > 10$,则 $100(k - 10)\,\overline{ab} + (k - 1)\,\overline{de} = 100c$,左 > 1 000,右 < 1 000,也不可能.

整数的性质

所以 $k=10$，此时有 $9 \cdot \overline{de} = 100c$，可见 $100 \mid 9 \cdot \overline{de}$，因为 $(9,100)=1$，$100 \mid \overline{de}$，所以 $\overline{de}=0$，所以 $c=0$，所以
$$n = \overline{ab000}, \quad m = \overline{ab00}$$
$$\frac{n}{m} = \frac{\overline{ab000}}{\overline{ab00}} = 10$$
是整数，$\overline{ab}$ 为任何两位数.

如将题目中的"中间一位数码"理解为百位数字，则是以上做法. 如果理解为五个数字中的某一个，问题就较为复杂了，要分情况讨论，也可做出.

例9 有 12 个互不相等的自然数，它们均小于 36，求证：这些自然数两两相减所得的差中，至少有 3 个相等.

(1984 年苏州市初中数学竞赛题)

证明 设 $a_1, a_2, \cdots, a_{12}$ 是 $1, 2, \cdots, 35$ 中任意 12 个互不相等的自然数. 不妨设 $a_1 < a_2 < \cdots < a_{12}$. 考虑 11 个特殊的差数：
$$b_1 = a_2 - a_1, b_2 = a_3 - a_2, \cdots, b_{11} = a_{12} - a_{11}$$

用反证法. 设上述 11 个差数中至多有两个相等，于是
$$b_1 + b_2 + \cdots + b_{11} \geqslant$$
$$1+1+2+2+3+3+4+4+5+5+6 = 36$$

另一方面 $b_1 + b_2 + \cdots + b_{11} = (a_2 - a_1) + (a_3 - a_2) + \cdots + (a_{12} - a_{11}) = a_{12} - a_1 \leqslant 35 - 1 = 34 < 36$，导致矛盾，从而命题得证.

例10 从 1 到 1 979 个自然数按从小到大的次序沿顺时针方向写在一个圆周上. 然后从 1 出发沿顺时针方向运动，每逢后面第二个数一隔一的划去，直至只

十二、数学竞赛中的整数杂题

剩下一个数为止. 最后剩下哪一个数?

(第五届全俄中学生数学竞赛题)

解 假若写在圆周上的数不是 1 979 个,而是 2^n 个,那么每一圈将划去所有数的一半,仍回到起点. 因此,最后剩下的就是出发点的那个数. 对于本题,已知的是 1 979 个数,要剩下 2^{10} = 1 024 个数,必须先划去 1 979 − 1 024 = 955 个数. 这样,最后划去的数是 2 × 955 = 1 910. 所以划去各数最后剩下的一个数是 1 910.

例 11 试问 999 999 999 乘以什么正整数时,可以得到仅由数码 1 所组成的数?

解 令所求的数为 A,则

$$999\ 999\ 999 \times A =$$
$$1\ 000\ 000\ 000 \times A - A = 111\cdots 1$$

所以

$$A = 1\ 000\ 000\ 000 A - 111\cdots 1 \qquad ①$$

把上式写成竖式得

```
        A000000000
−11111111…… 11111111
                  A
```

然后做减法,显然末位数是 9,在 9 的前面有 8 个 8,即有

```
        88888889000000000
−11111111        11111111
                  888888889
```

在 8 个 8 前面是 9 个 7,即有

```
    777777778888888890000000000
−11111111           1111111111111111
        777777777888888889
```

在 9 个 7 前面是 9 个 6,即有

继续这一过程,最后得到

整数的性质

$$\begin{array}{r}\underline{\cdots\cdots6666666677777777788888889}000000000\\ -11111111\cdots\cdots\cdots1111111111111111111111111\\ \hline \underline{\cdots\cdots\cdots\cdots\cdots6666666677777777788888889}\\ 1111111122\cdots\cdots\cdots\cdots\cdots\cdots 889000000000\\ -11111111\cdots\cdots\cdots\cdots\cdots\cdots 1111111111\\ \hline 1111111112222\cdots\cdots\cdots\cdots\cdots\cdots 88889\end{array}$$

方框中的数就是所求的最小数：

$$\underbrace{11\cdots1}_{9\uparrow1}\underbrace{22\cdots2}_{9\uparrow2}\underbrace{33\cdots3}_{9\uparrow3}\underbrace{44\cdots4}_{9\uparrow4}\underbrace{55\cdots5}_{9\uparrow5}\underbrace{66\cdots6}_{9\uparrow6}\underbrace{77\cdots7}_{9\uparrow7}\underbrace{88\cdots8}_{8\uparrow8}9$$

满足题设条件的数有无穷多个，只要把若干个上面得的数排成一排，在每相邻两个之间添 9 个 0 即可. 如果把上面求出的数称为 A_1，那么一切形如以下的数都符合题设条件：

$\boxed{A_1}\,000000000\,\boxed{A_1}\,000000000\,\boxed{A_1}\,000000000\,\boxed{A_1}$

例 12 设 $9n+2$（n 为自然数）是两个连续自然数的乘积，试证：n 是两个连续自然数的乘积.

证明 设 $9n+2=k(k+1)$，其中 k 为自然数且 $k\geqslant 3$，则

$$36n+9=4k^2+4k+1$$

即

$$9(4n+1)=(2k+1)^2$$

因为 $4n+1$（n 为自然数）是奇数，也是完全平方数，设

$$4n+1=(2m+1)^2$$

则

$$n=m(m+1)$$

例 13 已知 a 是自然数，且 $2\,000<a<3\,000$，a 的各位数字之和是 A，求 $\dfrac{a}{A}$ 的最小值.

解 设 $a=20\,000+1\,000b_1+100b_2+10b_3+b_4$，则

十二、数学竞赛中的整数杂题

$$\frac{a}{A} = \frac{20\,000 + 1\,000b_1 + 100b_2 + 10b_3 + b_4}{2 + b_1 + b_2 + b_3 + b_4} =$$

$$1 + \frac{19\,998 + 999b_1 + 99b_2 + 9b_3}{2 + b_1 + b_2 + b_3 + b_4} \geqslant$$

$$1 + \frac{19\,998 + 999b_1 + 99b_2 + 9b_3}{2 + b_1 + b_2 + b_3 + 9} =$$

$$1 + \frac{19\,998 + 99ab_1 + 99b_2 + 9b_3}{11 + b_1 + b_2 + b_3} =$$

$$10 + \frac{19\,899 + 990b_1 + 90b_2}{11 + b_1 + b_2 + b_3} \geqslant$$

$$10 + \frac{19\,899 + 990b_1 + 90b_2}{11 + b_1 + b_2 + 9} =$$

$$10 + \frac{19\,899 + 990b_1 + 90b_2}{20 + b_1 + b_2} =$$

$$100 + \frac{18\,099 + 900b_1}{20 + b_1 + b_2} \geqslant$$

$$100 + \frac{18\,099 + 900b_1}{20 + b_1 + 9} =$$

$$100 + \frac{18\,099 + 900b_1}{29 + b_1} =$$

$$100 + \frac{900(29 + b_1) + 18\,099 - 900 \times 29}{29 + b_1} =$$

$$1\,000 - \frac{8\,001}{29 + b_1} \geqslant 1\,000 - \frac{8\,001}{29 + 0} = 724\frac{3}{29}$$

易见,当且仅当 $b_4 = b_3 = b_2 = 9, b_1 = 0$,即 $a = 20\,999$ 时,上述各处不等号中的等号成立,故 $\frac{a}{A}$ 的最小值是 $724\frac{3}{29}$.

例 14 已知自然数 m 和 n,且 $n \leqslant 100$. 有一位学

整数的性质

生将分数 $\dfrac{m}{n}$ 化为十进小数时,在小数点后某处得到连续三位的数字 $1,6,7$. 试证:在计算中他犯了错误.

(第 6 届全俄数学竞赛题)

解 假设学生没有算错,并且他将分数 $\dfrac{m}{n}$ 化为十进小数所得到的形式为

$$\dfrac{m}{n} = A.\overline{a_1 a_2 a_3 \cdots a_k 167 a_{k+4} a_{k+5} \cdots} \qquad ①$$

其中 A 是整数部分, $a_1, a_2, \cdots, a_k, \cdots$ 是小数点后的数码. 式 ① 的左右两边都乘以 10^k, 得

$$10^k \cdot \dfrac{m}{n} = 10^k \cdot \overline{A.a_1 a_2 \cdots a_k 167 a_{k+4} a_{k+5} \cdots} =$$

$$10^k \cdot \overline{A.a_1 a_2 \cdots a_k \cdots a_k} +$$

$$\overline{0.167 a_{k+4} a_{k+5} \cdots}$$

$10^k \cdot \overline{A.a_1 a_2 \cdots a_k}$ 是整数. 把它移到左边,并且通分合并得

$$\dfrac{B}{n} = 0.\overline{167 a_{k+4} a_{k+5} \cdots} \qquad ②$$

其中 B 是自然数,从等式 ② 得

$$0.167 \leqslant \dfrac{B}{n} < 0.168$$

若者 $167n \leqslant 1\,000B < 168n$. 这个不等式各边乘以 6,得 $1\,002n \leqslant 6\,000B < 1\,008n$,由此求得

$$2n \leqslant 6\,000B - 1\,000n < 8n \qquad ③$$

根据题设 $n \leqslant 100$,所以从不等式 ③ 得

$$2n \leqslant 6\,000B - 1\,000n < 800$$

于是整数 $6\,000B - 1\,000n$ 是自然数(因为 $2n > 0$),显然它可被 $1\,000$ 整除,但同时它又不超过 800,矛

盾,故原命题得证.

说明 容易看到,对所有 $n \leqslant 125$ 时,都可如上推得矛盾. 将分数 $\dfrac{m}{n}$ 化为十进小数,可得到小数点后某个位置连续的数字是 167,这样的 n 的最小值等于 131,$\dfrac{22}{131} = 0.16793\cdots$.

例 15 (1) 是否存在 14 个连续正整数,其中每一个数均至少可被一个不小于 2,不大于 11 的质数整除? (2) 是否存在 21 个连续正整数,其中每一个数均至少可被一个不小于 2,不大于 13 的质数整除?

(1986 年第 15 届美国数学奥林匹克试题)

证明 (1) 不存在,下面用反证法证明:

设这 14 个连续正整数为 $N, N+1, N+2, \cdots, N+13$. 由对称性,不妨设 N 为偶数,于是 $N, N+2, \cdots, N+12$ 均能被 2 整除. 而余下的 7 个奇数 $N+1, N+3, \cdots, N+13$ 可能被 3,5,7,11 整除的最多个数分别为 3 个,2 个,1 个,1 个,总和也是 7 个,所以质数 3,5,7,11 均必须分别整除它们各自可能整除的最多个数的数,且不会有两个不同质数整除同一个数的情况发生.

由于被 3 整除的奇数相隔 6 个数,此时恰有 3 个,只能为 $N+1, N+7, N+13$.

而被 5 整除的奇数要相隔 10 个数,又恰有 2 个,所以为 $N+1, N+11$ 或者 $N+3, N+13$. 此时或者 $N+1$ 同时被 3 和 5 整除,或者 $N+13$ 同时被 3 和 5 整除,这是不可能发生的.

因此,不存在 14 个连续正整数,其中每一个至少被 2,3,5,7,11 中的一个整除.

(2) 存在. 我们注意到这样的 21 个连续整数:

整数的性质

$-10,-9,-8,\cdots,-1,0,1,2,\cdots,9,10.$

除去 ± 1 之外，其余每一个整数均至少可被 $2,3,5,7$ 之一整除.

现在我们设法用剩下的 11 和 13 这两个质数来解决这两个数，由于满足

$$\begin{cases} N = 2 \times 3 \times 5 \times 7k \\ N = 11m + 1 \\ N = 13n - 1 \end{cases}$$

的 N 是存在的，比如 99 540 就是这样的数，从而 $N-10, N-9, \cdots, N-1, N, N+1, \cdots, N+9, N+10$. 即 99 530, 99 531, $\cdots$, 99 539, 99 540, $\cdots$, 99 550 就是其中一组连续 21 个正整数.

当然，还可以求出其他的数 N，满足题设要求.

例16 我们把各位数字均不超过 5 的自然数称为"好数"，证明：对于任意的自然数 x，在半开区间 $\left[x, \dfrac{9}{5}x\right)$ 内一定有一个好数.

解 设 n 是一个好数，又设在大于 n 的好数中，m 是最小的，即 m 是在 n 后面出现的第一个好数. 下面来考虑比值 $\dfrac{m-1}{n}$ 的大小.

记 $n = a_r \times 10^r + a_{r-1} \times 10^{r-1} + \cdots + a_1 \times 10 + a_0$ 或简记为 $\overline{a_r a_{r-1} \cdots a_0}$，其中 r 为非负整数；$a_0, a_1, \cdots, a_r \in \{0,1,2,3,4,5\}$ 且 $a_r \neq 0$.

(1) 存在某个 $a_i < 5, 0 \leqslant i < r$. 由于 $a_i + 1 \leqslant 5$，所以，$n' = \overline{a_r \cdots (a_i+1) \cdots a_0}$ 也是好数，从而

$$\dfrac{m-1}{n} < \dfrac{n'}{n} = 1 + \dfrac{10^i}{n} \leqslant 1 + \dfrac{1}{10} < \dfrac{9}{5}$$

十二、数学竞赛中的整数杂题

(2) $n = \overline{a_r 55\cdots 5}, a_r < 5$. 这时 $n' = \overline{(a_r+1)55\cdots 5}$ 也是好数,从而

$$\frac{m-1}{n} < \frac{n'}{n} = 1 + \frac{10^r}{n} < 1 + \frac{10^r}{15} < \frac{9}{5}.$$

(3) $n = \underbrace{55\cdots 5}_{r\text{个}5}$,这时 $m = 10^{r+1}$,从而

$$\frac{m-1}{n} = \frac{\overbrace{99\cdots 9}^{r\text{个}9}}{\underbrace{55\cdots 5}_{r\text{个}5}} = \frac{9}{5}.$$

综上所述,$\dfrac{m-1}{n} \leqslant \dfrac{9}{5}$.

因此,在半开区间 $\left[x, \dfrac{9}{5}x\right)$ 内一定有一个好数.

例 17 设 p 是一个大于 3 的质数,对某个自然数 n,数 p^n 恰是一个 20 位数. 证明:这个数中至少有三个数码是一样的.

(1987 年第二届东北三省数学邀请赛试题)

证明 用反证法. 假设 p^n 的 20 个数码中没有三个或三个以上的数码是一样的,则最多有两个数码是相同的,但要由十个数码 0,1,2,…,9 组成 p^n 的 20 位数(又最多有两个数码相同),则只能每个数码出现两次(因为否则,p^n 将不足 20 位). 又因为 $1 + 2 + \cdots + 9 = 45, 3 \mid 45$,则 $3 \mid p^n$,所以 $3 \mid p$,这与 p 是大于 3 的质数矛盾. 所以 p^n 中至少有三个数码是相同的.

例 18 对分数 $\dfrac{1}{1}, \dfrac{1}{2}, \dfrac{1}{3}, \cdots, \dfrac{1}{p-2}, \dfrac{1}{p-1}$ 通分求和. 证明:如果 p 是大于 2 的质数,那么所得分数的分子能被 p 整除.

(1978 年基辅数学奥林匹克试题或 1986 年全俄数

221

整数的性质

学奥林匹克试题)

证明 因为 p 为大于 2 的质数,则 $p-1$ 必为偶数,所以

$$\frac{1}{1}+\frac{1}{2}+\frac{1}{3}+\cdots+\frac{1}{p-2}+\frac{1}{p-1}=$$

$$\left(1+\frac{1}{p-1}\right)+\left(\frac{1}{2}+\frac{1}{p-2}\right)+\cdots+\left(\frac{1}{\frac{p-1}{2}}+\frac{1}{\frac{p+1}{2}}\right)=$$

$$\frac{p}{1\cdot(p-1)}+\frac{p}{2(p-1)}+\cdots+\frac{p}{\frac{p-1}{2}\cdot\frac{p+1}{2}}=$$

$$\frac{pm}{1\cdot 2\cdot\cdots\cdot\frac{p-1}{2}\cdot\frac{p+1}{2}\cdot\cdots\cdot(p-2)(p-1)}(m\text{ 为正整数})$$

由于 $p>2$ 为质数,则 p 与 $1,2,\cdots,p-2,p-1$ 互质,因而 p 与分母不可约,故和数的分子能被 p 整除.

关于正整数的分拆问题是一个古老又有趣的问题,在近年来国内外数学竞赛中,经常以各种形式出现.下面是其中的几例.

例 19 证明:一个正整数是至少两个连续正整数的和,必须而且只须它不是 2 的乘幂.

(1976 年第 8 届加拿大数学竞赛题)

证明 如果 n 是两个或更多连续正整数的和,那么

$$n=k+(k+1)+\cdots+(k+l)=\frac{(2k+l)(l+1)}{2}$$

如果 l 是偶数,那么 n 有奇因数 $l+1$;如果 l 是奇数,那么 n 有奇因数 $2k+l$,所以,n 不是 2 的乘幂.

现在假定 n 不是 2 的乘幂,即 $n=2^r(2t+1),r\geq$

十二、数学竞赛中的整数杂题

$0, t \geqslant 1$. 那么当 $t < 2^r$ 时,
$$n = (2^r - t) + (2^r - t + 1) + \cdots + (r^2 - 1) + 2^r + \cdots + (2^r + t)$$

又 $t \geqslant 2^r$ 时
$$n = (t - 2^r + 1) + (t - 2^r + 2) + \cdots + (2^r + t)$$

例20 如果一个数可分解为 k 个连续的自然数之积,那么我们说它具有性质 (k).

(1) 求这样的数 k, 对于它, 某个数 N 同时具有性质 (k) 和 $(k+2)$.

(2) 证明:同时具有性质 (2) 和 (4) 的数是不存在的.

(第 15 届全苏数学奥林匹克试题)

解 (1) 最简单的特例是 $k = 1$, 同时具有性质 (1) 和 (3) 的数是 $N = n(n+1)(n+2)$, 其中 n 是任意的自然数. 现在把
$$n(n+1)(n+2) = n^3 + 3n^2 + 2n$$
看做一个数 m, 显然 $m > n + 3$, 在等式
$$n(n+1)(n+2) = m$$
两边同乘以 $(n+3) \cdots (m-1)(m-n-3)$ 个连续自然数之积,得
$$n(n+1)(n+2) \cdots (m-1) = (n+3) \cdots (m-1)m$$
这个等式左边是 $m-n$ 个连续自然数之积,右边是 $m-n-2$ 个连续自然数的积,这样相等的积数看做 N, 它就同时具有性质 (k) 和 $(k+2)$, 这里
$$k = m - n - 2 = n^3 + 3n^2 + n - 2 \qquad ①$$
例如, $n = 1$ 时, $k = 3$, $N = 1 \cdot 2 \cdot 3 \cdot 4 \cdot 5 = 4 \cdot 5 \cdot 6$.
$n = 2$ 时, $k = 20$

整数的性质

$$N = 2 \cdot 3 \cdot 4 \cdot \cdots \cdot 23 = 5 \cdot 6 \cdot 7 \cdot \cdots \cdot 24$$

对于同样的 k,还可能有不同的 N. 例如 $k = 3$ 时,除已知的 $N = 1 \cdot 2 \cdot 3 \cdot 4 \cdot 5 = 4 \cdot 5 \cdot 6 = 120$ 外,设还有

$$N = n(n+1)(n+2)(n+3)(n+4) = m(m+1)(m+2)$$

这里 $m > n + 4$,那么 $m, m+1, m+2$ 必须都是合数. 最小的连续三个合数是 $8,9,10$,现在要把 $8 \cdot 9 \cdot 10$ 分解成为五个连续自然数的积,即

$$8 \cdot 9 \cdot 10 = (2 \cdot 4)(3 \cdot 3)(2 \cdot 5) = 2 \cdot 3 \cdot 4 \cdot 5 \cdot (2 \cdot 3) = 2 \cdot 3 \cdot 4 \cdot 5 \cdot 6 = 720$$

我们还要问:除了 $k = 1$ 和由式①所给的 k 以外,还有没有其他适合所求的 k 值呢? 答案是肯定的. 例如,由刚才得到的

$$2 \cdot 3 \cdot 4 \cdot 5 \cdot 6 = 8 \cdot 9 \cdot 10$$

立即可得

$$2 \cdot 3 \cdot 4 \cdot 5 \cdot 6 \cdot 7 = 7 \cdot 8 \cdot 9 \cdot 10$$

这就说明还有 $k = 4$ 不属于式①所给的 k 值.

题目并没有要求找出所有可能的 k 值,我们的解答就到此为止,读者如果有兴趣,可以参考以上思路探求其他结果.

(2) 用反证法. 设

$$n(n+1)(n+2)(n+3) = m(m+1) \qquad ②$$

把式②看做关于 m 的二次方程

$$m^2 + m - N = 0$$

解得

$$m = \frac{1}{2}(-1 \pm \sqrt{1 + 4N})$$

因为 m 是整数,所以 $1+4N$ 应是整数的平方

$$1+4N = 1+4n(n+1)(n+2)(n+3)$$
$$1+4n(n+3)(n+1)(n+2) =$$
$$1+4(n^2+3n)(n^2+3n+2) =$$
$$4(n^2+3n)^2+8(n^2+3n)+1 =$$
$$(2n^2+6n+2)^2-3$$

设 $1+4N=p^2$,则
$$3 = (2n^2+6n+2)^2-p^2 =$$
$$(2n^2+6n+2+p)$$
$$(2n^2+6n+2-p)$$

于是必须
$$2n^2+6n+2+p = 3$$
$$2n^2+6n+2-p = 1$$

从而
$$2n^2+6n+2 = \frac{1}{2}(3+1) = 2$$

即
$$2n^2+6n = 0$$

这显然不可能,所以不存在自然数 m,n 满足等式 ②,即同时具有性质(2)和(4)的数是不存在的.

例21 将 19 分成若干个正整数的和,其积最大为 _____.

(1984 年上海市中学生数学竞赛题)

分析 我们将 19 依次分成 2 个,3 个,4 个,…,10 个等的正整数的和,观察其积较大的情况.

(1)分成 2 个正整数的和:由于 $\frac{19}{2}=9.5$,所以,$a_1=9, a_2=10, 19=10+9$,其积 $T_2=9\times 10=90$ 为较大.

整数的性质

(2) 分成 3 个正整数的和：由于 $\frac{19}{3} = 6\frac{1}{3}$，所以 $a_1 = a_2 = 6, a_3 = 7, 19 = 6 + 6 + 7$，其积 $T_3 = 6 \times 6 \times 7 = 252$ 为较大；

(3) 分成 4 个正整数的和：由于 $\frac{19}{4} = 4\frac{3}{4}$，所以 $a_1 = a_2 = a_3 = 5, a_4 = 4, 19 = 5 + 5 + 5 + 4$，其积 $T_4 = 5^3 \cdot 4 = 500$ 为较大；

(4) 分成 5 个正整数的和：由于 $\frac{19}{5} = 3\frac{4}{5}$，所以 $a_1 = a_2 = a_3 = a_4 = 4, a_5 = 3, 19 = 4 + 4 + 4 + 4 + 3$，其积 $T_5 = 4^3 \cdot 3 = 768$ 为较大；

(5) 分成 6 个正整数的和：由于 $\frac{19}{6} = 3\frac{1}{6}$，所以 $a_1 = a_2 = a_3 = a_4 = a_5 = 3, a_6 = 4, 19 = 3 + 3 + 3 + 3 + 3 + 4$，其积 $T_6 = 3^5 \cdot 4 = 972$ 为较大；

(6) 分成 7 个正整数的和：由于 $\frac{19}{7} = 2\frac{5}{7}$，所以 $a_1 = a_2 = a_3 = a_4 = a_5 = 3, a_6 = a_7 = 2, 19 = 3 + 3 + 3 + 3 + 3 + 2 + 2$，其积 $T_7 = 3^5 \cdot 2^2 = 972$ 为较大；

(7) 分成 8 个正整数的和：由于 $\frac{19}{8} = 2\frac{3}{8}$，所以 $a_1 = a_2 = a_3 = a_4 = a_5 = 2, a_6 = a_7 = a_8 = 3, 19 = 2 + 2 + 2 + 2 + 2 + 3 + 3 + 3$，其积 $T_8 = 2^5 \cdot 3^3 = 864$ 为较大；

(8) 分成 9 个正整数的和：由于 $\frac{19}{9} = 2\frac{1}{9}$，所以 $a_1 = a_2 = a_3 = a_4 = a_5 = a_6 = a_7 = a_8 = 2, a_9 = 3, 19 = \underbrace{2 + 2 + \cdots + 2}_{8 个} + 3$，其积 $T_9 = 2^8 \cdot 3 = 768$ 为较大；

(9) 分成 10 个正整数的和：由于 $\frac{19}{10} = 1\frac{9}{10}$，所以 $a_1 = a_2 = \cdots = a_9 = 2, a_{10} = 1, 19 = \underbrace{2 + \cdots + 2}_{9\text{个}} + 1$，其积 $T_{10} = 2^9 \times 1 = 512$ 为较大.

……

从上面分析可知，将 19 分成若干个正整数的和，当分法是 $19 = 3 + 3 + 3 + 3 + 3 + 4$ 或 $19 = 3 + 3 + 3 + 3 + 3 + 2 + 2$ 时，其积 $T = 3^5 \cdot 2^2 = 972$ 为最大值.

如果要把较大的自然数（例如 1 984）分成若干个正整数的和，问其积的最大值是多少？那该怎么办呢？从竞赛题的解答结果，我们得到猜想："当和数取值于 3 或 2，且取 2 的个数不超出 2，即

$$N = \underbrace{3 + \cdots + 3}_{m\text{个}} + \underbrace{2 + \cdots + 2}_{t\text{个}} \quad (0 \leqslant t \leqslant 2)$$

则其积 $T = 3^m \cdot 2^t (0 \leqslant t \leqslant 2)$ 为最大值".

下面我们来证明这个猜想.

1. 设 $N = a_1 + a_2 + \cdots + a_n$（$a_i$ 为正整数）是把 N 分成若干个正整数的和的任意一种分法，其积 $T = a_1 a_2 \cdots a_n$.

（1）当 $a_1, a_2, \cdots, a_n$ 中有一个 $a_i \geqslant 5$ 时，则 $T = a_1 a_2 \cdots a_n$ 的值不是最大.

因为可记 $a_i' = 3, a_i'' = a_i - 3$，另作一分法 $N = a_1 + a_2 + \cdots + a_{i-1} + a_i' + a_i'' + a_{i+1} + \cdots + a_n$，其积 $T' = a_1 a_2 \cdots a_{i-1} a_i' a_i'' a_{i+1} \cdots a_n$.

$T' - T = a_1 a_2 \cdots a_{i-1} a_{i+1} \cdots a_n (a_i' a_i'' - a_i) =$
$\qquad a_1 a_2 \cdots a_{i-1} a_{i+1} \cdots a_n (2a_i - 9) > 0$

所以 $T' > T$.

（2）当 $a_1, a_2, \cdots, a_n$ 中有一个 a_i 为 1 时，则 $T =$

整数的性质

$a_1 a_2 \cdots a_n$ 的值不是最大.

因为可记 $a_i' = a_i + a_{i+1}$,另作一分法
$$N = a_1 + a_2 + \cdots + a_{i-1} + a_i' + a_{i+2} + \cdots + a_n$$
其积
$$T' = a_1 a_2 \cdots a_{i-1} a_i' a_{i+2} \cdots a_n$$
$$T' - T = a_1 a_2 \cdots a_{i-1} a_{i+2} \cdots a_n (a_i' - a_i a_{i+1}) =$$
$$a_1 a_2 \cdots a_{i-1} a_{i+2} \cdots a_n (a_i + a_{i+1} - a_i a_{i+1}) > 0$$
所以 $T' > T$.

由(1)和(2)可知,$N = a_1 + a_2 + \cdots + a_n$,当正整数 $a_i (1 \leqslant i \leqslant n)$ 取值于 2,3,4 时,其积 $T = a_1 a_2 \cdots a_n$ 才有可能取最大值.由于 $4 = 2 + 2, 4 = 2^2$,所以 a_i 取值于 2 或 3,其积 $T = 3^m 2^t$ 才可能取最大值.

2. 设 $N = \underbrace{3 + 3 + \cdots + 3}_{m \text{个}} + \underbrace{2 + 2 + \cdots + 2}_{t \text{个}}$($t$ 为非负整数)是一种分法.当 $t \geqslant 3$ 时,则积 $T = 3^m \cdot 2^t$ 的值不是最大.因为 $2 + 2 + 2 = 3 + 3, 2^3 < 3^2$,另作一分法 $N = \underbrace{3 + \cdots + 3}_{(m+2) \text{个}} + \underbrace{2 + \cdots + 2}_{(t-3) \text{个}}$,其积 $T' = 3^{m+2} \cdot 2^{t-3}$.
$T' - T = 3^m \cdot 2^{t-3} (3^2 - 2^3) > 0$,所以 $T' > T$.

综上所述,我们已经证明了猜想成立.即把自然数 N 分成若干个正整数之和,当和数取值于 3 或 2,且取 2 的个数不大于 2 时,则其积 $T = 3^m \cdot 2^t$(m 为正整数,t 为 $0 \sim 2$ 的整数)为最大值.

故我们可以得到如下结论:

定理 1 把自然数 $N(\geqslant 1)$ 分拆成若干个正整数的和,则

(1) 当 N 是 3 的倍数,即 $N = 3p$,则其积 $T = 3^p$ 为最大;

(2) 当 $N = 3p + 1$ 时,则其积 $T = 3^{p-1} \cdot 2^2$ 为最大;

(3) 当 $N = 3p + 2$ 时,则其积 $T = 3^p \cdot 2$ 为最大.

例22 将 1 993 分成若干个正整数的和,求其积的最大值.

解 因为 $1\,993 = 3 \times 664 + 1$,所以其积 $T = 3^{663} \times 2^2$ 为最大值.

定理2 把正整数 $S(>4)$ 分拆为若干个互不相等的正整数的和 $S = a_1 + a_2 + \cdots + a_n$,使其乘积 $M = a_1 a_2 \cdots a_n$ 为最大的条件是: $a_1, a_2, \cdots, a_n$ 为由2或3开始的 n 个连续自然数,或是从2或3开始的 $n+1$ 个连续自然数中的某 n 个.

证明 由题设,乘积 $M = a_1 a_2 \cdots a_n$ 为最大,令 $a_1 < a_2 < \cdots < a_n$,则 $a_1, a_2, \cdots, a_n$ 有如下性质:

(1) $a_1, a_2, \cdots, a_n$ 都不等于1;

(2) $a_{i+1} - a_i (i = 1, 2, \cdots, n-1)$ 中,大于1的至多有1个;

(3) $a_{i+1} - a_i (i = 1, 2, \cdots, n-1)$ 中,没有一个大于2;

(4) 在上述的 $a_1 < a_2 < \cdots < a_n$ 中, $a_1 = 2$ 或 3.

否则,若 $a_1 \geq 4$,则 ① 当 $a_1 > 4$ 时,可取 $a_1 = 2 + (a_1 - 2)$,这时 $S = 2 + (a_1 - 2) + a_2 + \cdots + a_n$ 为 $n + 1$ 个不同的正整数之和,且有 $2(a_1 - 2) a_2 \cdots a_n > a_1 a_2 \cdots a_n = M$,这与 M 的最大性矛盾; ② 当 $a_1 = 4$ 时,由于 $S > 4$,所以 n 至少为2. 这时由(3)知 $a_2 = 5$ 或6,当 $a_2 = 5$ 时,取 $a_2 = 2 + 3$,可见

$$S = 2 + 3 + a_1 + a_3 + \cdots + a_n$$

且有

$$2 \cdot 3 \cdot a_1 \cdot a_3 \cdots a_n > a_1 a_2 a_3 \cdots a_n = M$$

矛盾;

整数的性质

当 $a_2 = 6$ 时,取 $a_1 + a_2 = 10 = 2 + 3 + 5$,于是
$$2 \cdot 3 \cdot 5 \cdot a_3 \cdot \cdots \cdot a_n > a_1 a_2 \cdots a_n$$
矛盾.

由(1),(2),(3)可知,$a_1,a_2,a_3,\cdots,a_n$ 或是大于 1 的 n 个连续自然数或是大于 1 的 $n+1$ 个连续自然数中某 n 个;又由(4)知,a_1 或是 2 或是 3,由此命题得证.

例 23 试分别把 2 015,2 014 分拆为若干个互不相等的正整数的和,使其连乘积为最大.

解 因为 $2\,015 = 2 + 3 + \cdots + 63$(从 2 开始,共 62 个连续自然数之和).
$$2\,014 = 3 + 4 + \cdots + 62 + 64$$
由定理 2,上列两个数的分拆存在且唯一,因此它们相应各项的连乘积为最大.

例 24 若六边形的周长等于 20,各边长都是整数,且以它的任意三条边都不能构成三角形,那么这样的六边形有多少个,为什么?

(1990 年全国初中数学联赛题)

解 设六边形的边长分别为 $a_1,a_2,\cdots,a_6$,可令 $a_1 \leqslant a_2 \leqslant a_3 \leqslant a_4 \leqslant a_5 \leqslant a_6$,又根据题设可得
$$a_1 + a_2 \leqslant a_3, \quad a_2 + a_3 \leqslant a_4$$
$$a_3 + a_4 \leqslant a_5, \quad a_4 + a_5 \leqslant a_6 \qquad (1)$$
且
$$a_1 + a_2 + a_3 + a_4 + a_5 + a_6 = 20 \qquad (2)$$
现可取 $a_1 = a_2 = 1, a_3 = 2, a_4 = 3, a_5 = 5, a_6 = 8$,又因已知边长的六边形是不稳定的,所以,满足条件的六边形有无穷多个.

说明 本例实质上对正整数 20,满足条件(1),(2)情形下的分拆问题,可推广为

十二、数学竞赛中的整数杂题

例25 设六边形的周长等于正整数 $n(\geqslant 20)$，各边长都是整数，且以它的任意三条边长都不能构成三角形，那么这些六边形中，最短边的最大长度是多少，为什么？

解 设六边形的边长分别为 $a_1, a_2, \cdots, a_6$，令 $a_1 \leqslant a_2 \leqslant \cdots \leqslant a_6$，又据题设 $a_1 + a_2 + \cdots + a_n = n$ 且
$$a_1 + a_2 \leqslant a_3, a_2 + a_3 \leqslant a_4,$$
$$a_3 + a_4 \leqslant a_5, a_4 + a_5 \leqslant a_6 \quad \text{①}$$

又据题意，使满足上述各式的正整数 a_1 尽可能地大，且使 $a_2, \cdots, a_6$ 尽可能地小. 对此，可取 $a_2 = a_1, a_3 = 2a_1, a_4 = 3a_1, a_5 = 5a_1, a_6 = 8a_1 + b$，且有
$$n = a_1 + a_2 + \cdots + a_6 = 20a_1 + b \quad \text{②}$$

这里要使 a_1 尽可能地大，b 是一个非负整数，因此，可取 $a_1 = \left[\dfrac{n}{20}\right]$ 就是符合题意的六边形中最短边的最大长度.

例26 设 $x_1, \cdots, x_9$ 均为正整数，且 $x_1 < \cdots < x_9$，$x_1 + x_2 + \cdots + x_9 = 220$，则当 $x_1 + x_2 + \cdots + x_5$ 的值最大时，$x_9 - x_1$ 的最小值是 （ ）
(A)8　　(B)9　　(C)10　　(D)11

（1992年全国初中数学联赛题）

解 因为不等式 $x_1 < x_2 < \cdots < x_8 < x_9$ 中的数都是正整数，故
$$x_1 + (x_1 + 1) + \cdots + (x_1 + 7) + (x_1 + 8) \leqslant$$
$$x_1 + x_2 + \cdots + x_9 \leqslant$$
$$(x_9 - 8) + (x_9 - 7) + \cdots + (x_9 - 1) + x_9$$
而 $x_1 + x_2 + \cdots + x_9 = 220$，经计算可得
$$9x_1 + 36 \leqslant 220 \leqslant 9x_9 - 36$$

整数的性质

故
$$x_1 \leq 20\frac{4}{9} \quad ①$$
$$x_9 \geq 28\frac{4}{9} \quad ②$$

要使 $x_9 - x_1$ 为最小,只要取 x_1 尽量大,x_9 尽量小,故由式①,②取 $x_1 = 20, x_9 = 29$,这时 $x_9 - x_1 = 9$,故选(B).

说明 (1)根据上述解法,可以验证:九个不同的正整数有且仅有一种取法,即 $x_1 = 20, x_2 = 21, x_3 = 22, x_4 = 23, x_5 = 24, x_6 = 26, x_7 = 27, x_8 = 28, x_9 = 29$. 这就是说,这九个数由题设及 $x_9 - x_1$ 的最小值所唯一确定,因而 $x_1 + x_2 + \cdots + x_5 = 110$ 是一个确定的常数,无所谓"最大""最小"了,可见,题中条件"$x_1 + \cdots + x_5$ 的值最大"是多余的.

(2)本题可改为如下命题:设 $x_1, x_2, \cdots, x_9$ 均为正整数,且 $x_1 < x_2 < \cdots < x_9, x_1 + x_2 + \cdots + x_9 = 220$,则当 $x_9 - x_1$ 的值最小时,$x_1 + \cdots + x_5$ 等于_____(或 $x_1, x_2, \cdots, x_5$ 分别等于_____). 这样从表面上看难度要大些,但从解题方法看,是差不多的.

练习十二

1. 选择题

(1) 为了给一本书的各页标上页码,印刷工人用了 3 289 个数字,则本书的页数是 ( )

(A) 1 095 (B) 1 096 (C) 1 097 (D) 非上述答案

(1986年上海市初中数学竞赛题)

十二、数学竞赛中的整数杂题

(2) 在由两个不同数字组成的所有两位数中,每个两位数被其两个数位上的数字之和除时,所得的商的最小值是 ( )

(A)1.5　　(B)1.9　　(C)3.25　　(D)4

(1986 年江苏省初中数学竞赛题)

(3) 设 a 为任给定的正整数,则关于 x 与 y 的方程组 $x^2 - y^2 = a^3$ ( )

(A) 没有正整数解　　(B) 只有正整数解

(C) 仅当 a 为偶数时才有整数解

(D) 总有整数解

(1988 年江苏省初中数学竞赛题)

(4) 已知 $2^{96} - 1$ 可以被在 60 至 70 之间的两个整数整除,这两个数是 ( )

(A)61,63　　(B)61,65

(C)63,65　　(D)63,67

(1987 年天津市初二数学竞赛题)

(5) 将自然数 N 记成 $N = 10A + B$,其中 B 为个位数字,A 为十位以上部分,记 $A - 2B = M$,用 7 去除 M 与 N,下面各式中成立的是 ( )

(A) N 能被 7 整除,M 不能被 7 整除;

(B) M 能被 7 整除,N 不能被 7 整除;

(C) M,N 都能被 7 整除或都不能被 7 整除;

(D) 以上结论都不对

(1987 年沈阳市初中数学竞赛题)

(6) 如果对于数集 A 中任意两个数 a,b 其和 $a+b$,差 $a-b$,积 $a \cdot b$ 都在数集 A 内,就称数集 A 为数环,下面六个数集:①$\mathbf{Z}$ = {全体整数},②$\mathbf{N}$ = {全体自然数},③$\mathbf{Q}$ = {全体有理数},④$\mathbf{R}$ = {全体实数},⑤M =

233

整数的性质

{全体形如 $n+m\sqrt{2}$ 的数,其中 n,m 是整数},⑥$p=${全体形如 $\dfrac{m}{2^n}$ 的数},其中 n,m 是自然数数环的有( )

(A)6个　　(B)5个　　(C)4个
(D)3个　　(E)1个

(1985年全国部分省市初中数学通讯赛试题)

(7) 某次数学测验共有十道选择题,评分办法是:每一题答对得4分,答错得 −1 分,不答得0分. 设这次测至多有 n 次可能的成绩,则 n 应该等于( )

(A)42　　(B)45　　(C)46　　(D)48

(1983年北京市初二数学竞赛题)

(8) 对任意给定的自然数 n,若 n^3+3a 为正整数的立方,其中 a 为正整数,则( )

(A) 这样的 a 有无穷多个;

(B) 这样的 a 存在但只有有限个;

(C) 这样的 a 不存在;

(D) 以上结论都不正确.

(1987年全国高中数学联赛题)

(9) 已知两列数

　　$2,5,8,11,14,17,\cdots,2+(200-1)\times 3$;

　　$5,9,13,17,21,25,\cdots,5+(200-1)\times 4$

它们都有200项,则这两列数中相同的项数为( )

(A)49　　(B)50　　(C)51　　(D)47

(1992年浙江省初中数学竞赛题)

2. 填空题

(1) 设 p,q 均为自然数,且 $\dfrac{7}{10}<\dfrac{p}{q}<\dfrac{11}{15}$. 当 q 最小时,$p\times q=$ _____.

十二、数学竞赛中的整数杂题

（1986 年全国部分省市初中数学通讯赛题）

（2）若 2^{1986} 是 m 位整数，5^{1986} 是 n 位整数，那么 $m+n=$ _____．

（1986 年全国部分省市初中数学通讯赛题）

（3）某学生将连续自然数 $1,2,3,\cdots$ 逐个相加，直到某个自然数为止．由于计算时漏加了一个自然数而得出了错误的和值为 1 988，则该漏加的自然数为 _____．

（1988 年全国部分省市初中数学通讯赛题）

（4）只有两个正整数介于分数 $\dfrac{88}{19}$ 与 $\dfrac{88+n}{19+n}$ 之间，则正整数 n 的所有可能值之和为 _____．

（1988 年广州等五市初中数学联赛题）

（5）一本书有 500 页，编上页码 $1,2,3,\cdots,500$，那么数字 1 在页码中共出现 _____ 次．

（1987 年上海市业余数学学校招生试题）

（6）若记三位数与组成该三位数的各数码之和的比值为 M，则 M 的最大值是 _____．

（1988 年上海市初一数学竞赛题）

（7）自然数 $1,2,3,\cdots,9\,998,9\,999$ 所有数码之和为 _____．

（1989 年祖冲之杯数学邀请赛试题）

（8）设有如下的一列数

$$1,\dfrac{1}{2},\dfrac{2}{1},\dfrac{1}{3},\dfrac{2}{2},\dfrac{3}{1},\dfrac{1}{4},\dfrac{2}{3},\dfrac{3}{2},\dfrac{4}{1},\dfrac{1}{5},\cdots$$

如果我们从左边的第一个数起一直往右边数，那么 $\dfrac{8}{9}$ 是这列数的第 _____ 个数．

（1987 年四川省初中数学竞赛题）

整数的性质

(9) 已知在 $1·2·3·\cdots·(n-1)·n$ 的积的尾部恰有 25 个连续的 0,则 n 的最大值是_____.

(1989 年广州、武汉、福州、重庆、洛阳初中数学联赛题)

(10) 已知 $x(x \neq 0, \pm 1)$ 和 1 两个数,如果只许用加法、减法、1 作被除数的除法三种运算(可以使用括号),经过六步算出 x^2,那么计算的表达式是_____.

(1985 年全国初中数学联赛题)

(11) 已知 x, y, z 均为自然数,且 $x < y$. 当 $x + y = 1\,985, z - x = 2\,000$ 时,则 $x + y + z$ 的所有值中,最大的一个是_____.

(1985 年缙云杯初中数学邀请赛题)

(12) 将正奇数集合 $\{1, 3, 5, \cdots\}$ 由小到大按第 n 组有 $2n - 1$ 个奇数进行分组:$\{1\}$(第一组);$\{3, 5, 7\}$(第二组);$\{9, 11, 13, 15, 17\}$(第三组);$\cdots$ 则 1 991 位于第_____组中.

(1991 年全国高中数学联赛题)

(13) 在图 12.1 中,已知 a, b, c, d, e, f 是不同的自然数,且前面标有两个箭头的每一个数恰等于箭头起点的两数之和(如 $b = a + d$),那么图中自然数 c 最小应是_____.

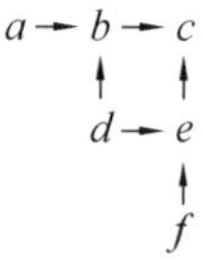

图 12.1

(1986 年苏州市高中数学竞赛题)

3. 已知小数 $x = 0.12345678910111213\cdots998999$,这个小数的小数点右边的数字依次是由整数 1 到 999 排列而成的,试求小数点右边第 1 986 位上的数字.

(1986 年吉林省初中数学竞赛题)

236

4. 从十个英文字母 A,B,C,D,E,F,G,X,Y,Z 中任选五个字母(字母允许重复)组成一个"词",将所有可能的"词"按"字典次序"(即英汉辞典中英语词汇排列的顺序)排列,得到一个"词表":$AAAAA,AAAAB,AAAAC,\cdots,AAAAZ,AAABA,AAABB,\cdots,DEGXY,DEGXZ,DEGYA,\cdots,ZZZZY,ZZZZZ$, 设位于词 $XYZGB$ 与词 $XEFDA$ 之间(这两个词本身除外)的词的个数是 k,试写出"词表"中的第 k 个词,并加以证明.

(1988 年江苏省初中数学竞赛题)

5. 小明与同学做游戏,他把一张纸剪成七块,再从所得的纸片中任取一块又剪成七块,然后再将任意一块剪成七块,这样类似地进行下去,问剪到 n 次时剪出来的大小块数是多少?有没有 n 的值使得剪到第 n 次后总块数正好是 1 987?若有的话,求出这个 n 的值.

(1987 年南昌市初中数学竞赛题)

6. 一个三位数,它的十位上的数字比百位数字小 2,个位上的数字比百位上的数字的算术平方根大 7,求这个三位数.

(1983 年广州市初中数学竞赛题)

7. 在坐标平面上,横坐标和纵坐标均为整数的点称为整点. 对任意自然数 n,联结原点 O 与点 $A_n(n,n+3)$,用 $f(n)$ 表示线段 OA_n 上除端点外的整点个数,则 $f(1)+f(2)+\cdots+f(1\,990)$ 等于多少?

(1990 年全国高中数学联赛题)

8. 对任意正整数 n,设 $f_1(n)$ 表示 n 的各位数字和的平方加上 $r+1$,r 为满足 $n=3q+r(0 \leq r \leq 3)$. 对于 $k \geq 2$,令 $f_k(n)=f_1(f_{k-1}(n))$,求 $f_{1\,990}(2\,345)$.

(1990 年全国高中数学联赛备选题)

整数的性质

9. 从1开始,依自然数顺序写12345⋯,一直写到2 222,共写了多少个零?

(1988年南昌市初中数学竞赛题)

10. 设 n 是正整数,k 是不小于2的整数,试证:n^k 可以表示成 n 个相继的奇数之和.

(1981年上海市高中数学竞赛题)

11. 将所有形如 $\dfrac{m}{n}$ 的数(其中 m,n 都是自然数),按照下面的规则排成一个数列:

(1) 如果 $m_1+n_1<m_2+n_2$,那么 $\dfrac{m_1}{n_1}$ 排在 $\dfrac{m_2}{n_2}$ 的前面;

(2) 如果 $m_1+n_1=m_2+n_2$,而且 $n_1<n_2$,那么 $\dfrac{m_1}{n_1}$ 排在 $\dfrac{m_2}{n_2}$ 前面.

(1986年苏州市高中数学竞赛题)

12. 一条纸带上共有1 981个空格,某人在每个格子上各填写了一个整数,使得任意相邻的七个格子上数字之和都是7的倍数. 试证:若将这条纸带首尾相连,则在整个环形中,任何相邻的七个格子上的数字之和都是7的倍数.

(1980年南昌市高中数学竞赛题)

13. 设 $a_1,a_2,\cdots,a_n$ 为 n 个不同的正整数,其中十进制表示中没有数字9. 证明 $\dfrac{1}{a_1}+\dfrac{1}{a_2}+\cdots+\dfrac{1}{a_n}\leqslant 30$.

(1989年第29届IMO备选题)

14. 儿童计数器的三个挡上各有十个算珠,将每挡算珠分为左右两部分(不许一旁无珠). 现在要左方三

十二、数学竞赛中的整数杂题

挡中所表示的三个珠数的乘积等于右方三挡中所表示的三个珠数的乘积.问有多少种分珠法?

(1987 年北京市高一数学竞赛题)

15. 从 1 开始,依次写着自然数,问在第一百万个位置上的数字是几?

(1988 年"友谊杯"国际数学竞赛题)

16. 从自然数 $1,2,3,\cdots,354$ 中任取 178 个数.试证其中必有两个数,它们之差是 177.

(第一届"希望杯"初二数学竞赛题)

17. 证明:八个连续的自然数之积不能是某个自然数的四次幂.

(1990 年沈阳市"育才杯"初中数学邀请赛)

18. 已知自然数 $1,2,3,\cdots,1\,991$.

(1) 把这 1 991 个自然数分组,使得每一组至少有一个是 11 的倍数的自然数.问这些数最多可以分成几组?

(2) 按上述分组方法,把每一组中是 11 的倍数的数取出来,其和记为 S. 求证 S 必是 91 的倍数.

(1991 年杭州市"求实杯"初中数学竞赛题)

19. 已知一个整数等于四个不同的形如 $\dfrac{m}{m+1}$(m 是正整数) 的真分数之和,求该数,并求出五组不同的真分数.

20. 任一正整数不能表成有限个(>1) 连续自然数的倒数之和.

21. 已知 n 边形的周长为 33,各边长都为整数,且以它的任意三条边都不能构成三角形,那么 n 至多等于几?

整数的性质

22. 假设 1 000 边形 $A_1A_2\cdots A_{1000}$ 的内部有一点 O，将 1 000 边形的边和线段 $OA_1, OA_2, \cdots, OA_{1000}$ 分别按任意方式编号，编号数均为 $1, 2, \cdots, 1 000$. 试问：能否使 $\triangle A_1OA_2, \triangle A_2OA_3, \cdots, \triangle A_{1000}OA_1$ 三边的编号数之和都相等？

23. 证明不存在整数 a 和 b，使
$$a^2 + b^2 = 1 \cdot 2 \cdot 3 \cdot \cdots \cdot (n-1) \cdot n$$
其中 $7 \leqslant n \leqslant 14$.

24. 黑板上写有 1 987 个数：$1, 2, \cdots, 1 987$. 任意擦去若干个数，并添上被擦的这些数的和被 7 除得的余数，称为一次操作. 如果经过若干次这种操作，黑板上只剩下了两个数，一个数是 987，试求另一个数.

参 考 答 案

练习一

1. $ad - bc = (10a - b)c - (10c - d)a$.

2. $n(n+1)(2n+1) = (n-1)n(n+1) + n(n+1)(n+2)$.

3. $n^3 + 5n = n^2(n^2 - 1 + 6) = (n-1)n(n+1) + 6n$; $n^5 - n = n(n-1)(n+1)(n-2)(n+2) + 5n(n-1)(n+1)$.

4. $(a^3 + b^3 + c^3) - (a + b + c) = (a-1)a(a+1) + (b-1)b(b+1) + (c-1)c(c+1)$.

5. $7^{83} + 8^{163} = 7(7^{82} + 8^{161}) - 7 \times 8^{161} + 8^{163} = 7(7^{82} + 8^{161}) + 8^{161} \times 57$.

6. $3(9x + 5y) = (13x + 8y) + 7(2x + y)$, 且 $(3,7) = 1$.

7. $5^{2n+1} \cdot 2^{n+2} + 3^{n+2} \cdot 2^{2n+1} = 20 \cdot 50^n + 18 \cdot 12^n = 19(50^n + 12^n) + (50^n - 12^n) = 19(50^n + 12^n) + 19 \cdot 2k$.

8. $53^{53} - 33^{33} = (53^{53} - 53^{33}) + (53^{33} - 33^{33}) = 53^{33} \times (53^{20} - 1) + (53^{33} - 33^{33})$.

9. $a^{n+2} + (a+1)^{2n+1} = a^2 \cdot a^n + (a+1)a^n - (a+$

整数的性质

1) $a^n + (a+1)(a^2+2a+1)^n = a^n(a^2+a+1) + (a+1)[(a^2+2a+1)^n - a^n]$.

10. (1) $11^{n+2} + 12^{2n+1} = 121 \cdot 11^n + 12 \cdot 12^{2n} = 121 \cdot 11^n + 12 \cdot 11^n - 12 \cdot 11^n + 12 \cdot 144^n = 133 \cdot 11^n + 12(144^n - 11^n) = 133 \cdot 11^n + 12 \cdot 133 \cdot (144^{n-1} + 144^{n-2} \cdot 11 + \cdots + 11^{n-1})$；

(2) $n^5 - 5n^3 + 4n = n(n^2-1)(n^2-4) = n(n-1)(n-2)(n+1)(n+2)$.

(3) $\dfrac{n^5}{5} + \dfrac{n^3}{3} + \dfrac{n}{15} = \dfrac{n^5 - 5n^3 + 4n}{5} + \dfrac{5n^3}{5} - \dfrac{4n}{5} + \dfrac{n^3 - n}{3} + \dfrac{n}{3} + \dfrac{n}{15} = n^3 + \dfrac{1}{5}(n-2)(n-1)n(n+1)(n+2) + \dfrac{1}{3}(n-1)n(n+1)$.

11. 设三个连续的奇数为 $2n-1, 2n+1, 2n+3$, 则 $(2n-1)^2 + (2n+1)^2 + (2n+3)^2 + 1 = 12(n^2+n+1)$, 因为 $n^2+n+1 = n(n+1)+1$ 是奇数, 所以 $24 \nmid [(2n-1)^2+(2n+1)^2+(2n+3)^2+1]$.

12. 因为 $4x^2 + 7xy - 2y^2 = (x+2y)(4x-y)$, 所以要证 $9 \mid 4x^2+7xy-2y^2$, 只需证 $3 \mid x+2y$. 因为 $3 \mid 4x-y$, 所以 $3 \mid (4x-y)+3(y-x)$, 即 $3 \mid x+2y$, 所以 $9 \mid (4x-y)(x+2y)$, 即 $9 \mid 4x^2+7xy-2y^2$.

13. $3 \times 5^{2n+1} + 2^{3n+1} = 15 \times 5^{2n} + 2 \times 3^n = 15 \times 5^{2n} + 2 \times 5^{2n} - 2 \times 5^{2n} + 2 \times 2^{3n} = 17 \times 5^{2n} - 2(25^n - 8^n)$. 由前性质知 $25 - 8 \mid 25^n - 8^n$, 即 $17 \mid 25^n - 8^n$. 又 $17 \mid 17 \times 5^{2n}$, 所以 $17 \mid 17 \times 5^{2n} - 2(25^n - 8^n)$. 即 $17 \mid 3 \times 5^{2n+1} + 2^{3n+1}$.

14. 设 $n^2 + n + 1986 = 1985k$, 则 $n^2 + n + 1 = 1985(k-1) = 5m, m = 397(k-1)$. 对 $n = 5q + r(r = $

参考答案

$0,1,2,3,4)$讨论,推出$n^2+n+1 \neq 5m$.

15. $n=2k+1, n^2-1=4k(k+1); 3^n-1=3^{2k+1}-1=3\cdot 3^{k^2}-1=3(8m+1)-1=24m+2$.

16. 任意1 987个连续整数除以1 987所得的余数总是连续变化的,即不论从哪一个数开始总是沿着图1的顺序走完一圈.由此可以看出:有且仅有一个余数为0,所以有且仅有一个数能被1 987整除.

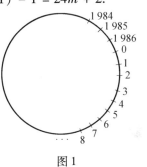

图1

17. 因为$7(6x-2y+z)-(4x+5y-12z)=38x-19y+19z=19(2x-y+z)$,所以$19\mid 7(6x-2y+z)$,所以$19\mid 6x-2y+z$.所以选(B).

练习二

1. (1)B (2)C (3)D
2. (1)$a=1, b=7$或$8, c=9, d=2$;
   (2)$75\times 10^k(k=0,1,2,\cdots)$.
3. $\underbrace{66\cdots 6}_{n\text{个}}\times \underbrace{66\cdots 67}_{n-1\text{个}}$.
4. 令$\overline{abcde}=x$,则有$3(10^5+x)=10x+1$,解得$x=42\,857$.
5. 设所求的数为$10a+2, a$是一个n位数,则有$2\cdot 10^n+a=2(10a+2)$,所以$a=\dfrac{2\cdot 10^n-4}{19}=$

整数的性质

$1\underbrace{99\cdots96}_{n-1\text{个}}/19$,通过除法演算,最小的一个 a 值是 $a=$ 10 526 315 789 473 684. 所求的一个数是

$$10a + 2 = 105\ 263\ 157\ 894\ 736\ 842$$

6. 由例 6 知,$m = \dfrac{1}{35}(6 \cdot 10^n + m)$ 或 $17m = 3 \cdot 2^n \cdot 5^n$,这样素数 17 必须是 $3 \cdot 2^n \cdot 5^n$ 的因数,这是不可能的.

7. 由已知 $0 < xz < 10$. 再考察个位数之积可得 $xz = x, z = 1$. 进而由 $(100x + 10y + 1)(100 + 10y + x) = 10\ 000x + 10\ 000 + 110y + x$,解得 $y = 0, x = 3$.

8. 设所求数 n 为 k 位数,则将 n 的个位数字 6 移到其余各位数之前所得新数为 $6 \cdot 10^{k-1} + \dfrac{n-6}{10}$,因此 $6 \cdot 10^{k-1} + \dfrac{n-6}{10} = 4n, 39n = 6(10^{k-1}), n = \dfrac{2(10^k - 1)}{13}$,故 $13 \mid 10^k - 1$. 最小的 $k = 5$,所以 $n = 153\ 846$.

9. 设所求四位数为 $\overline{abcd}$,则 $\overline{abcd} + \overline{dcba} = 9\ 878$,即 $10^3(a+d) + 10^2(b+c) + 10(b+c) + (a+d) = 9\ 878$,比较首末两个系数,得 $a + d = 8$,于是 $b + c = 17$,又 $c - 1 = d, d + 2 = b$,即 $b - c = 1$. 从而解得 $a = 1, b = 9, c = 8, d = 7$.

10. 设所求四位数为 $\overline{abcd}$,则 $\overline{dcba} = 4 \times \overline{abcd}$,即 $1\ 333a = 2(166d + 10c - 65b)$,所以 a 为偶数. 又 $4a \le d \le 9$,所以 $a = 2, d = 8$,从而 $2c = 13b + 1$. 从而 b 为奇数,且 $13b + 1 \le 18, b = 1, c = 7$.

11. 1985.

12. A 共有 $62 \times 2 = 124$ 位数,又 $1\ 980 = 20 \times 99$ 且 $(20, 99) = 1$,显然只要 $99 \mid A$. 又 $100^k = 99m + 1, m, k$

为正整数,$A = 19 \times 100^{61} + 20 \times 100^{60} + \cdots + 79 \times 100 + 80 = 19(99m_1 + 1) + 20(99m_2 + 1) + \cdots + 79(99m_{61} + 1) + 80 = 99m + 99 \times 31.$

13. 设5位数 $N = \overline{a_1a_2a_3a_4a_5}$,则 $\overline{a_1a_2a_3a_4a_5} = (a_1 + a_2 + a_3 + a_4 + a_5)(100A_4^2 + 10A_4^2 + A_4^2)$,所以
$$\overline{a_1\cdots a_5} = 1\,332(a_1 + a_2 + a_3 + a_4 + a_5) \quad ①$$
由于 $9 \mid 1\,332$,所以 $9 \mid \overline{a_1\cdots a_5}$,所以 $9 \mid (a_1 + \cdots + a_5)$.
于是 $\overline{a_1\cdots a_5}$ 应是 $1\,332 \times 9 = 11\,988$ 的倍数. 又因为
$$15 = 1 + 2 + 3 + 4 + 5 \leqslant (a_1 + a_2 + a_3 + a_4 + a_5) \leqslant 9 + 8 + 7 + 6 + 5 = 35$$
所以 $a_1 + a_2 + a_3 + a_4 + a_5$ 只能为 $18, 27$.

当 $a_1 + \cdots + a_5 = 18$ 时,由式①,$\overline{a_1\cdots a_5} = 23\,976$,但 $2 + 3 + 9 + 7 + 6 \neq 18$,不合题意. 当 $a_1 + \cdots + a_5 = 27$ 时,由式①,$\overline{a_1\cdots a_5} = 35\,964$,符合题意,故所求的5位数为 $35\,964$.

14. 假定从某一位开始按顺时针方向读出得数 $\overline{a_1a_2\cdots a_9} = a_1 \times 10^8 + a_2 \times 10^7 + \cdots + a_8 \times 10 + a_9$ 能被 27 整除. 现只要证明 $\overline{a_2a_3\cdots a_9a_1}$ 也能被 27 整除.

考虑
$$10 \cdot \overline{a_1\cdots a_9} - \overline{a_2a_3\cdots a_9a_1} =$$
$$a_1 \times 10^9 + a_2 \times 10^8 + \cdots + a_9 \times 10 - (a_2 \times 10^8 + a_3 \times 10^7 + \cdots + a_1) = \cdots =$$
$$(1\,000^3 - 1)a_1 = (1\,000 - 1)(1\,000^2 + 1\,000 + 1)$$
因为 $27 \mid 1\,000 - 1$,所以 $27 \mid \overline{a_2a_3\cdots a_9a_1}$.

15. 设所求自然数为 A,则 $A = 10x + 3$,其中 x 是该

整数的性质

自然数去掉末位数 3 剩下的部分,所以 $10^N \cdot 3 + x = 2(10x + 3)$,$N$ 是 x 的位数. 所以 $19x = 3(10^N - 2)$. 因为 $19 \nmid 3$,所以 $19 \mid (10^N - 2)$. 满足上述要求的最小 $N = 17$. 所以 $x = 5\ 263\ 157\ 894\ 736\ 842 \times 3$,所以 $A = 157\ 894\ 736\ 842\ 105\ 263$.

16. 设所求三位数为 $\overline{abc}$,所以 $100a + 10b + c = 13(a + b + c)$,所以 $87a = 3b + 12c$. 因为 $3b + 12 \leqslant 3 \times 9 + 12 \times 9 = 135$,所以 $a = 1$,即 $87 = 3b + 12c$ 且 b 必为奇数,当 $b = 1$ 时,$c = 7$;当 $b = 3$,c 无整数解;当 $b = 5$,$c = 6$;当 $b = 7$,c 无整数解;当 $b = 9$,$c = 5$. 故所求三位数为 117,156,195.

17. 因为 $1111\underbrace{22\cdots2}_{2\,000\text{个}}1111 = 1111\underbrace{11\cdots1}_{2\,000\text{个}}0000 + \underbrace{11\cdots1}_{2\,000\text{个}}1111 =$

$\underbrace{11\cdots1}_{2\,004\text{个}}0000 + \underbrace{11\cdots1}_{2\,004\text{个}} = \underbrace{11\cdots1}_{2\,004\text{个}} \times (10\,000 + 1) = \underbrace{11\cdots1}_{2\,004\text{个}} \times 10\,001.$

又因为 $10\,001 \div 137 = 73$,所以

$137 \mid 1111\underbrace{22\cdots2}_{2\,000\text{个}}1111$.

练习三

1. (1) A (2) D (3) B (4) B (5) C
2. (1) 28; (2) 2; (3) 20; (4) 97 999,99 979,98 989; (5) $n = 7$; (6) 22 224; (7) $8\underbrace{99\cdots9}_{220\text{个}}$; (8) 322 357 176; (9) 100 000 010.

参考答案

3. 记这个 n 位数为 $\overline{a_1a_2\cdots a_n}$, 设 $\overline{a_{i1}a_{i2}\cdots a_{in}}$ 是将原数的各位数字重新排列后得到的新数. 则

$$\overline{a_1a_2\cdots a_n} = a_1 \cdot 10^{n-1} + a_2 \cdot 10^{n-2} + \cdots + a_{n-1} \cdot 10 + a_n =$$

$$a_1(10^{n-1} - 1) + a_2(10^{n-2} - 1) + \cdots +$$

$$a_{n-1}(10 - 1) + \sum_{i=1}^{n} a_i =$$

$$9k + \sum_{i=1}^{n} a_i$$

同样,有 $\overline{a_{i1}a_{i2}\cdots a_{in}} = 9l + \sum_{j=1}^{n} a_{ij}$,由于 $\sum_{i=1}^{n} a_i = \sum_{j=1}^{n} a_{ij}$. 所以 $\overline{a_{i1}a_{i2}\cdots a_{in}} - \overline{a_1a_2\cdots a_n} = 9(l - k)$.

4. $N = 2\ 078 + 100x$, 而 $2\ 078 = 17k_1 + 4, 100 = 17 \times 6 - 2$, 所以 $N = 17k_1 + 4 + 17 \times 6 - 2x = 17k_2 + 2(2 - x)$, 故 $17 \mid 2(2 - x)$, 所以 $x = 2$.

5. 设六位数为 $N = \overline{70123x}$,则由题意得 $70 + 12 + \overline{3x} = 82 + 30 + x = 110 + (2 - x), x = 9$.

6. 因为 $9 \mid (1 + 4 + 1 + x + 2 + 8 + y + 3)$, 所以 $9 \mid x + y + 1$, 所以 $x + y = 8$ 或 $x + y = 17$;又因为 $11 \mid (1 + 1 + 2 + y) - (4 + x + 8 + y + 3)$, 所以 $11 \mid y - x - 11$, 所以 $11 \mid y - x$, 所以 $y - x = 0$, 解之得 $x = 4, y = 4$.

7. 有两个,它们是 570 和 750.

8. 1 个,是 666 666.

9. $C = 9$.

10. 设共交了 $\overline{x527y}$ 分. 因为 $72 = 8 \times 9$, 所以 $\overline{x527y}$ 应同时为 8 和 9 的倍数, 因为 $9 \mid x + 5 + 2 + 7 + y$, 所以 $x + y = 4$ 或 $x + y = 13$. 若 $x + y = 4$, 因为 $x \neq 0$, 所

整数的性质

以 $x=2, y=2$, 此时, $8 \mid 25\,272$. 若 $x+y=13$, 可得 $x=9, y=4$ 或 $x=7, y=6$ 或 $x=5, y=8$. 但此时 $8 \nmid 274$, $8 \nmid 276$, $8 \nmid 278$, 故 $x=2, y=2$.

11. 考虑得到的六十位数 n 的数码之和 $10 \times 1 + 10 \times 2 + \cdots + 10 \times 6 = 210$ 是 3 的倍数.

12. 设组成的六位数为 $\overline{a_6 a_5 a_4 a_3 a_2 a_1}$, 若它被 11 整除, 则

$$a_6 - a_5 + a_4 - a_3 + a_2 - a_1 = 11c \qquad ①$$

由于 $0,1,2,3,4,5$ 在 $a_1, a_2, a_3, a_4, a_5, a_6$ 中仅出现一次, 所以

$$a_6 - a_5 + \cdots - a_1 = (a_6 + a_4 + a_2) - (a_5 + a_3 + a_1) \leqslant$$
$$(5+4+3) - (0+1+2) = 9 \qquad ②$$

以及

$$a_6 - a_5 + a_4 - a_3 + a_2 - a_1 \geqslant$$
$$(0+1+2) - (5+4+3) = -9 \qquad ③$$

由式①, 式②, 式③ 得 $-9 \leqslant 11c \leqslant 9$, 故 $c=0$. 由此得

$$15 = a_1 + a_2 + \cdots + a_6 = 11 \times c + 2(a_1 + a_3 + a_5) = 2(a_1 + a_3 + a_5)$$

矛盾.

13. 由 $N = 1\,000a + b = 1\,001a + (b-a)$, 因为 $7 \mid 1\,001$, 如果 $7 \mid (b-a)$, 故 $7 \mid N$. 反之也成立.

14. 设 $a = 10^n \times a_n + a_{n-1} \times 10^{n-1} + \cdots + a_1 \times 10 + a_0 (a_n \neq 0)$. 现在考查 $S(a)$ 与 $S(2a)$ 之间的关系:

(1) 如果 a 中的各位数字均不超过 4, 即 $0 \leqslant a_i \leqslant 4 (i = 0, 1, 2, \cdots, n)$, 则
$2a = 2a_n \times 10^n + 2a_{n-1} \times 10^{n-1} + \cdots + 2a_1 \times 10 + 2a_0$

于是
$$S(2a) = 2a_n + 2a_{n-1} + \cdots + 2a_1 + 2a_0 = 2S(a)$$

(2) 如果 a 中恰有一个数字 $a_k \geqslant 5$,则有

$$2a = 2a_n \times 10^n + 2a_{n-1} \times 10^{n-1} + \cdots + 2a_{k+1} \times 10^{k+1} + 2a_k \times 10^k + \cdots + 2a_0 =$$
$$2a_n \times 10^n + \cdots + (2a_{k+1} + 1) \times 10^{k+1} + (2a_k - 10) \times 10^k + \cdots + 2a_0$$

所以
$$S(2a) = 2a_n + 2a_{n-1} + \cdots + (2a_{k+1} + 1) + (2a_k - 10) + \cdots + 2a_0 = 2S(a) - 9$$

一般地,若数 a 中恰有 l 个数字 $\geqslant 5$,那么
$$S(2a) = 2S(a) - 9l \quad (0 \leqslant l \leqslant n+1)$$

由题设知
$$S(a) = S(2a) = 2S(a) - 9l$$

所以
$$S(a) = 9l$$

于是 $9 \mid a$.

15. 设这两个自然数为 x_1, x_2,则
$$x_1 + x_2 = 2A, \quad x_1 x_2 = G^2$$

即 x_1, x_2 是方程 $x^2 - 2Ax + G^2 = 0$ 的两个根,所以 $A \pm \sqrt{A^2 - G^2}$ 应为自然数,即 $\sqrt{A^2 - G^2}$ 为自然数. 设 $A = 10a + b (1 \leqslant a, b \leqslant 9)$,则
$$G = 10b + a$$
$$A^2 - G^2 = (A+G) \cdot (A-G) = 9 \cdot 11 \cdot (a+b)(a-b)$$

要使 $A^2 - G^2$ 为完全平方数,必须 11 整除 $a + b$ 或 $a - b$. 但 $1 \leqslant a - b \leqslant 8$,故 11 不可能整除 $a - b$,所以 11 整除 $a + b$,由

整数的性质

$$a + b \leqslant 9 + 8 = 17$$

知 $a + b = 11$. 又 $a - b = (a + b) - 2b = 11 - 2b$, 知 $a - b$ 应为奇数的完全平方, 但

$$a - b \leqslant 9 - 1 = 8 < 3^2$$

所以 $a - b = 1^2 = 1$. 由此 $a = 6, b = 5$. $A = 65, G = 56$, $x_1 x_2$ 为 $65 \pm \sqrt{65^2 - 56^2} = 65 \pm 33$, 故此两数为 98 与 32.

练习四

1. (1) B (2) B (3) A (4) B (5) D
   (6) C (7) B (8) C (9) D

2. (1) $x = 3, y = 2$; (2) 11; (3) 3; (4) $-1, -2$; (5) 17.

3. $1\underbrace{00\cdots01}_{1\,994\text{个}} = 10^{1\,995} + 1 = (10^{665})^3 + 1 = (10^{665} + 1)(10^{1\,330} - 10^{665} + 1)$.

4. 由已知等式知 a, b, c 中至少有一个是 5. 不妨设 $c = 5$. 则 $ab = a + b + 5 \Rightarrow (a - 1)(b - 1) = 6 \Rightarrow a = 2, b = 7$.

5. 因为 p 为质数, 故不可能是 $3k$(k 为整数), 可证 p 只能是 $p = 3k + 2$, 所以 $2p + 1 = 2(3k + 2) + 1 = 6k + 5$. 从而 $4p + 1 = 3(4k + 3)$ 为合数.

6. 因为 2^n 不能被 3 整除, 设 $2^n = 3k + 1$, 则 $2^n - 1 = 3k$ 有因数 3; 设 $2^n = 3k + 2$, 则 $2^n + 1 = 3k + 3 = 3(k + 1)$ 也有因数 3.

7. 略.

参考答案

8. $4^{545} + 545^4 = (2^{545})^2 + 2 \cdot 2^{545} \cdot 545^2 + (545^2)^2 - 2 \cdot 2^{545} \cdot 545^2 = (2^{545} + 545^2)^2 - 2^{546} \cdot 545^2 = (2^{545} + 545^2 + 2^{273} \cdot 545)(2^{545} + 545^2 - 2^{273} \cdot 545).$

9. 因 $c - a$ 是一质数,故 $a = 2$,由 $10 < c < d < 20$ 知 c 取 $11,13,17$. 但 $c - a$ 是质数,所以 $c = 13$. 又 $c < d < 20$,所以 $d = 17$ 或 19. 又由 $d^2 - c^2 = a^3 b(a + b)$,即 $d^2 - 13^2 = 8b(2 + b)$. 若 $d = 17$,可求得 $b = 3$(舍去 $b = -5$). 若 $d = 19$,得 $b = 4$ 或 -6(舍去). 故 $a = 2$,$b = 3$,$c = 13$,$d = 17$.

10. 由 $ab = cd$,可设 $a = uv, b = wt, c = uw, d = vt$,所以 $k = (uv)^{1984} + (wt)^{1984} + (uw)^{1984} + (vt)^{1984} = (u^{1984} + t^{1984})(v^{1984} + w^{1984})$.

11. ①$1 \sim 30$ 中与 30 互素的数共有 $\varphi(30) = 8$ 个:$1,7,11,13,17,19,23,29$,其和为 $4(1 + 29) = 120$.

②$31 \sim 60$ 中与 30 互素的数共 8 个:$30 + 1, 30 + 7, 30 + 11, 30 + 13, 30 + 17, 30 + 19, 30 + 23, 30 + 29$,其和为 $8 \times 30 + 120 = 360$.

③$61 \sim 90$ 中与 30 互素的数有 8 个:$60 + 1, 60 + 7, 60 + 11, \cdots, 60 + 29$,其和 $8 \times 60 + 120 = 600$.

④$91 \sim 120$ 中与 30 互素的数之和为 $8 \times 90 + 120 = 840$.

⑤$121 \sim 150$ 中与 30 互素的数之和为 $8 \times 120 + 120 = 1\,080$.

⑥$151 \sim 160$ 中与 30 互素的数只有 151 及 157,其和为 308.

于是 $1 \sim 160$ 中与 30 互素的数之和为
$120 + 360 + 600 + 840 + 1\,080 + 308 = 3\,308$

12. 仿例 12 可得 $n = 3$.

整数的性质

13. 因为 $f(x) = 4x^2 - 12x - 27 = (2x+3)(2x-9)$，又 $f(x) = |2x+3||2x-9|$ 是素数，所以 $|2x+3| = 1$ 或 $|2x-9| = 1$，所以 $x = -2, -1, 4$ 或 5.

14. $n^4 - 20n^2 + 4 = (n^2 - 2 + 4n)(n^2 - 2 - 4n)$，由于对任意的整数 n，方程 $n^2 - 2 + 4n = \pm 1$ 和 $n^2 - 2 - 4n = \pm 1$ 均没有整数根，故 $n^2 - 2 + 4n$ 和 $n^2 - 2 - 4n$ 均不等于 ± 1，从而说明原数为合数.

15. 设三数为 x, y, z. 不妨设 $x < y < z$，则 $x + y < z + z = 2z$，所以 $\dfrac{x+y}{z} < 2$，因为 $z \mid x+y$，所以 $x + y = z$，所以 $x + z = 2x + y < 3y$. 因为 $y \mid x + z$，且 $x + z \neq y$，所以 $x + z = 2y$，解得 $x = 1$，所求三数为 $1, 2, 3$.

16. 可证：在 10 个连续自然数中存在一个数 a，它不是 $2, 3, 5, 7$ 的倍数. 易知 a 与其余 8 个数都互质.

17. 38.

18.
$$4n^2 - 2n + 13 = (2n-9)^2 + 17(2n-4) \quad ①$$
用反证法，若 $289 \mid (4n^2 - 2n + 13)$，则
$$17 \mid (4n^2 - 2n + 13)$$
由式①知 $17 \mid (2n-9)^2$，因 17 是素数，所以 $17 \mid 2n - 9$，再由式①，得 $289 \mid 17(2n-4)$，知 $17 \mid 2n - 4$. 这样，$17 \mid [(2n-4) - (2n-9)] = 5$，矛盾.

19. 设 $2^p = k + (k+1) + \cdots + (k+n)$，即 $2^{p+1} = (2k+n) \cdot (n+1)$. 因为 2 是质数，所以 $2k + n = 2^p$，$n + 1 = 2^q$，$r + q = p + 1$，由此可推出矛盾.

20. 用反证法. 假设数列 $\{4n-1\}$ 中只有有限个质数 $p_1, p_2, \cdots, p_k$. 考虑整数 $N = 4p_1 p_2 \cdots p_k - 1$，则 N 是数列 $\{4n-1\}$ 中的一项. 因为 $N > \max\{p_1, p_2, \cdots, p_k\}$，由

参考答案

假设 N 不是质数.

N 的质因数只可能是 $4n+1$ 或 $4n-1$ 形的数,但由于 $(4n_1+1)(4n_2+1) = 4(4n_1n_2+n_1+n_2)+1$,两个 $4n+1$ 形的数之积仍为 $4n+1$ 形的数. 因此,N 的质因数中至少有一个 $4n-1$ 形的数,设其为 p. 若 $p \in \{p_1, p_2, \cdots, p_k\}$,则 p 整除 1,这是不可能的.

21. 设三个质数为 p, q, r. 则所求数 x 满足 $x = pqr$,$x = p^2 + q^2 + r^2 - 8$,$x = pq + qr + rp - 1$. p, q, r 中必有一数为 2. 若不然,则 p, q, r 均为奇数,于是 $x = pqr$ 为奇数. 而 $x = pq + qr + rp - 1$ 为偶数,矛盾. 不妨设 $p = 2$,则 $q - r = \pm 2$. 从而可求得 $p = 2, q = 3, r = 5$ 或 $p = 2, q = 5, r = 3$.

22. 只有一个质数 101. 若 $n \geqslant 2$,则
$$A = 10^{2n} + 10^{2n-2} + \cdots + 10^2 + 1 = \frac{(10^{n+1} - 1)(10^{n+1} + 1)}{99}$$

当 $n = 2m + 1$ 时,$\frac{10^{2m+2} - 1}{99} = 10^{2m} + \cdots + 10^2 + 1$,$A$ 为合数;当 $n = 2m$ 时,$9 \mid (10^{n+1} - 1)$,$11 \mid (10^{n+1} + 1)$,A 为合数.

23. 373.

24. 绝对素数中的所有数字都必须为奇数,且不小于 10 的绝对素数不能含有数字 5. 假设某绝对素数含有 1, 3, 7, 9,则 $M_1 = \overline{a_1 a_2 \cdots a_n 1379} = M + 1379, M_2 = M + 3179, M_3 = M + 9137, M_4 = M + 7913, M_5 = M + 1397, M_6 = M + 3197, M_7 = M + 7139$ 都是素数. 因为这些数的第二个加数对于模 7 来说具有不同的余数. 所以 $M_1, \cdots, M_7$ 中必有一个能被 7 整除,从而本题得证.

253

整数的性质

练习五

1. (1)17,19；(2)3 334；(3)152；(4)4 组；(5)4 个；(6)31；(7)7；(8)120；(9)31 360.

2. 因为 $140 = 2^2 \times 5 \times 7$，所以 $x = 2 \cdot 5^2 \cdot 7^2 = 2\ 450, y = 2 \cdot 5 \cdot 7 = 70$.

3. $m = 125, n = 15\ 896$.

4. 用反证法，假设 $A = \underbrace{11\cdots1}_{1\ 991\ 个}$ 有 365 个不同的正约数，由下题知 A 应是完全平方数. 又知 A 为 $4p + 3$ 形的数，不是完全平方数，矛盾.

5. $N = p_1^{\alpha_1} \cdot p_2^{\alpha_2} \cdots p_k^{\alpha_k}$ 的约数有 $(\alpha_1 + 1)(\alpha_2 + 1)\cdots(\alpha_k + 1)$ 个. 因 $(\alpha_1 + 1)(\alpha_2 + 1)\cdots(\alpha_k + 1)$ 为奇数，则 $\alpha_1 + 1, \alpha_2 + 1, \cdots, \alpha_k + 1$ 全是奇数，$\alpha_1, \alpha_2, \cdots, \alpha_k$ 全为偶数，故 N 为完全平方数.

6. 设 $A = 3^{r_1} \cdot 5^{r_2}, B = 3^{r_3} \cdot 5^{r_4}$，则 $(r_1 + 1)(r_2 + 1) = 12, (r_3 + 1)(r_4 + 1) = 10$，从而 $B = 3 \times 5^4 = 1\ 875, A = 3^3 \cdot 5^2 = 675, A + B = 2\ 550$.

7. 显然，若灯开关被拉了偶数次，则灯是关的，若灯开关被拉了奇数次，则灯亮着，被拉了奇数次的灯实际上应该有奇数个因子，由上，这样的数必为完全平方数，故最后亮着的灯的标号是 1,4,9,16,25,36,49,64,81,100.

8. 仿例 13，可得满足条件的自然数为 144.

9. 设方程的一个整数根为 α，则 $(\alpha - a)(\alpha - b)(\alpha - c)(\alpha - d) = m^2$. 又 $m^2 = (+1)(-1)(+m)$

$(-m)$,所以 $a+b+c+d = 4\alpha$,即 $4 \mid a+b+c+d$.

10. 用枚举法. 分别取 $d_4 = 10,11,12,13$(但这里最好利用关系 $dd_4 = (d_1+d_2+d_4)d_8 \geq d_5 \cdot d_8 = N$,所以 $d_4 = 13, d_5 = d_2 + d_4, N = (d_2+14)d_8$). 然后,分别取 $d_2 = 2,3,5,7,11$,由此唯一得 $d_2 = 3, d_3 = 9, N = 9 \cdot 13 \cdot 17 = 1989$.

11. 设 $m^2 = 2^8 + 2^{11} + 2^n$,则 $2^n = m^2 - (3 \cdot 2^4)^2 = (m-48)(m+48), m-48 = 2^s, m+48 = 2^t, s+t = n$,于是 $m = 2^s + 48, m = 2^t - 48$,所以
$$2^t - 2^s = 96, \quad 2^s(2^{t-s}-1) = 2^5 \times 3$$
因为 $2^{t-s} - 1$ 为奇数,所以 $2^{t-s} - 1 = 3$,从而 $s = 5, t = 7$, $n = 12$.

12. 设水池宽为 x 尺,长为 y 尺,所花费用为 z 元,水池面积为 S 平方尺,则
$$35x + 27y = z$$
$$y = \frac{z - 35x}{27}$$
$$S = \frac{x(z-35x)}{27}$$

因为 $x(z-35x) = -35(x-\frac{z}{70})^2 + \frac{z^2}{140}$,所以当 $x = \frac{z}{70}$ 时,$y = \frac{z}{54}$,S 取的最大值为 $\frac{z^2}{70 \times 54}$.

因为 $z \leq 1000$,所以 $S \leq \frac{1000^2}{70 \cdot 54} < 265$

以下讨论 x,y 可能取的整数值,x,y 比值尽可能接近 $54:70$,又由 $35x+27y \leq 1000$,知 $x \leq 28, y \leq 37$. 若 $S = 264$,而 $264 = 2^3 \times 3 \times 11$,最接近 $54:70$ 的 x,y 值是 $x = 12, y = 22$,此时

整数的性质

$$z = 35 \times 12 + 27 \times 22 = 1\,014 > 1\,000$$

同样对 $S = 263,262,261,260$ ——求解知 $x = 13, y = 20$.

13. 易证 $\triangle APS \cong \triangle BQP \cong \triangle CRQ \cong \triangle DSR$,设 $|PA| = a, |PB| = b$,则 $ab = \dfrac{1\,988}{2} = 2 \times 7 \times 71$. 因为 a 为大于 1 的奇数,b 是正整数,所以 a 可取 7 或 71 或 497. 相应地 b 取值为 142 或 14 或 2. 注意到 $a + b$ 是 5 的倍数,所以仅有 $a = 71, b = 14$.

14. 因求和时没有进位,所以个位加至 2 的方法有三种:$0 + 2, 1 + 1, 2 + 0$;十位加至 9 的方法有十种:$0 + 9, 1 + 8, 2 + 7, 3 + 6, 4 + 5, 5 + 4, 6 + 3, 7 + 2, 8 + 1, 9 + 0$;同样百位加至 4 的方法有五种,千位加至 1 的方法有两种. 从而,所有和为 1 492 的简单非负整数有序数组总数为 $2 \times 5 \times 10 \times 3 = 300$.

15. 设 k 是一个正整数,令 $1, d_1, d_2, \cdots, d_{n-1}, d_n$ 为 k 的所有因子,且按递增顺序排列. 由此得

$$1 \cdot k = d_1 \cdot d_n = d_2 \cdot d_{n-1} = \cdots \qquad ①$$

若 k 是"好的",则 k 等于它的不同真因子的积,即 $k = d_1 d_2 \cdots d_n$,又由式 ①,$k = d_1 d_n$,则

$$d_1 d_n = d_1 d_2 \cdots d_{n-1} d_n$$

于是 $n = 2$. 即 k 的全部真因子为 d_1, d_2. 显然,d_1 为质数,否则,若 d_1 是合数,则 d_1 的质因数 p 必在上面的因数递增序列中出现,且在 1 和 d_1 之间. 这是不可能的. 同理,d_2 也必须为质数或者是 d_1 的平方,否则若 d_2 为合数且不为 d_1 的平方,则在 1 和 d_2 之间不可能只有一个质数 d_1. 所以 k 或是两个不同质数 d_1 和 d_2 的积 $d_1 d_2$,或是一个质数的立方 d_1^3.

这样容易求得前十个"好数"为:6,8,10,14,15,21,22,26,27,33,它们之和为182.

16. n 能被 $2,3,\cdots,10$ 整除. 因为 $8=2^3$,$9=3^2$,故 n 的标准分解式中至少包含有 $2^3 \cdot 3^2 \cdot 5 \cdot 7$ 为其因数. 设 $n = 2^{\alpha_1} \cdot 3^{\alpha_2} \cdot 5^{\alpha_3} \cdot 7^{\alpha_4} \cdot 11^{\alpha_5} \cdot \cdots = 144$. 考虑到

$$(\alpha_1+1)(\alpha_2+1)(\alpha_3+1)(\alpha_4+1) \geqslant 4 \cdot 3 \cdot 2 \cdot 2 = 48$$

故在 $\alpha_5,\alpha_6,\cdots$ 中最多还有一个不为 0. 要使 n 最小,当然应令 $\alpha_5 \neq 0, 0 \leqslant \alpha_5 \leqslant 2$. 所以

$$n = 2^{\alpha_1} \cdot 3^{\alpha_2} \cdot 5^{\alpha_3} \cdot 7^{\alpha_4} \cdot 11^{\alpha_5}$$

从而

$$(\alpha_1+1)(\alpha_2+1)(\alpha_3+1)(\alpha_4+1)(\alpha_5+1) = 144 = 2^4 \cdot 3^2$$

显然 $\alpha_1 \geqslant \alpha_2 \geqslant \cdots \geqslant \alpha_5$ 时 n 的乘积最小,适合这个条件的 $(\alpha_1,\alpha_2,\alpha_3,\alpha_4,\alpha_5)$ 的数组共有 7 组:(11,2,1,1,0),(7,2,2,1,0),(5,5,1,1,0),(5,3,2,1,0),(5,2,1,1,1),(3,3,2,2,0),(3,2,2,1,1). 通过直接计算并比较其大小,知 $n = 2^5 \cdot 3^2 \cdot 5 \cdot 7 \cdot 11 = 110\ 880$.

17. 69 300,50 400,60 480,55 440.

18. 以 $T(A)$ 表示 A 的不同正约数的个数.

$$1\ 990 = 2 \cdot 5 \cdot 199$$
$$T(1\ 990) = (1+1)(1+1)(1+1) = 8$$
$$1\ 991 = 11 \cdot 181$$
$$T(1\ 991) = 2 \cdot 2 = 4$$
$$1\ 992 = 2^3 \cdot 3 \cdot 83$$
$$T(1\ 992) = 4 \cdot 2 \cdot 2 = 16$$
$$T(1\ 993) = 2$$
$$1\ 994 = 2 \cdot 997$$

整数的性质

$$T(1\,994) = 2 \cdot 2 = 4$$
$$1\,995 = 3 \cdot 5 \cdot 7 \cdot 19$$
$$T(1\,995) = 2 \cdot 2 \cdot 2 \cdot 2 = 16$$
$$1\,996 = 2^2 \cdot 499$$
$$T(1\,996) = 3 \cdot 2 = 8 - 2$$

$T(1\,996)$ 比 $T(1\,990)$ 少 2. 因此满足条件的年号只有一个, 故为 1 996. 其所有不同正约数的连乘积为 $1 \cdot 2 \cdot 2^2 \cdot 499 \cdot 998 \cdot 1\,996 = 1\,996^3$.

19. 设 $m^2 = 2^{10} + 2^{13} + 2^n$, 则 $2^n = m^2 - 2^{10} - 2^{13} = m^2 - 2^{10} \cdot 9 = (m + 96)(m - 96)$, 故存在两个非负整数 s, t 使得 $m - 96 = 2^s, m + 96 = 2^t, s + t = n$, 所以 $m = 2^s + 96 = 2^t - 96, 2^s(2^{t-s} - 1) = 2^6 \cdot 3$, 因为 $2^{t-s} - 1$ 是奇数, 由算术基本定理知 $s = 6, 2^{t-s} - 1 = 3$, 所以 $t = 8$, $n = 14$.

20. $N = 5 \cdot 7^4$.

练习六

1. (1) 5; (2) 6 和 84 或 12 和 42; (3) D.

2. $(24\,871, 3\,468) = 17$,

$[24\,871, 3\,468] = 5\,073\,684$.

3. 共两组数 36, 396; 180, 252.

4. 设所求二数为 x, y, 且 $(x, y) = d, x = ad, y = bd$. 则仿例 2 可求得 $x = 283 \times 7 = 1\,981; y = 279 \times 7 = 1\,953$.

5. 7, 105 或 21, 35.

6. 设所求二数为 x, y, 且 $(x, y) = d$. 令 $x = ad, y =$

bd,则 $(a,b) = 1$. 依题意有

$$a + b = \frac{60}{d}, \quad 1 + ab = \frac{84}{d} \qquad ①$$

由于 $(60,84) = 12$,则 $d = 1,2,3,4,6,12$. 当 $d = 1,2,3,4,6$ 时,方程组①无解,仅当 $d = 12$ 时,方程组①变为

$$a + b = 5, \quad ab = 6$$

所以

$$a = 2, b = 3 \quad 或 \quad a = 3, b = 2$$

所以

$$x = 24, \quad y = 36$$

7. 360 人. $[10,15,18,24] = 360$.

8. 设所求二数为 $x,y,(x,y) = d$,则 $x = ad, y = bd$, $(a,b) = 1, x - y = (a - b)d = 15, [x,y] = abd = 72$. 由 $(a,b) = 1, (a - b, ab) = 1$ 可得 $d = (72,15) = 3$,所以 $a - b = 5, ab = 24$. 故 $x = 24, y = 9$.

9. 设所求二数为 x,y,且 $(x,y) = d$,则

$$\begin{cases} x^2 + y^2 = 468 \\ d + \dfrac{xy}{d} = 42 \end{cases}$$

令 $x = dx_1, y = dy_1$,则 $(x_1, y_1) = 1$,则原方程组可化为

$$\begin{cases} x_1^2 + y_1^2 = \dfrac{468}{d^2} \\ 1 + x_1 y_1 = \dfrac{42}{d} \end{cases}$$

当 $d = 1,2,3,6$ 时,$\dfrac{468}{d^2} = 468,117,52,13$. 这时有

$$\begin{cases} x_1^2 + y_1^2 = 468,117,52,13 \\ x_1 y_1 = 41,20,13,6 \end{cases}$$

由此,仅当 $d = 6$ 时, $x = 2, y = 3$ 时,即

整数的性质

$$x = 12, \quad y = 18$$

10. $[84,36,60,48] = 5\,040$，各齿轮转过的圈数是：甲轮60圈，乙轮140圈，丙轮84圈，丁轮105圈.

11. (1) 假设$(a \pm b, ab) = d > 1$，则$d \mid ab$，且$d \mid (a \pm b)$. 又$(a,b) = 1$，故d仅能整除a,b之一. 不妨令$d \mid a$，且$d \nmid b$，由此$d \nmid (a \pm b)$. 这与假设$(a \pm b, ab) = d$矛盾，故$(a \pm b, ab) = 1$.

(2) 设d是$a + b$与$a - b$的任一公约数，即$d \mid (a + b)$, $d \mid (a - b)$，则$d \mid 2a$或$d \mid 2b$. 由于$(a,b) = 1$，因此d只能整除a,b之一. 不妨令$d \mid a$，但$d \nmid b$，由$d \mid 2b$，有$d \mid 2$，即$d = 1$或$d = 2$，因此$(a+b)(a-b) = 1$或$(a+b, a-b) = 2$.

12. 考虑$a + b$与$a^2 + b^2 - ab$的公约数，即考虑$a + b$与$(a+b)^2 - 3ab$的公约数，仅需考虑$a + b$与$3ab$的公约数，因为$(a+b, ab) = 1$，因此$a + b$与$3ab$的公约数等于1或3.

13. 因为$-(2n+1)[n + (n+1)] + 2[n^2 + (n+1)^2] = 1$，所以由裴蜀定理得$(n + (n+1), n^2 + (n+1)^2) = 1$.

14. 由于$(a+b, a^2 + b^2 - ab) = 1$或3(见11题). 所以
$$\begin{cases} a + b = 8 \\ a^2 - ab + b^2 = 73 \end{cases}$$
求得$ab = -3$(舍去)；
$$\begin{cases} a + b = 24 \\ a^2 - ab + b^2 = 219 \end{cases}$$
求得

$$\begin{cases} a_1 = 17, & a_2 = 7 \\ b_1 = 7, & b_2 = 17 \end{cases}$$

15. $(a^3 + 2a, a^4 + 3a^2 + 1) = (a(a^2 + 2a), a^4 + 3a^2 + 1) = (a^3 + 2a, a^2 + 1) = (a^3 + 2a, a(a^2 + 1)) = (a^2, a^2 + 1) = 1.$

16. 假设 $(p, q) = a > 1$,记 $p = ap_1, q = aq_1$,则 $2^{ap_1} - 1$ 和 $2^{aq_1} - 1$ 都能被 $2^a - 1$ 整除,因 $a > 1$,故 $2^a - 1 > 1$,即 $2^p - 1$ 与 $2^q - 1$ 不互素,矛盾.

若 $(p, q) = 1$,不妨设 $p > q$,由辗转相除法有 $p = ql_1 + r_1, q = r_1 l_1 + r_2, \cdots, r_{n-2} = r_{n-1} l_n + r_n, r_{n-1} = r_n l_{n+1}$, $1 = (p, q) = (q, r_1) = (r_1, r_2) = \cdots = (r_{n-1}, r_n) = r_n$. 若 $(2^p - 1, 2^q - 1) = d$,那么,由于
$$2^p - 1 = 2^{ql_1 + r_1} - 1 = 2^{r_1}(2^{ql_1} - 1) + (2^{r_1} - 1) = (2^q - 1)N + (2^{r_1} - 1)$$
其中 N 是整数,有 $(2^q - 1, 2^{r_1} - 1) = d$.

依此方法继续讨论,得
$$d = (2^p - 1, 2^q - 1) = (2^q - 1, 2^{r_1} - 1) = (2^{r_1} - 1, 2^{r_2} - 1) = \cdots = (2^{r_{n-1}} - 1, 2^{r_n} - 1)$$
注意到 $r_n = 1$,即 $d = 1$.

17. 设 d 是 $a_1, a_2, \cdots, a_{49}$ 的公因数,则 $d \mid 999$ 且 $999 \geqslant 49d$. 因 $999 = 3^3 \times 27$,故 $d \leqslant 9$. 故所求的最大公因数的最大值为 9.

18. 若 $n = P^k, P$ 为质数 $(k \in \mathbf{N})$,则 $M_n = PM_{n-1}$,若 n 不是某个质数的幂,设 $n = ab, a, b$ 互质,且均大于 1,则 $a, b \leqslant n - 1$,于是 n 整除 M_{n-1},故此时 $M_n = M_{n-1}$. 所以,$M_n = M_{n-1}$ 成立的充要条件是:n 不是某个质数的幂.

19. (1) 若 m 是奇数,则 $f(mn) = g^{mn} + 1 = g^{nm} -$

整数的性质

$(-1)^m = (g^n+1)[g^{n(m-1)} - g^{n(m-2)} + \cdots + 1] = f(n)[g^{n(m-1)} - g^{n(m-2)} + \cdots + 1]$,故 $f(m)$ 整除 $f(mn)$.

(2)若存在自然数 k,使 $f(n)$ 与 $f(2kn)$ 的最大公因数 $m > 1$,则

$$f(n) = g^n + 1 = \alpha m \qquad ①$$
$$f(2kn) = (g^n)^{2k} + 1 = \beta m \qquad ②$$

从式①中解出 g^n 代入式②得

$$(\alpha m - 1)^{2k} + 1 = \beta m \qquad ③$$

将式③左边展开后,可表成 $rm + 2$(r 为整数)的形式,故 $m(\beta - r) = 2$,即 $m \mid 2$,所以 $m = 2$.

由式①知,$g^n + 1$ 是偶数,g 为奇数,矛盾.

20. 因为 $x^5 + x^4 + 1 = (x^2 + x + 1)(x^3 - x + 1)$

$x^5 - x^4 - 1 = (x^2 - x + 1)(x^3 - x - 1)$

所以

$1989^2 + 1989 + 1 \mid m$

$1990^2 - 1990 + 1 \mid n$

而

$1989^2 + 1989 + 1 = 1989 \times 1990 + 1$

$1990^2 - 1990 + 1 = 1990 \times 1989 + 1$

所以 $1989 \times 1990 + 1$ 是 m, n 的一个公因数.

21. 先求出 9,8,7,6 的最小公倍数 504,在 10 000 中为 504 的倍数的有 19 个,由所求数为四位数,则应从总数中减去一个三位数,故这样的四位数有 18 个.

练习七

1. (1)1;(2)9;(3)7;(4) 奇;(5)7;(6)5;(7)5;

(8)7 029;(9)01;(10)76;(11)125;(12)3;(13)6.

2. 因为$G(3^{1980}) = G(3^4) = 1$,$G(4^{1981}) = G(4) = 4$,所以$G(3^{1980} + 4^{1981}) = 5$,即$5 \mid 3^{1980} + 4^{1981}$.

3. 因为$G(n^5) = G(n)$.所以$G(n^5 - n) = 0$.又因为$n^5 - n = n(n^4 - 1) = n(n^2 + 1)(n - 1)(n + 1)$是3的倍数,且$(3,10) = 1$,所以$30 \mid n^5 - n$.

4. 9

5. 6

6. (1)2 (2)8

7. 因为$G(2^{2^n} + 1) = G[G(2^{2^n}) + 1]$,而
$$G(2^{2^n}) = G(2^{4 \cdot 2^{n-2}}) = G[(2^4)^{2^{n-2}}] =$$
$$G(16^{2^{n-2}}) = G(6^{2^{n-2}}) = 6$$

所以
$$G(2^{2^n} + 1) = G[G(2^{2^n}) + 1] = 7$$

8. 考虑末位数.

9. 分$n = 4k, 4k+1, 4k+2, 4k+3$四种情况进行讨论.

10. a的个位不能为0或5.(1)当a的个位数为1,3,7,9时,a^4的个位数均为1,于是$a^4 - 1$的个位数为0;(2)当a的个位数为2,4,6,8时,a^4的个位数均为6,于是$a^4 - 1$的个位数都是5,所以,$5 \mid a^4 - 1$.

11. 因为$G(2^{4k}) = 6$,$G(2^{4k+1}) = 2$,$G(2^{4k+2}) = 4$,$G(2^{4k+3}) = 8$.当$a = 6$时,命题显然成立;在其他情形下,要证明命题,只要证明b是3的倍数即可.当$a = 2$时,$n = 4k + 1$,$b = \dfrac{2^n - a}{10} = \dfrac{2^{4k+1} - 2}{10} = \dfrac{1}{5}(2^{4k} - 1) = \dfrac{1}{5}(16^k - 1) = \dfrac{1}{5}(16 - 1)(16^{k-1} + 16^{k-2} + \cdots + 16 +$

整数的性质

1) $=3(16^{k-1}+16^{k-2}+\cdots+16+1)$ 是 3 的倍数. 当 $a=4$ 或 8 时,同理可证 b 是 3 的倍数.

12. 设所求数为 $p>0$, p^2 既具有末三位数,则 p^2 至少有三位数,p 至少有两位数. 设 $p=10a\pm b$(a,b 为正整数, $1\leqslant b\leqslant 5$), $p^2=100a^2\pm 20ab+b^2=100a^2+10(\pm 2ab)+b^2$. 经检验知当 $b=1,3,5,4$ 时, p^2 的十位和个位数字奇偶性相反;当 $b=2$ 时, p^2 的末两位数字奇偶性相同. 所以,所求数必须形如 $10a+2$,而 $p=12$ 时, $p^2=144$,末两位数字为 4.

又注意 $(5n\pm x)^2=2\,500n+100nx+x^2=100(25n^2+nx)+x^2$,所以 $(50n\pm 12)^2=100(25n^2\pm nx)+144$. 容易验证上式中当 $n=1$, 并取"$-$"号时, 有 $38^2=1\,444$ 即是符合要求的最小正整数.

13. 因为 $315^{1981}=315\times 315^{1980}$,先证 315^{1980} 的末三位数是 625. 因为 $315^{1980}-625=315^{1980}-5^4=(315^{990}+25)(315^{495}+5)(315^{495}-5)$. 而这三个括号内各数的末位数都是 0, 故 $315^{1980}-625=1\,000M$(M 为正整数). 所以 315^{1980} 的最后三位数为 625. 所以 315^{1981} 的最后三位数即 315×625 的最后三位数为 875.

练习八

1. (1) C (2) A (3) C (4) C (5) C (6) C (7) B (8) B (9) D (10) D (11) C

2. (1) 2; (2) 6 或 10; (3) 3; (4) 1; (5) 1; (6) 0. 因为 $5^{100}+2\times 3^{99}+1=5\times 5^{99}+5\times 3^{99}-3\times 3^{99}+$

$1 = 5(5^{99} + 3^{99}) - (3^{100} - 1)$,而 $8 \mid 5^{99} + 3^{99}$,$3^{100} - 1 = 9^{50} - 1$,所以 $8 \mid 3^{100} - 1$. 所以 $8 \mid 5^{100} + 2 \times 3^{99} + 1$;

(7) 27.

3. 设除数为 m,余数为 $r(m, r$ 为正整数,且 $r < m)$ 则有

$$2\ 836 = ma + r \qquad ①$$
$$4\ 582 = mb + r \qquad ②$$
$$5\ 164 = mc + r \qquad ③$$
$$6\ 522 = md + r \qquad ④$$

② − ① 得

$$(b - a)m = 1\ 746$$

④ − ③ 得

$$(d - c)m = 1\ 358$$

所以 m 是 1 746 和 1 358 的公约数,而

$$1\ 746 = 2 \times 3^2 \times 97, \quad 1\ 358 = 2 \times 7 \times 97$$

所以 $m_1 = 2, m_2 = 97, m_3 = 194$. 经试验知除数为 97,余数为 23 或除数为 194,余数为 120.

4. 设整数 a 被 n 除得商为 q,余数为 r,即 $a = nq + r, r = 0, 1, \cdots, n - 1$. 由抽屉原则知 $n + 1$ 个整数中被 n 除的余数至少有两个相等. 设 $a_i = nq_i + r_i, a_j = nq_j + r_i$,所以 $a_i - a_j = n(q_i - q_j)$.

5. 对 a 按被 3 除得的余数分类进行证明.

6. 任何大于 11 的自然数 N 都可表示成 $3k, 3k + 1, 3k + 2$ 的形式,其中 $k \geqslant 4$.

① $N = 3k$ 时,$N = 6 + 3(k - 2)$,显然 6 为合数,而 $k \geqslant 4$,所以 $k - 2 > 1$,因此 $3(k - 2)$ 也为合数;

② $N = 3k + 1$ 时,$N = 3(k - 1) + 4$;

③ $N = 3k + 2$ 时,$N = 3k + 2 = 3(k - 2) + 8$.

265

整数的性质

7. 因为 p,q 为质数,所以可令 $p = 2m + 1, q = 2n + 1$. 这时 $p^2 - q^2 = 4m(m + 1) - 4n(n + 1)$. 所以 $8 \mid p^2 - q^2$.

又因为 p,q 为质数,所以可令 $p = 3r \pm 1, q = 3s \pm 1$. 此时 $p^2 - q^2 = (9r^2 \pm 6r) - (9s^2 \pm 6s)$,所以 $3 \mid p^2 - q^2$.

8. 由 $1,0,9,0$ 四个数字可以组成的四位数有 $1\,099, 1\,909, 1\,990, 9\,019, 9\,091, 9\,109, 9\,190, 9\,901, 9\,910$ 共九个. 这九个数被7除的余数分别为 $0,5,2,3,5,2,6,3,5$. 由于 n 与它们之和不能被7除余1,故 n 被7除的余数不能为 $1,3,6,5,3,6,2,5,3$. 即 n 被7除的余数不能是 $1,2,3,5,6$. 而只能为 0 或 4. 所以 $n_1 = 4$, $n_2 = 7, n_1 n_2 = 28$.

9. 记 $N = 10^{1\,989} + 10^{1\,988} + 10^{1\,987} + \cdots + 10 + 1$. 用 $R(p : d)$ 表示 p 除以 d 的余数. 显然
$R(1 : 7) = 1, R(10 : 7) = 3, R(10^2 : 7) = R(3 \times 10 : 7) = 2$
同理
$$R(10^3 : 7) = R(2 \times 10 : 7) = 6$$
$$R(10^4 : 7) = R(6 \times 10 : 7) = 4$$
$$R(10^5 : 7) = R(4 \times 10 : 7) = 5$$
$$R(10^6 : 7) = R(5 \times 10 : 7) = 1$$
由周期性得 $R(10^{6m+k} : 7) = R(10^k : 7)$,其中 m 为非负整数, $k = 0,1,2,3,4,5$. 由
$$1\,989 = 1\,985 + 4 = (6 \times 330 + 5) + 4$$
$$R(1 + 10 + 10^2 + 10^3 + 10^4 + 10^5 : 7) =$$
$$R(1 + 3 + 2 + 6 + 4 + 5 : 7) = 0$$
$$R(1 + 10 + \cdots + 10^{1\,985} : 7) =$$
$$R(330(1 + 10 + \cdots + 10^5) : 7) = 0$$

可得
$$R(N：7) = R(10^{1986} + \cdots + 10^{1989}：7) =$$
$$R(1 + 10 + 10^2 + 10^3：7) =$$
$$R(1 + 3 + 2 + 6：7) = 5$$

10. 假设把百位数字换成 y, 万位数字换成 x, 而能被 13 整除的数为 Q, 则 $Q = 3 \cdot 10^6 + 10^4 x + 10^2 y + 3$. 注意到 $10^6, 10^4, 10^2$ 被 13 除其余数分别为 1, 3, 9. 则 $3 \cdot 10^6 = 13k_1 + 3, 10^4 x = 13k_2 + 3x, 10^2 y = 13k_3 + 9y$, k_1, k_2, k_3 为自然数, 于是
$$Q = 13(k_1 + k_2 + k_3) + 3(x + 3y + 2)$$
由此, 只需 $x + 3y + 2$ 能被 13 整除.

令 $x + 3y + 2 = 13k$, 因为 $0 \leqslant x, y \leqslant 9$, 所以 $x + 3y + 2 \leqslant 38$, 即 $13k \leqslant 38$. 所以 $k = 1$ 或 2.

当 $k = 1$ 时, $x + 3y + 2 = 13$, 即 $x = 11 - 3y$, 所以 $x = 8, y = 1; x = 5, y = 2; x = 2, y = 3$.

当 $k = 2$ 时, 解得 $x = 9, y = 5; x = 6, y = 6; x = 3, y = 7; x = 0, y = 8$, 故所求的数共有 7 个:

3 080 103, 3 050 203, 3 020 303, 3 090 503,

3 060 603, 3 030 703, 3 000 803.

11. 若 x_1, x_2 都取形如 $3n + 1$ 的整数, 设 $x_1 = 3n_1 + 1, x_2 = 3n_2 + 1$, 由韦达定理
$$p = -(3n_1 + 1 + 3n_2 + 1) = -3(n_1 + n_2 + 1)$$
$$q = (3n_1 + 1)(3n_2 + 1) = 3(3n_1 n_2 + n_1 + n_2) + 1$$
即 p, q 也都是形如 $3n + 1$ 的整数, 而不能为形如 $3n + 2$ 的整数. 所以, 丁不能作出方程, 甲可以作出方程. 如取 $x_1 = 1, x_2 = 1$, 则 $p = -2, q = 1$, 方程 $x^2 - 2x + 1 = 0$ 即符合甲的要求. 同样方法讨论, 知乙丙二人作不出符合所要求条件的方程.

整数的性质

12. 对整数 x,用 3 的剩余类 $3k-1,3k,3k+1$ 来考虑,原方程无整数解.

13. 任一自然数用 3 的剩余类表示 $3k,3k\pm1$ 的形状. $(3k)^3=9(3k^3),(3k\pm1)^3=9(3k^3\pm3k^2+k)\pm1$,任取三个 $9m,9m\pm1$ 形状的数相加,不可能得到形如 $9t+4$ 的数.

14. 由 $x^3=1$ 得 $(x-1)(x^2+x+1)=0$,而 $x\neq1$,从而 $x^2+x=-1$. 当 $n=3k$ 时
$$x^n+x^{2n}=(x^3)^k+(x^3)^{2k}=2$$
当 $n=3k+1$ 时, $x^n+x^{2n}=-1$;当 $n=3k+2$ 时, $x^n+x^{2n}=-1$.

15. 若 a,b,c 都不是 3 的倍数,则无论 a 是 $3k+1$ 或 $3k+2$ 形式的数,均有 $a^2=3m+1$;同理 $b^2=3n+2$,即 $a^2+b^2\neq c^2$. 故 a,b,c 中至少有一个是 3 的倍数.

16. 假设 $3 \nmid a$,则 $a^2=3k+1$,而对于任意整数 b,有 $b^2=3m$ 或 $3m+1$,于是 $a^2+b^2=3n+1$ 或 $3n+2$,均与已知 $3\mid a^2+b^2$ 矛盾,所以 $3\mid a$,同理可证 $3\mid b$.

17. 因为 $5\in\{3k+2\},5^2\in\{3k+1\}$. 当 n 为偶数时, $5^n\in\{3k+1\}$,故 $3\nmid 5^n+1$;当 n 为奇数时, $5^n\in\{3k+2\}$,所以 $3\mid 5^n+1$,故所求 n 为一切奇数.

18. 原方程化为 $x^{2n}+1=3y^2$. 若 $x\in\{3k\}$,则 $x^{2n}\in\{3k\},x^{2n}+1\in\{3k+1\}$,但右边 $3y^2\in\{3k\}$,等式不成立. 如果 $x\in\{3k+1\}$ 或 $x\in\{3k+2\}$ 均有 $x^{2n}\in\{3k+1\},x^{2n}+1\in\{3k+2\}$,方程也不满足,故原方程无整数解.

19. 设 $x=3k+r(r=0,1,2)$,则 $x^3=(3k+r)^3=9(3k^3+3k^2r+kr^2)+r^3$,可知 x^3 被 9 除,余数为 0 或 1 或 8;同理 y^3 被 9 除,余数为 0 或 1 或 8. 故 x^3+y^3 被 9

268

除的余数可能为 $0,1,2,7,8$. 而右边 1993 被 9 除余数为 4, 所以原方程无整数解.

20. 设 (x_0, y_0, z_0) 是方程的一组非 0 整数解, 并设 x_0 是一切整数解 (x,y,z) 中的最小 x 值, 则由
$$x_0^3 = 3y_0^3 + 9z_0^3 \qquad ①$$
知 $x_0 \in \{3k\}$, 设 $x_0 = 3x_1$, 代入式①得
$$(3x_1)^3 = 3y_0^3 + 9z_0^3$$
即
$$9x_1^3 = y_0^3 + 3z_0^3 \qquad ②$$
知 $y_0 \in \{3k\}$. 令 $y_0 = 3y_1$, 代入式②, 得
$$9x_1^3 = (3y_1)^3 + 3z_0^3$$
即
$$3x_1^3 = 9y_1^3 + z_0^3 \qquad ③$$
知 $z_0 \in \{3k\}$. 令 $z_0 = 3z_1$, 代入式③ 得
$$3x_1^3 = 9y_1^3 + (3z_1)^3$$
即
$$x_1^3 = 3y_1^3 + 9z_1^3 \qquad ④$$
这说明 (x_1, y_1, z_1) 也是原方程一组非零整数解. 但因 $x_0 = 3x_1$, 所以 $x_1 < x_0$. 这与 x_0 是一切非 0 整数解中最小的 x 值的假设矛盾. 故原方程除 $x = y = z = 0$ 外无其他整数解.

21. $n = 7k$ 时显然, 又 $n = 1,2,3$ 时易验证 $7 \mid 1^6 - 1, 7 \mid 2^6 - 1, 7 \mid 3^6 - 1$, 但
$$(7k \pm 1)^6 - 1 = 7l + (1^6 - 1)$$
$$(7k \pm 2)^6 - 1 = 7t + (2^6 - 1)$$
$$(7k \pm 3)^6 - 1 = 7f + (3^6 - 1)$$
所以 $n = 7k \pm 1, 7k \pm 2, 7k \pm 3$ 时, 都有
$$7 \mid n(n^6 - 1)$$

整数的性质

22. 因为 $l = 1, 2, \cdots, 6$ 时,都有 $7 \nmid 2^l + 1$,但 $7 \mid 2^6 - 1$,所以当 $n = 6k + l (1 \leq l \leq 6)$ 时有
$$2^n + 1 = (2^{6k} - 1)2^l + 2^l + 1 =$$
$$(2^6 - 1)m + (2^l + 1)$$
所以 $7 \nmid 2^n + 1$.

23. 设 $y = n^k$,则 $A = 2y^3 + 4y + 10 = 3(y^3 + y + 3) - (y^3 - y) + 1, 3 \mid y^3 - y$,所以 $A = 3l + 1$ 形的数. 另一方面三个及更多个连续整数之乘积是 3 的倍数,两个连续整数 s 与 $s+1$ 之乘积

$$s(s+1) = \begin{cases} 3t & (s = 3u \text{ 或 } 3u - 1) \\ 3t - 1 & (s = 3u + 1) \end{cases}$$

不可能是 $3l + 1$ 形的数. 所以 A 不是两个或更多个连续整数之乘积.

24. 当 $n = 4k, 4k + 2, 4k + 3$ 时,先走者必胜. 因为第一格放有一粒棋子,所以他第一步可分别走 3 格、1 格、2 格,然后每次走的格数和对方前一步走的格数正好凑成 4,即总是构成 4 的整数倍,这样就能最先到达最后一格. 当 $n = 4k + 1$ 时,后走者必胜.

25. 取 $n = 3k + 2(k$ 为自然数$)$,由等式 $n^2 = x^2 + p$ 得 $p = n^2 - x^2 = (n - x)(n + x)$. 因为 p 为素数,$n > x$,则 $n - x = 1, n + x = p$,从而 $p = 2n - 1 = 3(2k + 1)$,这是不可能的.

26. (1) 若 a, b 中有一个能被 5 整除,则问题已解决;(2) 若 a, b 都不能被整除. 令 $a = 5k + r, b = 5k' + r'(r, r' = 1, 2, 3, 4)$. 于是 $a^2 \pm b^2 = (5k + r)^2 \pm (5k' + r')^2 = 5k(5k + 2r) \pm 5k'(5k' + 2r') + (r^2 \pm r'^2)$. 注意到 $r^2, r'^2 = 1, 4, 9, 16$,而这四个数中,任何两个或其差能被 5 整除,或其和能被 5 整除. 所以 $r^2 \pm r'^2$ 能被 5 整

除. 因此,$a^2 + b^2, a^2 - b^2$ 中必有一个能被 5 整除.

27. 令 $p = 8k + r(r = 0, 1, \cdots, 7)$. 则 $p^2 - 1 = (8k + r)^2 - 1 = 8^2 k^2 + 2 \cdot 8kr + r^2 - 1$. 当 $r = 0, 1, \cdots, 7$ 时,$r^2 - 1 = -1, 0, 3, 8, 15, 24, 35, 48$. 由此可见,当 $p = 8k + 1, 8k + 3, 8k + 5, 8k + 7$ 时,$p^2 - 1$ 能被 8 整除.

28. 若 $n^2 + 4n + 11$ 是 49 的倍数,则有整数 m,使 $n^2 + 4n + 11 = 49m$. 即
$$n^2 + 4n + 4 = 7(7m - 1)$$
或
$$(n + 2)^2 = 7(7m - 1)$$

由此可见 $(n + 2)^2$ 应能被 7 整除,但 7 为质数,所以 $n + 2$ 应能被 7 整除. 令 $n + 2 = 7k$,则 $7^2 k^2 = 7(7m - 1)$ 或 $7k^2 = 7m - 1$. 于是 $1 = 7(m - k^2)$. 因 $m - k^2$ 为整数,所以这个等式是不成立的. 因此,$n^2 + 4n + 11$ 不能是 49 的倍数.

29. 先证 $5 \nmid m$. 令 $p = am^3 + bm^2 + cm + d$,则 $p = m(am^2 + bm + c) + d$. 由题意,p 能被 5 整除. 令 $m = 5k + l(l = 1, 2, 3, 4)$. 对于 $m = 5k + l$,总可选取 n,使 $mn - 1$ 能被 5 整除. 例如,当 $l = 2$ 时,令 $n = 3$,则 $mn - 1 = 3m - 1 = 5(3k + 1)$ 能被 5 整除. 由于
$$pn^3 - (a + bn + cn^2 + dn^3) = (mn - 1) \cdot [a(m^2 n^2 + mn + 1) + bn(mn + 1) + cn^2]$$

及 $(mn - 1)$ 都能被 5 整除,所以 $5 \mid a + bn + cn^2 + dn^3$.

30. 略.

31. 17 个相异的正整数中,必有两个的尾数相同,不妨设为 a_1, a_2,则剩下的 15 个相异的正整数中又有两个的尾数相同,不妨设为 a_3, a_4;同样在剩下的 13 个整数中有 a_5, a_6 的尾数相同;在剩下的 11 个整数中有

271

整数的性质

a_7, a_8 被2除余数相同，故 $(a_1 - a_2) = 10m_1, a_3 - a_4 = 10m_2, a_5 - a_6 = 10m_3, a_7 - a_8 = 2m_4$，所以 $(a_1 - a_2)(a_3 - a_4)(a_5 - a_6)(a_7 - a_8) = 2\,000t$。

32. 由题意 $x^4 + y^4 < 98(x + y)$，不妨设 $x \geqslant y$，则 $x^4 < 98 \times 2x$，即 $x^3 < 196$，所以 $x \leqslant 5$。注意到 $1^4 = 1, 2^4 = 16, 3^4 = 81, 4^4 = 256, 5^4 = 625$。仅有 $5^4 + 4^4 = 881$，而 $881 = (5 + 4) \times 97 + 8$，所以余数为 8。

33. 设 10 个小孩分得的糖果分别是 $x_1, x_2, \cdots, x_{10}$，并设 $s_1 = x_1, s_2 = x_1 + x_2, s_3 = x_1 + x_2 + x_3, \cdots, s_{10} = x_1 + x_2 + \cdots + x_{10}$，用 10 除 s_i，所得的商和余数分别记为 $q_i, r_i (i = 1, 2, \cdots, 10)$。即 $s_i = 10q_i + r_i (i = 1, 2, \cdots, 10, 0 \leqslant r_i < 10)$。因为 $r_1, \cdots, r_{10}$ 都是小于 10 的非负整数，所以或有一个 $r_j = 0$，或者有两个相同。不妨设 $r_k = r_l, k > l(j, k, l = 1, 2, \cdots, 10)$，对于第一种情况有 $x_1 + x_2 + \cdots + x_j = 10q_j$，而 $q_j \neq 0$，否则 $s_j = 0$，与每人至少分得一块矛盾，对于第二种情况有

$$x_{i+1} + \cdots + x_k = s_k - s_l = 10(q_k - q_l)$$

而 $q_k \neq q_l$，否则 $s_k = s_l$，与每人至少分得一块矛盾。

这两种情况说明了必有一些小孩，他们分得的糖果数之和是 10 的倍数。

练习九

1. (1) C (2) C (3) C (4) B (5) C (6) A (7) B (8) A

2. 四个正整数 a, b, c, d 两两相加是 $a + b, a + c, b + c, a + d, b + d, c + d$。由于 a, b, c, d 满足 $c < d <$

参考答案

$a < b$，所以这六个和数也满足 $c + d < c + a < c + b < d + b < a + b$ 和 $c + d < c + a < d + a < d + b < a + b$. 因此，$a + b = 102, d + b = 99, c + d = 26, c + a = 29$. 因为 $b - c = (d + b) - (c + d) = 99 - 26 = 73$，所以 $b + c > 73$. 因而 $b + c = 93$，由此 $b = 83, c = 10, a = 19, d = 16$. 于是 $100a + b = 1\,983, 100c + d = 1\,016$.

3. 由于 $1\,001 = 7 \times 43, 999\,999 = 7 \times 142\,857$. 所以 $\overline{810ab315} = 81 \times 10^6 + \overline{ab} \times 10^3 + 315 = 81(999\,999 + 1) + \overline{ab} \times (1\,001 - 1) + 315 = 81 \times 999\,999 + 81 + \overline{ab} \times 1\,001 - \overline{ab} + 315 = 7k + 81 - \overline{ab}$. 所以 $81 - \overline{ab}$ 为 7 的倍数. 设 $81 - \overline{ab} = 7k'$（k' 为非负整数），则 $81 - 7k' = \overline{ab} \geq 0$，故 $k' \leq 11$. 当 $k' = 0, 1, 2, \cdots, 11$ 时，$\overline{ab}$ 分别为 $81, 74, 67, 60, 53, 46, 39, 32, 25, 18, 11, 04$，其中满足 $a + b$ 为质数的只有 5 个：$11, 25, 32, 67, 74$. 故答案为 $81\,011\,315, 81\,025\,315, 81\,032\,315, 81\,067\,315, 81\,074\,315$.

4. 23.

5. 由 $E + E = 10$，得 $I = 0$. 观察算式知：$B + L = B, B + L = 10 + B, B + L + 1 = 10 + B$. 所以 $L = 0$ 或 10. 不可能，故 $L = 9$. 从而可求得 $A = 1, B = 2, C = 3, D = 4, E = 5, F = 6, G = 7, H = 8, L = 9$.

6. 27.

7. $\overline{xy} - \overline{yx} = 9(x - y)$. 欲使 $9(x - y)$ 为立方数，则 $x - y = 3$. 所以 $x = 3, 4, 5, 6, 7, 8, 9$，故这样的两位数共有 7 个.

整数的性质

8.
(1) 9 5 6 7
   + 1 0 8 5
   ─────────
     1 0 6 5 2

(2)   3 4 8
      ×   2 8
     ─────────
         2 7 8 4
         6 9 6
     ─────────
         9 7 4 4

9. (1) 69 104 = 1 234 × 56；(2) 3 201 × 3 201 = 10 246 401；(3) 645 × 721；(4) 245 × 379 = 92 855.

10. 为了叙述方便，每个位置上的数字给以记号. 显然 $z=8, e=m, g=y, p=0, r=0$. 注意到算式中有两处是四位数减去三位数，得两位数，这样的四位数中的千位和百位必然是10，三位数的百位必然

$$\alpha\beta\gamma\,\overline{\big)\,\begin{array}{c}7\ p\ q\ r\ s\\ \overline{a\ b\ c\ d\ e\ f\ g\ 8}\\ \underline{h\ i\ j}\\ k\ l\ m\ l\\ \underline{t\ u\ v}\\ w\ x\ y\ z\\ \underline{w\ x\ y\ z}\\ 0\end{array}}$$

是9，所以 $a=1, b=0, h=9$，所以 $\overline{10cd} - \overline{9ij} = 10$，必有 $c=0, i=9$. 所以 $990 \leqslant \overline{hij} \leqslant 999$. 因 $\overline{hij}$ 是7的倍数，所以只有994，于是 $j=4$. 因为 $994 \div 4 = 142$，立即可得 $\overline{\alpha\beta\gamma} = 142$. 易得 $d=4$，又由于 $142 \times s$ 的个位数是8，则 s 只能是4或9. 但 $s=4$ 时，$142 \times 4 = 568$ 不是四位数，而 $\overline{wxy8}$ 是四位数，所以 $s \neq 4$，所以 $s=9$. 显然 $g=7$. 注意到 $142 \times q = \overline{9uv}$，则必有 $q=7$，所以 $\overline{9uv} = 994$. 所以 $u=9, v=4$，于是 $e=0, f=6$. 故算式中被除数为 10 040 678，除数为142，商数为70 709.

11. (1) 如右算式，由最后一层可知 $c=0. \overline{efg} - \overline{hij}$ 是三位数，而 $\overline{lmnp} - \overline{rst}$ 是两位数. $\overline{lmnp} > \overline{efg}$，所以 $\overline{rst} > \overline{hij}$. 所以 $b > 7$. a 和 d 与除数相乘后都得四位数，

所以 $a>b, d>b$. 所以 $b=8, a=d=9$. 故知商式为 97 809. 又因 $\overline{rst} \leqslant 999$, 所以除数不能大于 $\left[\dfrac{999}{8}\right]=124.$

$\overline{xy}$ 不能大于 11, 应是 10 或 11(因为 $\overline{xy\times\times}<9\times 124$).

又 $\overline{lmnp}\geqslant 1\,000$, 所以 $\overline{rst}>988$. 因为 $123\times 8=984$, 所以除数一定大于 123. 故除数只能为 124. $124\times 97\,809=12\,128\,316.$

(2) 所求的四位数为 1 008 和 1 035.

12. $3\times 4=12=60\div 5.$

13. 1 089. $\overline{abcd}\times 9$ 仍为四位数 $\overline{dcba}\Rightarrow a=1, d=9.$ 由 $1\,009\leqslant\overline{1bc9}\leqslant 1\,111\Rightarrow\overline{bc}\leqslant 10.$ 若 $\overline{bc}=10\Rightarrow 1\,109\times 9\neq 9\,011\Rightarrow b=0, c=8.$

14. $512=(5+1+2)^3.$

15. 令 $x=\overline{abcde}, y=\overline{pqrst}.$ 由 $y=2(x+1)\Rightarrow p=5, a=2.$ 由 e 为奇数, t 为偶数 $\Rightarrow e=5, t=2.$ 由 $b\times 2=\overline{1b}\Rightarrow b=9.$ 从而 $c=d=9.$ 所以 $x=29\,995.$

16. 因为 $89<\sqrt{8\,000}<\sqrt{8\square\square 1}<\sqrt{9\,000}<95.$ 所以可计算等式右边的四位数为 8 281. 而 $\square\square\times\square\square\div 9=91$, 所以 $\square\square\times\square\square=91\times 9=13\times 7\times 3^2=13\times 63=21\times 39$, 所以 $(21\times 39\div 9)^2=8\,281.$

17. $442\times 444\times 446=87\,526\,608.$

18. 设 $\overline{BID}=x, \overline{FOR}=y,$ 则 $3(1\,000x+y)=4(1\,000y+x), 428x=571y.$ 因为 $(428,571)=1,$ 所以

275

整数的性质

$x = 571, y = 428.$

19. 由 $2\,000 < 2^x \cdot 9^y < 3\,000$,而 $9^3 = 729, 9^4 = 6\,561$,所以 $y \leqslant 3$ 且 $x \neq 0$. 于是 $\overline{2x9y}$ 必为偶数,因为 $y \neq 0$,所以 $2^x \cdot 9^2 = \overline{2x92}$. 从而 $x = 5, y = 2$.

20. $x = 4, y = 4$.

21. 如果 p^n 的 20 个数字无三个相同,则只能是出现两个 0,两个 1……两个 9,于是各位数字之和 $0 + 0 + 1 + 1 + \cdots + 9 + 9 = 90$,它被 3 整除,所以 $3 \mid p^n$,但假设 $p > 3, (p, 3) = 1$,矛盾.

22. 设此四位数为 $397k$,则 $397k = n^2 + (n+1)^2$. 所以 $397k = 2n^2 + 2n + 1$,知 k 必为奇数,且 $1\,000 < 397k < 9\,999$,所以 $3 \leqslant k \leqslant 25$. 又因为 $397k - 1 = 2n(n+1)$,所以 $397k$ 必为 4 的倍数,即 $397k - 1$ 的末两位数是 4 的倍数. 当 $k = 3$ 时,$3 \times 397 = 1\,191$,而 90 非 4 的倍数,不满足要求. 当 $k = 5$ 时,$5 \times 397 = 1\,985.84$ 是 4 的倍数,且 $1\,985 = 2 \times 31 \times 32 + 1 = 31^2 + 32^2$.

23. 原式可写为 $\overline{\square\square\square\square\square\square} - 7 = \overline{\square\square}8 \times 165$,所以左端六位数个位数字必为 7. 首位数字为 1.

24. $15, 30, 60$ 和 90.

25. 设甲数 $= \overline{abcd}$,按题意,有 $2B = a + d < 20, B < 10$,因为 $\lg Z = A + \lg B = \lg 10^A B$,所以乙数 $= 10^A B$. 因为乙是四位数,B 是一位数,所以 $A = 3$. 即乙 $= 1\,000B = \overline{B000}$. 因为 $20 > b + c = $ 乙 $-$ 甲 $= \overline{B000} - \overline{abcd}$,所以 $a = B - 1, b = 9, b + c = 100 - 10c - d$. 即 $11c = 91 - d = 88 + (3 - d)$. 由此式可知 $3 - d$ 能被 11 除尽. 所以 $d = 3$,从而 $c = 8$. 所以 $B = 2, a = 1$. 所以甲数 $= 1\,983$,乙数 $= 2\,000$.

参考答案

26. 设这个四位数是 $\overline{abcd}$. 由于 $1 \leqslant a < d, d$ 是奇数，所以 $d \geqslant 3$，于是 $c = 2(a+d) \geqslant 2(1+3) = 8$，即 $c = 8$ 或 $c = 9$. 因 c 是偶数，所以 $c = 8$，所以 $a = 1, d = 3$，从而 $b = 9$，所求数为 1 983.

27. $1,27,27$ 或 $2,6,3$.

28. 100 200 100；225 450 225；196 392 196，441 882 441 及 484 968 484.

29. 55 350；5 503 500；550 035 000；$\dfrac{10^{n-1}}{2}(10^n + 10^{n-1} + 7)$.

30. 设原数为 N，末位数字为 a，则
$$5N = (N - a) \div 10 + a \times 10^n$$
即
$$49 = a(10^{n+1} - 1) = a \cdot \underbrace{99\cdots 9}_{n+1 \text{个}}$$
所以 $a = 7$
$$N = \underbrace{142\ 859\ 142\ 857\cdots 142\ 857}_{\text{共}k\text{个}}$$

31. 设 n 为 $n+1$ 位数，则 $9 \times 10^k + \dfrac{n-9}{10} = 3n$. 即 $n = \dfrac{9(10^{k+1} - 1)}{29}$. 因为 n 是自然数且 $29 \nmid 9$，所以 $29 \mid (10^{k+1} - 1)$，即 10^{k+1} 被 29 除余 1. 又因为 10^2 被 29 除余 13. 所以 10^4 被 29 除余 -5，$10^6 = 10^2 \cdot 10^4$ 被 29 除余 -7，$10^7 = 10^6 \cdot 10$ 被 29 除余 -12，$10^{14} = (10^7)^2$ 被 29 除余 -1，所以 $29 \mid (10^{28} - 1)$，即 $k + 1 = 28$，所以 $n = \dfrac{9(10^{28} - 1)}{29} = 3\ 103\ 448\ 275\ 862\ 068\ 965\ 517\ 241\ 379$

32. 123 654 或 321 654.

整数的性质

33. 依题意有 $\dfrac{1\,000x + 10y + z}{100x + 10y + z} = n$,可改写为

$$\dfrac{9}{1 + (10y + z)/(100x)} + 1 = n \qquad ①$$

因为 $100x > 10y + z, 0 < x < 10, 0 \leqslant y < 10, 0 \leqslant z < 10$,所以 $0 \leqslant \dfrac{10y + z}{100x} < 1$ 及 $5 < n \leqslant 10$. 设 $n = 6$,由式① 得 $10(8x - y) = z$,因为 $z < 10$,所以 $z = 0$,所以 $8x - y = 0$,所以 $x = 1, y = 8$,得数 $1\,080$;同样,当 $n = 7;8;9;10$ 得数 $1\,050$;无解;$2\,025, 4\,050, 6\,075, \overline{x000}$.

练习十

1. (1) B (2) C (3) B (4) A (5) C (6) A (7) B (8) C (9) D (10) B (11) B (12) C (13) D (14) C (15) B (16) A (17) B

2. (1) 24 216; (2) 432; (3) 1 972; (4) 3; (5) 3; (6) 11; (7) 420, 840, 1 260, 1 680.

3. 因为 $(7n + 6) - (4n + 5) = 3n + 1, (4n + 5) - (3n + 1) = n + 4, (3n + 1) - 2(n + 4) = n - 7, (n + 4) - (n - 7) = 11$. 当 $n - 7$ 能被 11 整除时,11 为 $7n + 6, 4n + 5$ 的最大公约数,且因 11 是素数,所以 $7n + 6, 4n + 5$ 的约数大于 1 的只有 11. 设 $n - 7 = 11k$(k 为整数),由 $0 < n < 50$ 得 $-\dfrac{7}{11} < k < \dfrac{43}{11}$,故当 $k = 0, 1, 2, 3$ 时,满足条件的值分别为 $7, 18, 29, 40$.

5. 因为 $46^n + 296 \cdot 13^n = (46^n - 13^n) + 9 \cdot 33 \cdot 13^n$ 能被 33 整除,又当 n 是奇数时,$46^n + 296 \cdot 13^n =$

$(46^n + 13^n) + 5 \cdot 59 \cdot 13^n$ 能被 59 整除,且 $(33,59) = 1$, $33 \cdot 59 = 1\,947$,故当 n 为奇数时,$46^n + 296 \cdot 13^n$ 能被 $1\,947$ 整除.

6. 设 $a_1, a_2, \cdots, a_n$ 满足题设,则
$$a_1 + a_2 + \cdots + a_n = 0 \qquad ①$$
$$a_1 a_2 \cdots a_n = n \qquad ②$$

若 n 为奇数,则由式 ② 知所有因数 a_i 都为奇数,但奇数个奇数之和为奇数,故式 ① 不成立. 所以 n 只能为偶数,由式 ② 知 a_i 中必有一个偶数,由式 ① 知 a_i 中必有另一个偶数,于是 a_i 中必有两个偶数,因而由式 ② 知 n 必能被 4 整除.

7. n 为偶数.

8. 用反证法. 设 $121 \mid n^2 + 2n + 12$. 即 $n^2 + 2n + 12 = 121k$,于是 $(n+1)^2 = 11(11k - 1)$,所以 $11 \mid (n+1)^2$,因为 11 是质数,所以 $11 \mid n + 1$. 从而 $11^2 \mid (n+1)^2$,即 $121 \mid 11(11k-1)$,所以 $11 \mid 11k - 1$,矛盾.

9. 对 26 460 作质因数分解,并证明所给的表达式可被 $5 \cdot 7^2$ 和 $2^2 \cdot 3^2$ 整除.

10. 不能被 3 整除的奇数可设为 $6k + 1$ 或 $6k - 1$.

11. (1) 因为 $2ab \mid 2a + 2b + ab - 1$,可设 $2a + 2b + ab - 1 = 2abm$(因为 $a > b > 2$,所以 $2a + 2b + ab - 1 > 0, 2ab > 0$,所以 m 为自然数),所以 $ab - 1 = 2n$(n 为自然数),所以 $(2a-1)(2b-1)(ab-1) = (4ab - 2a - 2b + 1)(ab - 1) = 2n(5ab - 2abm) = 2abn(5 - 2m)$.

(2) 设 $2a + 2b + ab - 1 = 2abm$(m 为自然数) ①

所以 $2b - 1 = a(2bm - 2 - b) = an$($n$ 为自然数) ②

整数的性质

因为 $a > b > 2$,所以 $2b - 1 > bn$,所以 $b(2 - m) > 1$,从而 $2 - n > 0$,所以 $n < 2$,所以 $n = 1$,代入式 ② 得

$$a = 2b - 1 \qquad ③$$

由式 ① 又有 $2a - 1 = b(2am - 2 - a) = bp$($p$ 为自然数),将式 ③ 代入,得 $bp = 4b - 3$,即 b 可整除 3. 但 $b > 2$,所以 $b = 3$. 代入式 ③ 得 $a = 5$.

12. 当 $n = 0$ 时,$F(0) = 0$ 自然成立,而
$$F(n) = 2\,179^n - 1\,959^n - 1\,702^n + 1\,482^n =$$
$$(2\,179^n - 1\,702^n) - (1\,959^n - 1\,482^n)$$
因为
$$2\,179 - 1\,702 = 1\,959 - 1\,482 = 477$$
所以 $F(n)$ 可被 477 整除;同时又有
$$F(n) = (2\,179^n - 1\,959^n) - (1\,702^n - 1\,482^n)$$
而
$$2\,179 - 1\,959 = 1\,702 - 1\,482 = 220$$
所以 $F(n)$ 也可被 220 整除. 因为 $(477, 220) = 1$. 所以 $F(n)$ 能被 $477 \times 220 = 1\,980 \times 53$ 整除.

13. 因甲取的球总数是乙取的球的总数的 2 倍,所以甲乙两人取走的球数之和是 3 的倍数. 而九个袋中的总数为 167 且 $167 = 3 \times 35 + 2$,则剩下一袋球数也是 3 的倍数多 2,故剩下的一袋应是 14 个球的那袋.

练习十一

1. 原式可改成 $\dfrac{m(m + 1)(m + 2)}{6}$.

参考答案

2. $h(x) = \dfrac{x}{15}(x^4 - 10x^2 - 15x + 14) = \dfrac{x}{15}[(x^4 - 5x^2 + 4) - 5x^2 - 15x + 10] = \dfrac{1}{15}[(x-2)(x-1)x(x+1)(x+2) - 5x(x-1)(x-2)] = \dfrac{1}{15}h_1(x)$,易见 $h_1(x)$ 能被 15 整除,故 $h(x)$ 是整值多项式.

3. 只要证 $105 \mid (15x^7 + 21x^5 + 35x^3 + 34x)$.

设 x 取正整数 k 时,上式成立,则当 x 取正整数 $k+1$ 时

$15(k+1)^7 + 21(k+1)^5 + 35(k+1)^3 + 34(k+1) = 15(k^7 + 7k^6 + 21k^5 + 35k^4 + 35k^3 + 21k^2 + 7k + 1) + 21(k^5 + 5k^4 + 10k^3 + 10k^2 + 5k + 1) + 35(k^3 + 3k^2 + 3k + 1) + 34k + 34 = (15k^7 + 21k^5 + 35k^3 + 34k) + 105k^6 + 315k^5 + 630k^4 + 735k^3 + 630k^2 + 315k + 105$

由于 $x = k$ 时,$15x^7 + 21x^5 + 35x^3 + 34x$ 为 105 的倍数,那么当 $x = k+1$ 时,$15x^7 + 21x^5 + 35x^3 + 34x$ 也是 105 的倍数. 即由 $x = 1$ 时,上述结论成立,可推知 $x = 2$ 时结论成立. 继而推出 $x = 3$ 时结论成立,依次下去可推知 x 为任何正整数时,结论成立.

4. 由题意可设 $a = 3q + 1, b = 3t - 1$,这样 $a - b = 3k + 2$. 于是 $a^3 + b^3 = (3q+1)^2 + (3t-1)^3 = 27q^3 + 27q^2 + 9q + 27t^3 - 27t^2 + 9t$ 各项均是 9 的倍数.

5. 反证法. 假设 $n^2 + n + 2$ 能被 15 整除,则有 $n^2 + n + 2 = 15k$ (k 为整数),$n = \dfrac{1}{2}(-1 \pm \sqrt{60k - 7})$,而 $6k - 7$ 的末位数字是 3,则 $60k - 7$ 非完全平方数,所以 n 不可能是整数,矛盾.

整数的性质

6. 因为当 $n = 5m$ 时, $f(n) = 5m(5m+1) + 2$ 不是 5 的倍数;当 $n = (5m \pm 1)$ 时, $f(n) = (5m \pm 1) \cdot [(5m \pm 1) + 1] + 2 = 5m[(5m \pm 1) + 1] \pm [(5m \pm 1)] + 2$ 非 5 的倍数;当 $n = 5m + 2$ 时, $f(n) = (5m+2)^2 + (5m+2) + 2 = 25m^2 + 20m + 4 + 5m + 4 = 5(5m^2 + 5m + 1) + 3$ 是 $5k+3$ 型的数,非 5 的倍数;当 $n = 5m + 3$ 时, $f(n) = (5m+3)^2 + (5m+3) + 2$ 是 $5k+4$ 型数,仍非 5 的倍数. 综上所述, $n^2 + n + 2$ 非 5 的倍数,即 $f(n)$ 不是整值多项式.

7. $x^{9999} + x^{8888} + \cdots + x^{1111} + 1 - (x^9 + x^8 + \cdots + x + 1) = (x^{9999} - x^9) + (x^{8888} - x^8) + \cdots + (x^{1111} - x) =$
$x^9(x^{9990} - 1) + x^8(x^{8880} - 1) + \cdots + x(x^{1110} - 1) =$
$x^9[(x^{10})^{999} - 1] + x^8[(x^{10})^{888} - 1] + \cdots + x[(x^{10})^{111} - 1]$

因为
$(x^{10} - 1) | [(x^{10})^{999} - 1], \cdots, (x^{10} - 1) | [(x^{10})^{111} - 1]$

而
$x^{10} - 1 = (x-1)(x^9 + x^8 + \cdots + x + 1)$

所以
$(x^9 + x^8 + \cdots + x + 1) | [(x^{9999} + x^{8888} + \cdots + x^{1111} + 1) - (x^9 + x^8 + \cdots + x + 1)]$

所以
$(x^9 + \cdots + x + 1) | (x^{9999} + \cdots + x^{1111} + 1)$

8. $M = 2 \cdot 2^{6k} + 3 \cdot 3^{6k} + 5^{6k} + 1 =$
$2 \cdot 64^k + 3 \cdot 729^k + 15\,625^k + 1 =$
$2[(7 \cdot 9 + 1)^k - 1] +$
$3[(7 \cdot 104 + 1)^k - 1] +$

参考答案

$$[(7 \cdot 2232+1)^k - 1] + 7.$$

对任何自然数 k 和 a,$(7a+1)^k - 1 = 7aN$ 能被 7 整除. 所以,对于任何整数 $k > 0$,数 M 能被 7 整除.

9. 原多项式可表示为 $p(x) = \dfrac{1}{2 \cdot 5 \cdot 7 \cdot 9}(x-4) \cdot (x-3)(x-2)(x-1)x(x+1)(x+2)(x+3)(x+4)$.

因为 9 个连续整数中总能找到被 2,5,7,9 整除的自然数,因此,对任意 $x \in \mathbf{Z}$,乘积 $\prod_{i=-4}^{4}(x+i)$ 被 $2 \cdot 5 \cdot 7 \cdot 9$ 整除,即 $p(x)$ 的值都是整数.

10. 取 $x = 0$,可得 d 是 5 的倍数;再设 $x = 1$,$x = -1$ 及 $x = 2$,可分别推得 $2b$,$a+c$ 及 $a-c$ 都是 5 的倍数. 由此,即可推得问题中的结论.

11. 作下列恒等式 $p(x) = 6a\dfrac{(x-1)x(x+1)}{6} + 2b\dfrac{x(x-1)}{2} + (a+b+c)x + d$,按条件 $d = p(0)$ 和 $a+b+c+d = p(1)$ 是整数,所以 $a+b+c$ 是整数. 又 $p(-1) = 2b - (a+b+c) + d$,所以 $2b$ 是整数,最后 $p(2) = 6a + 2b + 2(a+b+c) + d$ 是整数,故 $6a$ 是整数. 对任意整数 x,$\dfrac{1}{6}(x-1)x(x+1)$ 和 $\dfrac{1}{2}x(x-1)$ 是整数. 由此及 $6a$,$2b$,$a+b+c$ 和 d 都是整数,问题得证.

12. 令 $p(x) - 7 = (x-m_1)(x-m_2)(x-m_3)(x-m_4)Q(x)$,$Q(x)$ 是整系数多项式. 若有 m_1 使 $p(m) = 14$,则 $p(m) - 7 = 7 = (m-m_1)(m-m_2)(m-m_3)(m-m_4)Q(m)$. $m-m_1$,$m-m_2$,$m-m_3$,$m-m_4$ 是互不相同的整数,$Q(m)$ 也是整数,这与质数 7 至多只能

整数的性质

表示三个不同因数的和矛盾.

13. 用反证法. 假设正整数系数的二次三项式可以分解为两个整系数的一次因式之积, 即

$$ax^2 + bx + c = (d_1x + e_1)(d_2x + e_2) \quad ①$$

其中 d_1, d_2, e_1, e_2 均为整数. 易知 $d_1 d_2 = a > 0$, 即 d_1, d_2 同正负. 不妨设 d_1, d_2 均为正整数. 以 $x = 1991$ 代入式①, 得

$$|1991 d_1 + e_1| \cdot |1991 d_2 + e_2| =$$
$$a \times 1991^2 + b \times 1991 + c = p \quad ②$$

p 为素数.

因式②中左边两个因数都是整数, 又因为它们的积为素数, 所以其中必有一个为1, 不妨设

$$|1991 d_1 + e_1| = 1 \quad ③$$

但另一方面, 由式①易知 $x = -e_1/d_1$ 为 $ax^2 + bx + c = 0$ 的根, 而该方程为正系数, 它只能有负根, 故 $e_1 > 0$. 所以 $1991 d_1 + e_1 > 1$, 与式③矛盾.

练习十二

1. (1) D (2) B (3) D (4) C (5) C (6) C (7) B (8) A (9) B

2. (1) 35; (2) 1 987; (3) 28; (4) 1 105; (5) 200; (6) 100; (7) 180 000; (8) 128; (9) 109;

(10) $\dfrac{1}{\dfrac{1}{x-1} - \dfrac{1}{x}} + x$ 或 $\dfrac{1}{\dfrac{1}{x} - \dfrac{1}{x+1}} - x$; (11) 4 977;

(12) 32; (13) 8.

参考答案

3. 8.

4. 将十个英文字母 A,B,C,D,E,F,G,X,Y,Z, 依次对应十个数字 $0,1,2,3,4,5,6,7,8,9$, 则每一"词"对应一个"五位数", 例如 $AAAAA$ 对应 00000, $AAABC$ 对应 00012. 这样"词表"可改写为"五位数"表: 00000, 00001, 00002, $\cdots$, 00010, $\cdots$, 99999. 因为 $CYZGB$ 对应 28961, $XEFDA$ 对应 74530, 所以, 这两个词之间的个数 k 为 $k = 74\,530 - 28\,961 - 1 = 45\,568$. 注意到 00000 是数表中的第一个数, 故数表中的第 k 个"五位数"是 $45\,568 - 1 = 45\,567$, 它对应"词表"中的第 k 个词就是 $EFFGX$.

5. 每剪一次, 纸片的块数比这次前的块数增加了 6 块, 所以剪了 n 次后应该有 $1 + 6n$ 块纸片. $6n + 1 = 1\,987 \Rightarrow n = 331$. 所以剪到第 331 次后总块数正好是 $1\,987$.

6. 设这个三位数为 $abc, a \neq 0$, 按题意有 $a - b = 2$, $\sqrt{a} + 7 = c \leqslant 9$. 于是 $\sqrt{a} \leqslant 2$, 即 $a = 1$ 或 $a = 4$. 由于 $a = 2 + b \geqslant 2$, 所以 $a \neq 1$, 即 $a = 4$, 从而 $b = 2, c = 9$. 所求三位数为 429.

7. 易见, n 与 $n + 3$ 的最大公约数

$$(n, n+3) = \begin{cases} 3 & \text{当 } 3 \mid n \text{ 时} \\ 1 & \text{当 } 3 \nmid n \text{ 时} \end{cases}$$

当 $(n, n+3) = 1$ 时, OA_n 内无整点, 否则, 设 (m, l) 为 OA_n 内部的整点, $1 \leqslant m < n, 1 \leqslant l < n+3$, 则由 $\dfrac{m}{l} = \dfrac{n}{n+3}$, $m(n+3) = ln$ 推知 $n \mid m$, 这与 $m < n$ 矛盾.

当 $(n, n+3) = 3$ 时, 设 $n = 3k$, 则 OA_n 内有两个整

整数的性质

点$(k, k+1)$,$(2k, 2k+2)$. 所以 $\sum_{i=1}^{1990} f(i) = 2 \times \left[\dfrac{1\,990}{3}\right] = 1\,326$.

8. $f_1(2\,345) = (2+3+4+5)^2 + 2 + 1 = 14^2 + 3 = 199$.

$$f_2(2\,345) = f_1(f_1(12\,345)) = f_1(199) =$$
$$(1+9+9)^2 + 1 + 1 =$$
$$19^2 + 2 = 363$$
$$f_3(2\,345) = f_1(f_2(2\,345)) = f_1(363) =$$
$$(3+6+3)^2 + 1 + 1 = 12^2 + 1 = 145$$
$$f_4(2\,345) = f_1(f_3(2\,345)) = f_1(102) =$$
$$(1+4+5)^2 + 0 + 1 = 10^2 + 2 = 102$$
$$f_5(2\,345) = f_1(f_4(2\,345)) = f_1(102) =$$
$$(1+0+2)^2 + 0 + 1 = 3^2 + 1 = 10$$
$$f_6(2\,345) = f_1(f_5(2\,345)) = f_1(10) =$$
$$(1+0)^2 + 1 + 1 = 1^2 + 2 = 3$$
$$f_7(2\,345) = f_1(f_6(2\,345)) = f_1(3) = 3^2 + 0 + 1 = 10$$
$$f_8(2\,345) = f_1(f_7(2\,345)) = f_1(10) = 3$$
$$f_9(2\,345) = 10$$
$$f_{10}(2\,345) = 3$$
$$\vdots$$
$$f_{1\,990}(2\,345) = 3$$

9. 从 1 开始,每 10 个数含一个个位为 0,而 $2\,222 = 222 \times 10 + 2$,故有 222 个个位 0;从每个整百数起后面的 10 个数都含十位 0,如 $100, 101, \cdots, 109$. 而 $2\,222 = 22 \times 100 + 2$,共含有 $22 \times 10 = 220$ 个十位 0;从整千数起后面的 100 个数都含有百位 0,如 $1\,001, 1\,002, \cdots$,

参考答案

1 099,1～2 222 中含 2 个整千数目大于 2 100,故含有 200 个百位 0;从 1 到 2 222 无千位 0,故从 1 写到 2 222 共写了 222 + 220 + 200 = 642 个 0.

10. 设 $m = m^{k-1} - n$ 两边同乘以 n 得 $nm = n^k - n^2$. 即

$$m + m + \cdots + m = n^k - [1 + 3 + 5 + \cdots + (2n - 1)]$$

所以

$$n^k = (m + 1) + (m + 3) + \cdots + (m + 2n - 1)$$

以下只须证 m 为偶数即可.

当 $k = 2$ 时,$m = 0$;当 $k > 2$ 时

$$n^{k-1} - n = n(n-1)(n^{k-3} + n^{k-4} + \cdots + 1)$$

而 $n(n-1)$ 是偶数,$n^{k-3} + n^{k-4} + \cdots + 1$ 是自然数,所以 $n^{k-1} - n$ 为偶数.

11. 设 $A(n)$ 表示分子、分母之和为 $n(n \geq 2)$ 的所有这类分数的个数,这样的分数把它们写出来应是 $\frac{n-1}{1}, \frac{n-2}{2}, \cdots, \frac{1}{n-1}$,所以 $A(n) = n - 1$. 位于 $\frac{31}{33}$ 之前的分数共有两种类型.

(1) 分子、分母之和小于 31 + 33 = 64 的所有分数,其总数是 $\sum_{i=2}^{63} A(i) = \sum_{i=2}^{63} (i - 1) = \frac{62 \times 63}{2} = 1 953$.

(2) 分子、分母之和为 64,而分母小于 33 的所有分数,其总数是 52. 所以位于 $\frac{31}{33}$ 之前的分数共有 1 953 + 32 = 1 985 项,所以分数 $\frac{31}{33}$ 在数列中位于第 1 986 项.

12. 在环形中如果相邻的七个格子都在接口连线的同旁,则由题意,这七个格子上的数字之和为 7 的倍

整数的性质

数.因此,只要证明既含接口线右边格子,又含接口线左边格子的每相邻七格也具有上述值即可.顺次记纸带上每格的数字为 $a_1, a_2, \cdots, a_{1981}$. 先证 $a_{1981} - a_7$, $a_{1980} - a_6, \cdots, a_{1976} - a_2$ 都是 7 的倍数,考虑等式

$$a_{1981} - a_7 = (a_8 + a_9 + \cdots + a_{1980} + a_{1981}) - (a_7 + a_8 + \cdots + a_{1980})$$

右边两括号都是相邻的 1974 项(即 7×282)之和,因任何相邻七格数字之和都是 7 的倍数,故任何相邻 $7n$ 格的数字之和也是 7 的倍数.因此, $a_{1981} - a_7$ 是 7 的倍数. 同理 $a_{1980} - a_6, \cdots, a_{1976} - a_2$ 都是 7 的倍数. 所以 $a_{1981} + a_1 + \cdots + a_6 = (a_1 + a_2 + \cdots + a_7) + (a_{1981} - a_7)$ 为 7 的倍数. $a_{1980} + a_{1981} + a_1 + \cdots + a_5 = (a_1 + a_2 + \cdots + a_7) + (a_{1987} - a_7) + (a_{1980} - a_6)$ 为 7 的倍数 $\cdots\cdots a_{1976} + \cdots + a_{1981} + a_1 = (a_1 + a_2 + \cdots + a_7) + (a_{1881} - a_1) + \cdots + (a_{1976} - a_2)$ 为 7 的倍数,故原结论成立.

13. 首位为 $j(1 \leqslant j \leqslant 8)$ 的 $l+1$ 位数 k 满足 $j \times 10^l \leqslant k$. 从而 $\frac{1}{k} \leqslant \frac{1}{j} \times 10^{-l}$. 设各位数字不为 9 的 $l+1$ 位数的集合为 $N_l, a_1, a_2, \cdots, a_n$ 中位数至多为 $p+1$,便有 $\sum \frac{1}{a_i} \leqslant \sum_{l=0}^{p} \sum_{p \in N_l} \frac{1}{k} \leqslant \sum_{l=0}^{p} (1 + \frac{1}{2} + \frac{1}{3} + \cdots + \frac{1}{8}) \cdot (\frac{9}{10})^2 \leqslant (1 + \frac{1}{2} + \cdots + \frac{1}{8}) \times 10 \leqslant 30$.

14. 不妨设由上到下左边三挡珠数依次为 a, b, c, 依题意得 $abc = (10-a)(10-b)(10-c) = 1000 - 100(a+b+c) + 10(ab+bc+ca) - abc$, 所以 $abc = 500 - 50(a+b+c) + 5(ab+bc+ca)$, 由于 a, b, c 为非零数码 $1 \leqslant a, b, c \leqslant 9$, 显见 $5 \mid abc$, 所以 a, b, c 三数

中至少有一个是5.

① 显然$a=5,b=5,c=5$是一种符合要求的分珠法;② 若a,b,c中有两个5,则第三个也必为5,实际上仍是①的分珠法;③ 若只有一挡为5.不妨设$a=5$,则$10-a=5$.原式化为$bc=(10-b)(10-c)=100-10(b+c)+bc$;所以$10(b+c)=100$.所以$b+c=10$.这时$b$可取1,2,3,4,6,7,8,9;$c$相应取9,8,7,6,4,3,2,1共8种分珠法.

同理,当$b=5,a,c$均不等于5时,也有8种分珠法;当$c=5,a,b$均不等于5时,也有8种分珠法,所以总计共有$8+8+8+1=25$种分珠法.

15. 仿照前面的例题可知每一百万个位置上的数字为1.

16. 将自然数$1,2,\cdots,354$分成如下177组:$(1,178),(2,179),(3,180),\cdots,(177,354)$

每组中二数差为177.在题给的354个数中任取178个数,由抽屉原理,必有两个数在同一组,这两个数之差是177.

17. 设八个连续自然数之积为

$N=n(n+1)(n+2)(n+3)(n+4)(n+5)(n+6)(n+7)=$

$(n^2+7n)(n^2+7n+6)(n^2+7n+10)(n^2+7n+12)$

令$n^2+7n+6=x$,则

$N=(x-6)x(x+4)(x+6)=$

$x^4+4x^3-36x^2-144x=$

$x^4+4x(x+3)(x-12)$

又由$N-x^4=4x(x+3)(x-12)>0$,所以$N>x^4$.又

整数的性质

$(x+1)^4 - N = 42x^2 + 148x + 1 > 0$,所以 $N < (x+1)^4$,即 $x^4 < N < (x+1)^4$. 故 N 不能是一个完全四次幂的数.

18.(1)因为 $1\,991 = 11 \times 181$,则在 1 991 个数中有 181 个是 11 的倍数,因此,将这些数分成 180 组,使每一组含有 1 个是 11 的倍数,由抽屉原理,其中至少有一组含有两个同是 11 的倍数,故这些数至多可分成 180 组.

(2)把每一组中是 11 的倍数取出来,其实就是
$S = 11 + 22 + \cdots + 1\,991 = 11(1 + 2 + \cdots + 181) = 11 \times 91 \times 81$

19.因为每个真分数满足 $\dfrac{1}{2} \leqslant \dfrac{m}{m+1} < 1$,而所求的数 s 是四个不同的真分数之和,所以 $2 < s < 4$. 可见 $s = 3$,于是可得如下五组不同的真分数:
$\left\{\dfrac{1}{2}, \dfrac{2}{3}, \dfrac{6}{7}, \dfrac{41}{42}\right\}$, $\left\{\dfrac{1}{2}, \dfrac{2}{3}, \dfrac{7}{8}, \dfrac{23}{24}\right\}$, $\left\{\dfrac{1}{2}, \dfrac{2}{3}, \dfrac{9}{10}, \dfrac{14}{15}\right\}$,
$\left\{\dfrac{1}{2}, \dfrac{3}{4}, \dfrac{4}{5}, \dfrac{19}{20}\right\}$, $\left\{\dfrac{1}{2}, \dfrac{3}{4}, \dfrac{5}{6}, \dfrac{11}{12}\right\}$.

20.由题设只需证 $S = \sum\limits_{k=m}^{n} \dfrac{1}{k} (0 < m < n)$ 不是正整数. 取正整数 l,使其为适合 $2^l \leqslant n$ 的最大整数,再取 $t = (2p+1)(2p+3)\cdots(2q+1)$,其中 p 是 $2p+1 \geqslant m$ 的最小非负整数,q 是 $2q+1 \leqslant n$ 的最大整数,作 $S \times 2^{l-1} \times t$,在这个数中,除了 $2^{k-1} \times t \times \dfrac{1}{2^k}$ 项外,其余各项都是整数. 由此可见,$S \times 2^{l-1} \times t$ 不是整数,因而 S 也不是整数.

21. $n = 7$ 时,各边长分别为 1,1,2,3,5,8,13. 也就是说,33 折成符合题意的七个正整数只此一种,而当

$n > 7$ 时,就不存在符合题意的 n 边形了.

22. 设每个三角形三边的编号数之和都是 S,于是
$$1\,000S = 3(1 + 2 + \cdots + 1\,000) = \frac{3}{2} \cdot 1\,000 \cdot 1\,001$$
但 $S = \frac{3}{2} \cdot 1\,001$ 不是整数,故题目要求不能实现.

23. 由于 $7 \leqslant n < 14$,于是 $a^2 + b^2 = 1 \cdot 2 \cdot \cdots \cdot n$ 能被 7 整除.若 a 不是 7 的倍数,设 $a = 7t + r(r = 1, 2, \cdots, 6)$,则 a^2 为 $7k + 1, 7k + 2$ 或 $7k + 4$ 型的数,b^2 也只能是 $7k, 7k + 1, 7k + 2, 7k + 4$ 型的数,于是 $a^2 + b^2$ 为 $7k + 1, 7k + 2, 7k + 3, 7k + 4, 7k + 5, 7k + 6$ 型的数,不能被 7 整除.于是 a, b 必是 7 的倍数,从而 $a^2 + b^2$ 是 $7^2 = 49$ 的倍数.然而当 $7 \leqslant n < 14$ 时,$1 \cdot 2 \cdot 3 \cdot \cdots \cdot n$ 不可能是 49 的倍数,因此,满足条件的 a, b 不存在.

24. 设黑板上剩下的两个数是 $987, x$,由于每次操作后添上的数只能是 $0, 1, 2, \cdots, 6$ 中的某一个,这样,在上述操作过程中,987 未被擦去,而 x 是最后一次操作添加上的,所以 x 只能是 $0, 1, 2, \cdots, 6$ 中的一个.由操作方法可知,每次操作后黑板上各数之和被 7 除的余数保持不变,注意开始时,黑板上各数之和为 $1 + 2 + 3 + \cdots + 1\,987 = \frac{1}{2} \cdot 1\,988 \cdot 1\,987 = 7 \cdot 142 \cdot 1\,987$ 是 7 的倍数,于是 $987 + x$ 能被 7 整除,由于 $987 = 7 \cdot 141$,从而 7 整除 x,所以 $x = 0$.

291

编辑手记

  这是一本适于中学师生课外阅读的书.

  柯达的创始人乔治·伊士曼曾说：

  我们在工作时间所做的,决定我们能拥有什么,休息时间能够做到的则决定着我们是谁.

  照此类说法,在教育领域中我们在课内所学的,决定我们能考上一所什么样的大学,课外时间我们所阅读的则决定着我们人生的格局.读什么书能成为科学家笔者不敢妄言,但笔者敢肯定地说,仅仅读市场上流行的教辅书,那是万万不行的,哪怕它是再大的出版机构出版的,再有名的名师写的都决无可能.

编辑手记

本书是上海教育出版社数学编辑叶中豪向笔者推荐的,对于小叶的眼光笔者是充分相信的. 一个数学编辑的眼中当然是数学书最有出版价值,而不是同于大众读物编辑. 正如英国哲学家威廉姆斯所指出:我们不能也不应该变得中立,因为那意味着放弃赋予人生以意义的东西,不自私地偏袒亲人和熟人,我们就什么都不是. 由于早年学习数学后来便迷恋数学这是符合常理的,况且作为曾经的奥数教练,书中大多数题目笔者都给学生讲过,所以今天读到倍感亲切. 特别是173页的例19,那是1987年全国初中数学联赛在哈尔滨命题时由笔者命的一道题. 由笔者的老师冯宝琦先生带到命题组,获当年优秀试题奖(可贵的是本书对此题又进行了广泛深入的探讨. 这是目前绝大多数奥数书所缺少的),当年笔者24岁,风华正茂,而今已年近半百,用陆游的诗来形容已是"发苍苍,目茫茫,齿摇摇",更为可叹的是社会风气早已发生了剧变,我们告别了英雄时代. 在那时人人内心都有一个英雄梦想,渴望自己能够通过努力获得整个社会的承认,即使最终结果不是如此,但是在开场时却充满了无数可能性. 而今草根阶层子弟特别是农家子弟上清华北大希望更加渺茫,有些边远省份清华北大录取率达万分之几,精英阶层呈世袭趋势.

再往前看,1958年上海教育出版社(也在永福路123号)也曾出版过一本与本书同名的书,作者是朱思良,而当时的起印数是13 000册,而54年后的今天,起印数是其一个零头,不到区区2 000册,人口当年是6亿左右,今天是13亿.

整数的性质

美联社曾报道了一只学习阅读的狒狒的故事,传媒人康凯写了一篇文章名为《庆祝世界图书日:向爱阅读的狒狒致敬》,在文中他这样写道:

不爱阅读的狒狒没有干麦子吃,但不读书的人什么都不缺.当然,即使我们不读书,也不会变成狒狒,我们会变得连狒狒都不如.

您以为呢?

刘培杰
2012 年 11 月 6 日于哈工大

刘培杰数学工作室
已出版(即将出版)图书目录——高等数学

书 名	出版时间	定 价	编号
距离几何分析导引	2015—02	68.00	446
大学几何学	2017—01	78.00	688
关于曲面的一般研究	2016—11	48.00	690
近世纯粹几何学初论	2017—01	58.00	711
拓扑学与几何学基础讲义	2017—04	58.00	756
物理学中的几何方法	2017—06	88.00	767
几何学简史	2017—08	28.00	833
微分几何学历史概要	2020—07	58.00	1194
解析几何学史	2022—03	58.00	1490
复变函数引论	2013—10	68.00	269
伸缩变换与抛物旋转	2015—01	38.00	449
无穷分析引论(上)	2013—04	88.00	247
无穷分析引论(下)	2013—04	98.00	245
数学分析	2014—04	28.00	338
数学分析中的一个新方法及其应用	2013—01	38.00	231
数学分析例选:通过范例学技巧	2013—01	88.00	243
高等代数例选:通过范例学技巧	2015—06	88.00	475
基础数论例选:通过范例学技巧	2018—09	58.00	978
三角级数论(上册)(陈建功)	2013—01	38.00	232
三角级数论(下册)(陈建功)	2013—01	48.00	233
三角级数论(哈代)	2013—06	48.00	254
三角级数	2015—07	28.00	263
超越数	2011—03	18.00	109
三角和方法	2011—03	18.00	112
随机过程(Ⅰ)	2014—01	78.00	224
随机过程(Ⅱ)	2014—01	68.00	235
算术探索	2011—12	158.00	148
组合数学	2012—04	28.00	178
组合数学浅谈	2012—03	28.00	159
分析组合学	2021—09	88.00	1389
丢番图方程引论	2012—03	48.00	172
拉普拉斯变换及其应用	2015—02	38.00	447
高等代数.上	2016—01	38.00	548
高等代数.下	2016—01	38.00	549
高等代数教程	2016—01	58.00	579
高等代数引论	2020—07	48.00	1174
数学解析教程.上卷.1	2016—01	58.00	546
数学解析教程.上卷.2	2016—01	38.00	553
数学解析教程.下卷.1	2017—04	48.00	781
数学解析教程.下卷.2	2017—06	48.00	782
数学分析.第1册	2021—03	48.00	1281
数学分析.第2册	2021—03	48.00	1282
数学分析.第3册	2021—03	28.00	1283
数学分析精选习题全解.上册	2021—03	38.00	1284
数学分析精选习题全解.下册	2021—03	38.00	1285
函数构造论.上	2016—01	38.00	554
函数构造论.中	2017—06	48.00	555
函数构造论.下	2016—09	48.00	680
函数逼近论(上)	2019—02	98.00	1014
概周期函数	2016—01	48.00	572
变叙的项的极限分布律	2016—01	18.00	573
整函数	2012—08	18.00	161
近代拓扑学研究	2013—04	38.00	239
多项式和无理数	2008—01	68.00	22
密码学与数论基础	2021—01	28.00	1254

刘培杰数学工作室
已出版(即将出版)图书目录——高等数学

书　名	出版时间	定　价	编号
模糊数据统计学	2008—03	48.00	31
模糊分析学与特殊泛函空间	2013—01	68.00	241
常微分方程	2016—01	58.00	586
平稳随机函数导论	2016—03	48.00	587
量子力学原理.上	2016—01	38.00	588
图与矩阵	2014—08	40.00	644
钢丝绳原理:第二版	2017—01	78.00	745
代数拓扑和微分拓扑简史	2017—06	68.00	791
半序空间泛函分析.上	2018—06	48.00	924
半序空间泛函分析.下	2018—06	68.00	925
概率分布的部分识别	2018—07	68.00	929
Cartan型单模李超代数的上同调及极大子代数	2018—07	38.00	932
纯数学与应用数学若干问题研究	2019—03	98.00	1017
数理金融学与数理经济学若干问题研究	2020—07	98.00	1180
清华大学"工农兵学员"微积分课本	2020—09	48.00	1228
力学若干基本问题的发展概论	2020—11	48.00	1262
受控理论与解析不等式	2012—05	78.00	165
不等式的分拆降维降幂方法与可读证明(第2版)	2020—07	78.00	1184
石焕南文集:受控理论与不等式研究	2020—09	198.00	1198
实变函数论	2012—06	78.00	181
复变函数论	2015—08	38.00	504
非光滑优化及其变分分析	2014—01	48.00	230
疏散的马尔科夫链	2014—01	58.00	266
马尔科夫过程论基础	2015—01	28.00	433
初等微分拓扑学	2012—07	18.00	182
方程式论	2011—03	38.00	105
Galois理论	2011—03	18.00	107
古典数学难题与伽罗瓦理论	2012—11	58.00	223
伽罗华与群论	2014—01	28.00	290
代数方程的根式解及伽罗瓦理论	2011—03	28.00	108
代数方程的根式解及伽罗瓦理论(第二版)	2015—01	28.00	423
线性偏微分方程讲义	2011—03	18.00	110
几类微分方程数值方法的研究	2015—05	38.00	485
分数阶微分方程理论与应用	2020—05	95.00	1182
N体问题的周期解	2011—03	28.00	111
代数方程式论	2011—05	18.00	121
线性代数与几何:英文	2016—06	58.00	578
动力系统的不变量与函数方程	2011—07	48.00	137
基于短语评价的翻译知识获取	2012—02	48.00	168
应用随机过程	2012—04	48.00	187
概率论导引	2012—04	18.00	179
矩阵论(上)	2013—06	58.00	250
矩阵论(下)	2013—06	48.00	251
对称锥互补问题的内点法:理论分析与算法实现	2014—08	68.00	368
抽象代数:方法导引	2013—06	38.00	257
集论	2016—01	48.00	576
多项式理论研究综述	2016—01	38.00	577
函数论	2014—11	78.00	395
反问题的计算方法及应用	2011—11	28.00	147
数阵及其应用	2012—02	28.00	164
绝对值方程—折边与组合图形的解析研究	2012—07	48.00	186
代数函数论(上)	2015—07	38.00	494
代数函数论(下)	2015—07	38.00	495

刘培杰数学工作室
已出版(即将出版)图书目录——高等数学

书　　名	出版时间	定　价	编号
偏微分方程论:法文	2015—10	48.00	533
时标动力学方程的指数型二分性与周期解	2016—04	48.00	606
重刚体绕不动点运动方程的积分法	2016—05	68.00	608
水轮机水力稳定性	2016—05	48.00	620
Lévy噪音驱动的传染病模型的动力学行为	2016—05	48.00	667
铣加工动力学系统稳定性研究的数学方法	2016—11	28.00	710
时滞系统:Lyapunov泛函和矩阵	2017—05	68.00	784
粒子图像测速仪实用指南:第二版	2017—08	78.00	790
数域的上同调	2017—08	98.00	799
图的正交因子分解(英文)	2018—01	38.00	881
图的度因子和分支因子:英文	2019—09	88.00	1108
点云模型的优化配准方法研究	2018—07	58.00	927
锥形波入射粗糙表面反散射问题理论与算法	2018—03	68.00	936
广义逆的理论与计算	2018—07	58.00	973
不定方程及其应用	2018—12	58.00	998
几类椭圆型偏微分方程高效数值算法研究	2018—08	48.00	1025
现代密码算法概论	2019—05	98.00	1061
模形式的 p-进性质	2019—06	78.00	1088
混沌动力学:分形、平铺、代换	2019—09	48.00	1109
微分方程,动力系统与混沌引论:第3版	2020—05	65.00	1144
分数阶微分方程理论与应用	2020—05	95.00	1187
应用非线性动力系统与混沌导论:第2版	2021—05	58.00	1368
非线性振动,动力系统与向量场的分支	2021—06	55.00	1369
遍历理论引论	2021—11	46.00	1441
动力系统与混沌	2022—05	48.00	1485
Galois上同调	2020—04	138.00	1131
毕达哥拉斯定理:英文	2020—03	38.00	1133
模糊可拓多属性决策理论与方法	2021—06	98.00	1357
统计方法和科学推断	2021—10	48.00	1428
有关几类种群生态学模型的研究	2022—04	98.00	1486
加性数论:典型基	2022—05	48.00	1491
乘性数论:第三版	2022—07	38.00	1528
吴振奎高等数学解题真经(概率统计卷)	2012—01	38.00	149
吴振奎高等数学解题真经(微积分卷)	2012—01	68.00	150
吴振奎高等数学解题真经(线性代数卷)	2012—01	58.00	151
高等数学解题全攻略(上卷)	2013—06	58.00	252
高等数学解题全攻略(下卷)	2013—06	58.00	253
高等数学复习纲要	2014—01	18.00	384
数学分析历年考研真题解析.第一卷	2021—04	28.00	1288
数学分析历年考研真题解析.第二卷	2021—04	28.00	1289
数学分析历年考研真题解析.第三卷	2021—04	28.00	1290
超越吉米多维奇.数列的极限	2009—11	48.00	58
超越普里瓦洛夫.留数卷	2015—01	28.00	437
超越普里瓦洛夫.无穷乘积与它对解析函数的应用卷	2015—05	28.00	477
超越普里瓦洛夫.积分卷	2015—06	18.00	481
超越普里瓦洛夫.基础知识卷	2015—06	28.00	482
超越普里瓦洛夫.数项级数卷	2015—07	38.00	489
超越普里瓦洛夫.微分、解析函数、导数卷	2018—01	48.00	852
统计学专业英语	2007—03	28.00	16
统计学专业英语(第二版)	2012—07	48.00	176
统计学专业英语(第三版)	2015—04	68.00	465
代换分析:英文	2015—07	38.00	499

刘培杰数学工作室
已出版（即将出版）图书目录——高等数学

书　名	出版时间	定　价	编号
历届美国大学生数学竞赛试题集.第一卷(1938—1949)	2015—01	28.00	397
历届美国大学生数学竞赛试题集.第二卷(1950—1959)	2015—01	28.00	398
历届美国大学生数学竞赛试题集.第三卷(1960—1969)	2015—01	28.00	399
历届美国大学生数学竞赛试题集.第四卷(1970—1979)	2015—01	18.00	400
历届美国大学生数学竞赛试题集.第五卷(1980—1989)	2015—01	28.00	401
历届美国大学生数学竞赛试题集.第六卷(1990—1999)	2015—01	28.00	402
历届美国大学生数学竞赛试题集.第七卷(2000—2009)	2015—08	18.00	403
历届美国大学生数学竞赛试题集.第八卷(2010—2012)	2015—01	18.00	404
超越普特南试题:大学数学竞赛中的方法与技巧	2017—04	98.00	758
历届国际大学生数学竞赛试题集(1994—2020)	2021—01	58.00	1252
历届美国大学生数学竞赛试题集:1938—2017	2020—11	98.00	1256
全国大学生数学夏令营数学竞赛试题及解答	2007—03	28.00	15
全国大学生数学竞赛辅导教程	2012—07	28.00	189
全国大学生数学竞赛复习全书(第2版)	2017—05	58.00	787
历届美国大学生数学竞赛试题集	2009—03	88.00	43
前苏联大学生数学奥林匹克竞赛题解(上编)	2012—04	28.00	169
前苏联大学生数学奥林匹克竞赛题解(下编)	2012—04	38.00	170
大学生数学竞赛讲义	2014—09	28.00	371
大学生数学竞赛教程——高等数学(基础篇、提高篇)	2018—09	128.00	968
普林斯顿大学数学竞赛	2016—06	38.00	669
考研高等数学高分之路	2020—10	45.00	1203
考研高等数学基础必刷	2021—01	45.00	1251
考研概率论与数理统计	2022—06	58.00	1522
越过211,刷到985:考研数学二	2019—10	68.00	1115
初等数论难题集(第一卷)	2009—05	68.00	44
初等数论难题集(第二卷)(上、下)	2011—02	128.00	82,83
数论概貌	2011—03	18.00	93
代数数论(第二版)	2013—08	58.00	94
代数多项式	2014—06	38.00	289
初等数论的知识与问题	2011—02	28.00	95
超越数论基础	2011—03	28.00	96
数论初等教程	2011—03	28.00	97
数论基础	2011—03	18.00	98
数论基础与维诺格拉多夫	2014—03	18.00	292
解析数论基础	2012—08	28.00	216
解析数论基础(第二版)	2014—01	48.00	287
解析数论问题集(第二版)(原版引进)	2014—05	88.00	343
解析数论问题集(第二版)(中译本)	2016—04	88.00	607
解析数论基础(潘承洞,潘承彪著)	2016—07	98.00	673
解析数论导引	2016—07	58.00	674
数论入门	2011—03	38.00	99
代数数论入门	2015—03	38.00	448
数论开篇	2012—07	28.00	194
解析数论引论	2011—03	48.00	100
Barban Davenport Halberstam 均值和	2009—01	40.00	33
基础数论	2011—03	28.00	101
初等数论100例	2011—05	18.00	122
初等数论经典例题	2012—07	18.00	204
最新世界各国数学奥林匹克中的初等数论试题(上、下)	2012—01	138.00	144,145
初等数论(Ⅰ)	2012—01	18.00	156
初等数论(Ⅱ)	2012—01	18.00	157
初等数论(Ⅲ)	2012—01	28.00	158

刘培杰数学工作室
已出版(即将出版)图书目录——高等数学

书　名	出版时间	定　价	编号
Gauss,Euler,Lagrange 和 Legendre 的遗产：把整数表示成平方和	2022—06	78.00	1540
平面几何与数论中未解决的新老问题	2013—01	68.00	229
代数数论简史	2014—11	28.00	408
代数数论	2015—09	88.00	532
代数、数论及分析习题集	2016—11	98.00	695
数论导引提要及习题解答	2016—01	48.00	559
素数定理的初等证明．第 2 版	2016—09	48.00	686
数论中的模函数与狄利克雷级数(第二版)	2017—11	78.00	837
数论：数学导引	2018—01	68.00	849
域论	2018—04	68.00	884
代数数论(冯克勤　编著)	2018—04	68.00	885
范氏大代数	2019—02	98.00	1016
新编 640 个世界著名数学智力趣题	2014—01	88.00	242
500 个最新世界著名数学智力趣题	2008—06	48.00	3
400 个最新世界著名数学最值问题	2008—09	48.00	36
500 个世界著名数学征解问题	2009—06	48.00	52
400 个中国最佳初等数学征解老问题	2010—01	48.00	60
500 个俄罗斯数学经典老题	2011—01	28.00	81
1000 个国外中学物理好题	2012—04	48.00	174
300 个日本高考数学题	2012—05	38.00	142
700 个早期日本高考数学试题	2017—02	88.00	752
500 个前苏联早期高考数学试题及解答	2012—05	28.00	185
546 个早期俄罗斯大学生数学竞赛题	2014—03	38.00	285
548 个来自美苏的数学好问题	2014—11	28.00	396
20 所苏联著名大学早期入学试题	2015—02	18.00	452
161 道德国工科大学生必做的微分方程习题	2015—05	28.00	469
500 个德国工科大学生必做的高数习题	2015—06	28.00	478
360 个数学竞赛问题	2016—08	58.00	677
德国讲义日本考题．微积分卷	2015—04	48.00	456
德国讲义日本考题．微分方程卷	2015—04	38.00	457
二十世纪中叶中、英、美、日、法、俄高考数学试题精选	2017—06	38.00	783
博弈论精粹	2008—03	58.00	30
博弈论精粹．第二版(精装)	2015—01	88.00	461
数学 我爱你	2008—01	28.00	20
精神的圣徒　别样的人生——60 位中国数学家成长的历程	2008—09	48.00	39
数学史概论	2009—06	78.00	50
数学史概论(精装)	2013—03	158.00	272
数学史选讲	2016—01	48.00	544
斐波那契数列	2010—02	28.00	65
数学拼盘和斐波那契魔方	2010—07	38.00	72
斐波那契数列欣赏	2011—01	28.00	160
数学的创造	2011—02	48.00	85
数学美与创造力	2016—01	48.00	595
数海拾贝	2016—01	48.00	590
数学中的美	2011—02	38.00	84
数论中的美学	2014—12	38.00	351
数学王者　科学巨人——高斯	2015—01	28.00	428
振兴祖国数学的圆梦之旅：中国初等数学研究史话	2015—06	98.00	490
二十世纪中国数学史料研究	2015—10	48.00	536
数字谜、数阵图与棋盘覆盖	2016—01	58.00	298
时间的形状	2016—01	38.00	556
数学发现的艺术：数学探索中的合情推理	2016—07	58.00	671
活跃在数学中的参数	2016—07	48.00	675

刘培杰数学工作室
已出版(即将出版)图书目录——高等数学

书　名	出版时间	定价	编号
格点和面积	2012—07	18.00	191
射影几何趣谈	2012—04	28.00	175
斯潘纳尔引理——从一道加拿大数学奥林匹克试题谈起	2014—01	28.00	228
李普希兹条件——从几道近年高考数学试题谈起	2012—10	18.00	221
拉格朗日中值定理——从一道北京高考试题的解法谈起	2015—10	18.00	197
闵科夫斯基定理——从一道清华大学自主招生试题谈起	2014—01	28.00	198
哈尔测度——从一道冬令营试题的背景谈起	2012—08	28.00	202
切比雪夫逼近问题——从一道中国台北数学奥林匹克试题谈起	2013—04	38.00	238
伯恩斯坦多项式与贝齐尔曲面——从一道全国高中数学联赛试题谈起	2013—03	38.00	236
卡塔兰猜想——从一道普特南竞赛试题谈起	2013—06	18.00	256
麦卡锡函数和阿克曼函数——从一道前南斯拉夫数学奥林匹克试题谈起	2012—08	18.00	201
贝蒂定理与拉姆贝克莫斯尔定理——从一个拣石子游戏谈起	2012—08	18.00	217
皮亚诺曲线和豪斯道夫分球定理——从无限集谈起	2012—08	18.00	211
平面凸图形与凸多面体	2012—10	28.00	218
斯坦因豪斯问题——从一道二十五省市自治区中学数学竞赛试题谈起	2012—07	18.00	196
纽结理论中的亚历山大多项式与琼斯多项式——从一道北京市高一数学竞赛试题谈起	2012—07	28.00	195
原则与策略——从波利亚"解题表"谈起	2013—04	38.00	244
转化与化归——从三大尺规作图不能问题谈起	2012—08	28.00	214
代数几何中的贝祖定理(第一版)——从一道IMO试题的解法谈起	2013—08	18.00	193
成功连贯理论与约当块理论——从一道比利时数学竞赛试题谈起	2012—04	18.00	180
素数判定与大数分解	2014—08	18.00	199
置换多项式及其应用	2012—10	18.00	220
椭圆函数与模函数——从一道美国加州大学洛杉矶分校(UCLA)博士资格考题谈起	2012—10	28.00	219
差分方程的拉格朗日方法——从一道2011年全国高考理科试题的解法谈起	2012—08	28.00	200
力学在几何中的一些应用	2013—01	38.00	240
高斯散度定理、斯托克斯定理和平面格林定理——从一道国际大学生数学竞赛试题谈起	即将出版		
康托洛维奇不等式——从一道全国高中联赛试题谈起	2013—03	28.00	337
西格尔引理——从一道第18届IMO试题的解法谈起	即将出版		
罗斯定理——从一道前苏联数学竞赛试题谈起	即将出版		
拉克斯定理和阿廷定理——从一道IMO试题的解法谈起	2014—01	58.00	246
毕卡大定理——从一道美国大学数学竞赛试题谈起	2014—07	18.00	350
贝齐尔曲线——从一道全国高中联赛试题谈起	即将出版		
拉格朗日乘子定理——从一道2005年全国高中联赛试题的高等数学解法谈起	2015—05	28.00	480
雅可比定理——从一道日本数学奥林匹克试题谈起	2013—04	48.00	249
李天岩—约克定理——从一道波兰数学竞赛试题谈起	2014—06	28.00	349
整系数多项式因式分解的一般方法——从克朗耐克算法谈起	即将出版		

刘培杰数学工作室
已出版(即将出版)图书目录——高等数学

书　　名	出版时间	定　价	编号
布劳维不动点定理——从一道前苏联数学奥林匹克试题谈起	2014—01	38.00	273
伯恩赛德定理——从一道英国数学奥林匹克试题谈起	即将出版		
布查特—莫斯特定理——从一道上海市初中竞赛试题谈起	即将出版		
数论中的同余数问题——从一道普特南竞赛试题谈起	即将出版		
范·德蒙行列式——从一道美国数学奥林匹克试题谈起	即将出版		
中国剩余定理:总数法构建中国历史年表	2015—01	28.00	430
牛顿程序与方程求根——从一道全国高考试题解法谈起	即将出版		
库默尔定理——从一道IMO预选试题谈起	即将出版		
卢丁定理——从一道冬令营试题的解法谈起	即将出版		
沃斯滕霍姆定理——从一道IMO预选试题谈起	即将出版		
卡尔松不等式——从一道莫斯科数学奥林匹克试题谈起	即将出版		
信息论中的香农熵——从一道近年高考压轴题谈起	即将出版		
约当不等式——从一道希望杯竞赛试题谈起	即将出版		
拉比诺维奇定理	即将出版		
刘维尔定理——从一道《美国数学月刊》征解问题的解法谈起	即将出版		
卡塔兰恒等式与级数求和——从一道IMO试题的解法谈起	即将出版		
勒让德猜想与素数分布——从一道爱尔兰竞赛试题谈起	即将出版		
天平称重与信息论——从一道基辅市数学奥林匹克试题谈起	即将出版		
哈密尔顿—凯莱定理:从一道高中数学联赛试题的解法谈起	2014—09	18.00	376
艾思特曼定理——从一道CMO试题的解法谈起	即将出版		
一个爱尔特希问题——从一道西德数学奥林匹克试题谈起	即将出版		
有限群中的爱丁格尔问题——从一道北京市初中二年级数学竞赛试题谈起	即将出版		
糖水中的不等式——从初等数学到高等数学	2019—07	48.00	1093
帕斯卡三角形	2014—03	18.00	294
蒲丰投针问题——从2009年清华大学的一道自主招生试题谈起	2014—01	38.00	295
斯图姆定理——从一道"华约"自主招生试题的解法谈起	2014—01	18.00	296
许瓦兹引理——从一道加利福尼亚大学伯克利分校数学系博士生试题谈起	2014—08	18.00	297
拉姆塞定理——从王诗宬院士的一个问题谈起	2016—04	48.00	299
坐标法	2013—12	28.00	332
数论三角形	2014—04	38.00	341
毕克定理	2014—07	18.00	352
数林掠影	2014—09	48.00	389
我们周围的概率	2014—10	38.00	390
凸函数最值定理:从一道华约自主招生题的解法谈起	2014—10	28.00	391
易学与数学奥林匹克	2014—10	38.00	392
生物数学趣谈	2015—01	18.00	409
反演	2015—01	28.00	420
因式分解与圆锥曲线	2015—01	18.00	426
轨迹	2015—01	28.00	427
面积原理:从常庚哲命的一道CMO试题的积分解法谈起	2015—01	48.00	431
形形色色的不动点定理:从一道28届IMO试题谈起	2015—01	38.00	439
柯西函数方程:从一道上海交大自主招生的试题谈起	2015—02	28.00	440

刘培杰数学工作室
已出版(即将出版)图书目录——高等数学

书 名	出版时间	定 价	编号
三角恒等式	2015—02	28.00	442
无理性判定:从一道2014年"北约"自主招生试题谈起	2015—01	38.00	443
数学归纳法	2015—03	18.00	451
极端原理与解题	2015—04	28.00	464
法雷级数	2014—08	18.00	367
摆线族	2015—01	38.00	438
函数方程及其解法	2015—05	38.00	470
含参数的方程和不等式	2012—09	28.00	213
希尔伯特第十问题	2016—01	38.00	543
无穷小量的求和	2016—01	28.00	545
切比雪夫多项式:从一道清华大学金秋营试题谈起	2016—01	38.00	583
泽肯多夫定理	2016—03	38.00	599
代数等式证题法	2016—01	28.00	600
三角等式证题法	2016—01	28.00	601
吴大任教授藏书中的一个因式分解公式:从一道美国数学邀请赛试题的解法谈起	2016—06	28.00	656
易卦——类万物的数学模型	2017—08	68.00	838
"不可思议"的数与数系可持续发展	2018—01	38.00	878
最短线	2018—01	38.00	879
从毕达哥拉斯到怀尔斯	2007—10	48.00	9
从迪利克雷到维斯卡尔迪	2008—01	48.00	21
从哥德巴赫到陈景润	2008—05	98.00	35
从庞加莱到佩雷尔曼	2011—08	138.00	136
从费马到怀尔斯——费马大定理的历史	2013—10	198.00	I
从庞加莱到佩雷尔曼——庞加莱猜想的历史	2013—10	298.00	II
从切比雪夫到爱尔特希(上)——素数定理的初等证明	2013—07	48.00	III
从切比雪夫到爱尔特希(下)——素数定理100年	2012—12	98.00	III
从高斯到盖尔方特——二次域的高斯猜想	2013—10	198.00	IV
从库默尔到朗兰兹——朗兰兹猜想的历史	2014—01	98.00	V
从比勒巴赫到德布朗斯——比勒巴赫猜想的历史	2014—02	298.00	VI
从麦比乌斯到陈省身——麦比乌斯变换与麦比乌斯带	2014—02	298.00	VII
从布尔到豪斯道夫——布尔方程与格论漫谈	2013—10	198.00	VIII
从开普勒到阿诺德——三体问题的历史	2014—05	298.00	IX
从华林到华罗庚——华林问题的历史	2013—10	298.00	X
数学物理大百科全书.第1卷	2016—01	418.00	508
数学物理大百科全书.第2卷	2016—01	408.00	509
数学物理大百科全书.第3卷	2016—01	396.00	510
数学物理大百科全书.第4卷	2016—01	408.00	511
数学物理大百科全书.第5卷	2016—01	368.00	512
朱德祥代数与几何讲义.第1卷	2017—01	38.00	697
朱德祥代数与几何讲义.第2卷	2017—01	28.00	698
朱德祥代数与几何讲义.第3卷	2017—01	28.00	699

刘培杰数学工作室
已出版(即将出版)图书目录——高等数学

书　名	出版时间	定　价	编号
闵嗣鹤文集	2011—03	98.00	102
吴从炘数学活动三十年(1951～1980)	2010—07	99.00	32
吴从炘数学活动又三十年(1981～2010)	2015—07	98.00	491
斯米尔诺夫高等数学.第一卷	2018—03	88.00	770
斯米尔诺夫高等数学.第二卷.第一分册	2018—03	68.00	771
斯米尔诺夫高等数学.第二卷.第二分册	2018—03	68.00	772
斯米尔诺夫高等数学.第二卷.第三分册	2018—03	48.00	773
斯米尔诺夫高等数学.第三卷.第一分册	2018—03	58.00	774
斯米尔诺夫高等数学.第三卷.第二分册	2018—03	58.00	775
斯米尔诺夫高等数学.第三卷.第三分册	2018—03	68.00	776
斯米尔诺夫高等数学.第四卷.第一分册	2018—03	48.00	777
斯米尔诺夫高等数学.第四卷.第二分册	2018—03	88.00	778
斯米尔诺夫高等数学.第五卷.第一分册	2018—03	58.00	779
斯米尔诺夫高等数学.第五卷.第二分册	2018—03	68.00	780
zeta函数,q-zeta函数,相伴级数与积分(英文)	2015—08	88.00	513
微分形式:理论与练习(英文)	2015—08	58.00	514
离散与微分包含的逼近和优化(英文)	2015—08	58.00	515
艾伦·图灵:他的工作与影响(英文)	2016—01	98.00	560
测度理论概率导论,第2版(英文)	2016—01	88.00	561
带有潜在故障恢复系统的半马尔柯夫模型控制(英文)	2016—01	98.00	562
数学分析原理(英文)	2016—01	88.00	563
随机偏微分方程的有效动力学(英文)	2016—01	88.00	564
图的谱半径(英文)	2016—01	58.00	565
量子机器学习中数据挖掘的量子计算方法(英文)	2016—01	98.00	566
量子物理的非常规方法(英文)	2016—01	118.00	567
运输过程的统一非局部理论:广义波尔兹曼物理动力学,第2版(英文)	2016—01	198.00	568
量子力学与经典力学之间的联系在原子、分子及电动力学系统建模中的应用(英文)	2016—01	58.00	569
算术域(英文)	2018—01	158.00	821
高等数学竞赛:1962—1991年的米洛克斯·史怀哲竞赛(英文)	2018—01	128.00	822
用数学奥林匹克精神解决数论问题(英文)	2018—01	108.00	823
代数几何(德文)	2018—04	68.00	824
丢番图逼近论(英文)	2018—01	78.00	825
代数几何学基础教程(英文)	2018—01	98.00	826
解析数论入门课程(英文)	2018—01	78.00	827
数论中的丢番图问题(英文)	2018—01	78.00	829
数论(梦幻之旅):第五届中日数论研讨会演讲集(英文)	2018—01	68.00	830
数论新应用(英文)	2018—01	68.00	831
数论(英文)	2018—01	78.00	832
测度与积分(英文)	2019—04	68.00	1059
卡塔兰数入门(英文)	2019—05	68.00	1060
多变量数学入门(英文)	2021—05	68.00	1317
偏微分方程入门(英文)	2021—05	88.00	1318
若尔当典范性:理论与实践(英文)	2021—07	68.00	1366

刘培杰数学工作室
已出版(即将出版)图书目录——高等数学

书　　名	出版时间	定　价	编号
湍流十讲(英文)	2018－04	108.00	886
无穷维李代数:第3版(英文)	2018－04	98.00	887
等值、不变量和对称性(英文)	2018－04	78.00	888
解析数论(英文)	2018－09	78.00	889
《数学原理》的演化:伯特兰·罗素撰写第二版时的手稿与笔记(英文)	2018－04	108.00	890
哈密尔顿数学论文集(第4卷):几何学、分析学、天文学、概率和有限差分等(英文)	2019－05	108.00	891
数学王子——高斯	2018－01	48.00	858
坎坷奇星——阿贝尔	2018－01	48.00	859
闪烁奇星——伽罗瓦	2018－01	58.00	860
无穷统帅——康托尔	2018－01	48.00	861
科学公主——柯瓦列夫斯卡娅	2018－01	48.00	862
抽象代数之母——埃米·诺特	2018－01	48.00	863
电脑先驱——图灵	2018－01	58.00	864
昔日神童——维纳	2018－01	48.00	865
数坛怪侠——爱尔特希	2018－01	68.00	866
当代世界中的数学.数学思想与数学基础	2019－01	38.00	892
当代世界中的数学.数学问题	2019－01	38.00	893
当代世界中的数学.应用数学与数学应用	2019－01	38.00	894
当代世界中的数学.数学王国的新疆域(一)	2019－01	38.00	895
当代世界中的数学.数学王国的新疆域(二)	2019－01	38.00	896
当代世界中的数学.数林撷英(一)	2019－01	38.00	897
当代世界中的数学.数林撷英(二)	2019－01	48.00	898
当代世界中的数学.数学之路	2019－01	38.00	899
偏微分方程全局吸引子的特性(英文)	2018－09	108.00	979
整函数与下调和函数(英文)	2018－09	118.00	980
幂等分析(英文)	2018－09	118.00	981
李群,离散子群与不变量理论(英文)	2018－09	108.00	982
动力系统与统计力学(英文)	2018－09	118.00	983
表示论与动力系统(英文)	2018－09	118.00	984
分析学练习.第1部分(英文)	2021－01	88.00	1247
分析学练习.第2部分.非线性分析(英文)	2021－01	88.00	1248
初级统计学:循序渐进的方法:第10版(英文)	2019－05	68.00	1067
工程师与科学家微分方程用书:第4版(英文)	2019－07	58.00	1068
大学代数与三角学(英文)	2019－06	78.00	1069
培养数学能力的途径(英文)	2019－07	38.00	1070
工程师与科学家统计学:第4版(英文)	2019－06	58.00	1071
贸易与经济中的应用统计学:第6版(英文)	2019－06	58.00	1072
傅立叶级数和边值问题:第8版(英文)	2019－05	48.00	1073
通往天文学的途径:第5版(英文)	2019－05	58.00	1074

刘培杰数学工作室
已出版（即将出版）图书目录——高等数学

书　　名	出版时间	定　价	编号
拉马努金笔记.第1卷(英文)	2019—06	165.00	1078
拉马努金笔记.第2卷(英文)	2019—06	165.00	1079
拉马努金笔记.第3卷(英文)	2019—06	165.00	1080
拉马努金笔记.第4卷(英文)	2019—06	165.00	1081
拉马努金笔记.第5卷(英文)	2019—06	165.00	1082
拉马努金遗失笔记.第1卷(英文)	2019—06	109.00	1083
拉马努金遗失笔记.第2卷(英文)	2019—06	109.00	1084
拉马努金遗失笔记.第3卷(英文)	2019—06	109.00	1085
拉马努金遗失笔记.第4卷(英文)	2019—06	109.00	1086
数论:1976年纽约洛克菲勒大学数论会议记录(英文)	2020—06	68.00	1145
数论:卡本代尔1979:1979年在南伊利诺伊卡本代尔大学举行的数论会议记录(英文)	2020—06	78.00	1146
数论:诺德韦克豪特1983:1983年在诺德韦克豪特举行的Journees Arithmetiques数论大会会议记录(英文)	2020—06	68.00	1147
数论:1985—1988年在纽约城市大学研究生院和大学中心举办的研讨会(英文)	2020—06	68.00	1148
数论:1987年在乌尔姆举行的Journees Arithmetiques数论大会会议记录(英文)	2020—06	68.00	1149
数论:马德拉斯1987:1987年在马德拉斯安娜大学举行的国际拉马努金百年纪念大会会议记录(英文)	2020—06	68.00	1150
解析数论:1988年在东京举行的日法研讨会会议记录(英文)	2020—06	68.00	1151
解析数论:2002年在意大利切特拉罗举行的C.I.M.E.暑期班演讲集(英文)	2020—06	68.00	1152
量子世界中的蝴蝶:最迷人的量子分形故事(英文)	2020—06	118.00	1157
走进量子力学(英文)	2020—06	118.00	1158
计算物理学概论(英文)	2020—06	48.00	1159
物质,空间和时间的理论:量子理论(英文)	即将出版		1160
物质,空间和时间的理论:经典理论(英文)	即将出版		1161
量子场理论:解释世界的神秘背景(英文)	2020—07	38.00	1162
计算物理学概论(英文)	即将出版		1163
行星状星云(英文)			1164
基本宇宙学:从亚里士多德的宇宙到大爆炸(英文)	2020—08	58.00	1165
数学磁流体力学(英文)	2020—07	58.00	1166
计算科学:第1卷,计算的科学(日文)	2020—07	88.00	1167
计算科学:第2卷,计算与宇宙(日文)	2020—07	88.00	1168
计算科学:第3卷,计算与物质(日文)	2020—07	88.00	1169
计算科学:第4卷,计算与生命(日文)	2020—07	88.00	1170
计算科学:第5卷,计算与地球环境(日文)	2020—07	88.00	1171
计算科学:第6卷,计算与社会(日文)	2020—07	88.00	1172
计算科学.别卷,超级计算机(日文)	2020—07	88.00	1173
多复变函数论(日文)	2022—06	78.00	1518
复变函数入门(日文)	2022—06	78.00	1523

刘培杰数学工作室
已出版(即将出版)图书目录——高等数学

书　名	出版时间	定价	编号
代数与数论:综合方法(英文)	2020—10	78.00	1185
复分析:现代函数理论第一课(英文)	2020—07	58.00	1186
斐波那契数列和卡特兰数:导论(英文)	2020—10	68.00	1187
组合推理:计数艺术介绍(英文)	2020—07	88.00	1188
二次互反律的傅里叶分析证明(英文)	2020—07	48.00	1189
旋瓦兹分布的希尔伯特变换与应用(英文)	2020—07	58.00	1190
泛函分析:巴拿赫空间理论入门(英文)	2020—07	48.00	1191
典型群,错排与素数(英文)	2020—11	58.00	1204
李代数的表示:通过 gln 进行介绍(英文)	2020—10	38.00	1205
实分析演讲集(英文)	2020—10	38.00	1206
现代分析及其应用的课程(英文)	2020—10	58.00	1207
运动中的抛射物数学(英文)	2020—10	38.00	1208
2—扭结与它们的群(英文)	2020—10	38.00	1209
概率,策略和选择:博弈与选举中的数学(英文)	2020—11	58.00	1210
分析学引论(英文)	2020—11	58.00	1211
量子群:通往流代数的路径(英文)	2020—11	38.00	1212
集合论入门(英文)	2020—10	48.00	1213
酉反射群(英文)	2020—11	58.00	1214
探索数学:吸引人的证明方式(英文)	2020—11	58.00	1215
微分拓扑短期课程(英文)	2020—10	48.00	1216
抽象凸分析(英文)	2020—11	68.00	1222
费马大定理笔记(英文)	2021—03	48.00	1223
高斯与雅可比和(英文)	2021—03	78.00	1224
π与算术几何平均:关于解析数论和计算复杂性的研究(英文)	2021—01	58.00	1225
复分析入门(英文)	2021—03	48.00	1226
爱德华·卢卡斯与素性测定(英文)	2021—03	78.00	1227
通往凸分析及其应用的简单路径(英文)	2021—01	68.00	1229
微分几何的各个方面.第一卷(英文)	2021—01	58.00	1230
微分几何的各个方面.第二卷(英文)	2020—12	58.00	1231
微分几何的各个方面.第三卷(英文)	2020—12	58.00	1232
沃克流形几何学(英文)	2020—11	58.00	1233
彷射和韦尔几何应用(英文)	2020—12	58.00	1234
双曲几何学的旋转向量空间方法(英文)	2021—02	58.00	1235
积分:分析学的关键(英文)	2020—12	48.00	1236
为有天分的新生准备的分析学基础教材(英文)	2020—11	48.00	1237

刘培杰数学工作室
已出版(即将出版)图书目录——高等数学

书　　名	出版时间	定　价	编号
数学不等式.第一卷.对称多项式不等式(英文)	2021-03	108.00	1273
数学不等式.第二卷.对称有理不等式与对称无理不等式(英文)	2021-03	108.00	1274
数学不等式.第三卷.循环不等式与非循环不等式(英文)	2021-03	108.00	1275
数学不等式.第四卷.Jensen不等式的扩展与加细(英文)	2021-03	108.00	1276
数学不等式.第五卷.创建不等式与解不等式的其他方法(英文)	2021-04	108.00	1277
冯・诺依曼代数中的谱位移函数:半有限冯・诺依曼代数中的谱位移函数与谱流(英文)	2021-06	98.00	1308
链接结构:关于嵌入完全图的直线中链接单形的组合结构(英文)	2021-05	58.00	1309
代数几何方法.第1卷(英文)	2021-06	68.00	1310
代数几何方法.第2卷(英文)	2021-06	68.00	1311
代数几何方法.第3卷(英文)	2021-06	58.00	1312
代数、生物信息和机器人技术的算法问题.第四卷,独立恒等式系统(俄文)	2020-08	118.00	1119
代数、生物信息和机器人技术的算法问题.第五卷,相对覆盖性和独立可拆分恒等式系统(俄文)	2020-08	118.00	1200
代数、生物信息和机器人技术的算法问题.第六卷,恒等式和准恒等式的相等 问题、可推导性和可实现性(俄文)	2020-08	128.00	1201
分数阶微积分的应用:非局部动态过程,分数阶导热系数(俄文)	2021-01	68.00	1241
泛函分析问题与练习:第2版(俄文)	2021-01	98.00	1242
集合论、数学逻辑和算法论问题:第5版(俄文)	2021-01	98.00	1243
微分几何和拓扑短期课程(俄文)	2021-01	98.00	1244
素数规律(俄文)	2021-01	88.00	1245
无穷边值问题解的递减:无界域中的拟线性椭圆和抛物方程(俄文)	2021-01	48.00	1246
微分几何讲义(俄文)	2020-12	98.00	1253
二次型和矩阵(俄文)	2021-01	98.00	1255
积分和级数.第2卷,特殊函数(俄文)	2021-01	168.00	1258
积分和级数.第3卷,特殊函数补充:第2版(俄文)	2021-01	178.00	1264
几何图上的微分方程(俄文)	2021-01	138.00	1259
数论教程:第2版(俄文)	2021-01	98.00	1260
非阿基米德分析及其应用(俄文)	2021-03	98.00	1261

刘培杰数学工作室
已出版（即将出版）图书目录——高等数学

书　名	出版时间	定　价	编号
古典群和量子群的压缩(俄文)	2021—03	98.00	1263
数学分析习题集.第3卷,多元函数.第3版(俄文)	2021—03	98.00	1266
数学习题：乌拉尔国立大学数学力学系大学生奥林匹克(俄文)	2021—03	98.00	1267
柯西定理和微分方程的特解(俄文)	2021—03	98.00	1268
组合极值问题及其应用：第3版(俄文)	2021—03	98.00	1269
数学词典(俄文)	2021—01	98.00	1271
确定性混沌分析模型(俄文)	2021—06	168.00	1307
精选初等数学习题和定理.立体几何.第3版(俄文)	2021—06	68.00	1316
微分几何习题：第3版(俄文)	2021—05	98.00	1336
精选初等数学习题和定理.平面几何.第4版(俄文)	2021—05	68.00	1335
曲面理论在欧氏空间 E_n 中的直接表示	2022—01	68.00	1444
维纳－霍普夫离散算子和托普利兹算子：某些可数赋范空间中的诺特性和可逆性(俄文)	2022—03	108.00	1496
Maple中的数论：数论中的计算机计算(俄文)	2022—03	88.00	1497
贝尔曼和克努特问题及其概括：加法运算的复杂性(俄文)	2022—03	138.00	1498
复分析：共形映射(俄文)	2022—07	48.00	1542
微积分代数样条和多项式及其在数值方法中的应用(俄文)	2022—08	128.00	1543
蒙特卡罗方法中的随机过程和场模型：算法和应用(俄文)	2022—08	88.00	1544
狭义相对论与广义相对论：时空与引力导论(英文)	2021—07	88.00	1319
束流物理学和粒子加速器的实践介绍：第2版(英文)	2021—07	88.00	1320
凝聚态物理中的拓扑和微分几何简介(英文)	2021—05	88.00	1321
混沌映射：动力学、分形学和快速涨落(英文)	2021—05	128.00	1322
广义相对论：黑洞、引力波和宇宙学介绍(英文)	2021—06	68.00	1323
现代分析电磁均质化(英文)	2021—06	68.00	1324
为科学家提供的基本流体动力学(英文)	2021—06	88.00	1325
视觉天文学：理解夜空的指南(英文)	2021—06	68.00	1326
物理学中的计算方法(英文)	2021—06	68.00	1327
单星的结构与演化：导论(英文)	2021—06	108.00	1328
超越居里：1903年至1963年物理界四位女性及其著名发现(英文)	2021—06	68.00	1329
范德瓦尔斯流体热力学的进展(英文)	2021—06	68.00	1330
先进的托卡马克稳定性理论(英文)	2021—06	88.00	1331
经典场论导引：基本相互作用的过程(英文)	2021—07	88.00	1332
光致电离量子动力学方法原理(英文)	2021—07	108.00	1333
经典场论和应力：能量张量(英文)	2021—05	88.00	1334
非线性太赫兹光谱的概念与应用(英文)	2021—06	68.00	1337
电磁学中的无穷空间并矢格林函数(英文)	2021—06	88.00	1338
物理科学基础数学.第1卷,齐次边值问题、傅里叶方法和特殊函数(英文)	2021—07	108.00	1339
离散量子力学(英文)	2021—07	68.00	1340
核磁共振的物理学和数学(英文)	2021—07	108.00	1341
分子水平的静电学(英文)	2021—08	68.00	1342
非线性波：理论、计算机模拟、实验(英文)	2021—06	108.00	1343
石墨烯光学：经典问题的电解解决方案(英文)	2021—06	68.00	1344
超材料多元宇宙(英文)	2021—07	68.00	1345
银河系外的天体物理学(英文)	2021—07	68.00	1346
原子物理学(英文)	2021—07	68.00	1347

刘培杰数学工作室
已出版(即将出版)图书目录——高等数学

书　　名	出版时间	定　价	编号
将光打结:将拓扑学应用于光学(英文)	2021—07	68.00	1348
电磁学:问题与解法(英文)	2021—07	88.00	1364
海浪的原理:介绍量子力学的技巧与应用(英文)	2021—07	108.00	1365
多孔介质中的流体:输运与相变(英文)	2021—07	68.00	1372
洛伦兹群的物理学(英文)	2021—08	68.00	1373
物理导论的数学方法和解决方法手册(英文)	2021—08	68.00	1374
非线性波数学物理学入门(英文)	2021—08	88.00	1376
波:基本原理和动力学(英文)	2021—07	68.00	1377
光电子量子计量学.第1卷,基础(英文)	2021—07	88.00	1383
光电子量子计量学.第2卷,应用与进展(英文)	2021—07	68.00	1384
复杂流的格子玻尔兹曼建模的工程应用(英文)	2021—08	68.00	1393
电偶极矩挑战(英文)	2021—08	108.00	1394
电动力学:问题与解法(英文)	2021—09	68.00	1395
自由电子激光的经典理论(英文)	2021—08	68.00	1397
曼哈顿计划——核武器物理学简介(英文)	2021—09	68.00	1401
粒子物理学(英文)	2021—09	68.00	1402
引力场中的量子信息(英文)	2021—09	128.00	1403
器件物理学的基本经典力学(英文)	2021—09	68.00	1404
等离子体物理及其空间应用导论.第1卷,基本原理和初步过程(英文)	2021—09	68.00	1405
伽利略理论力学:连续力学基础(英文)	2021—10	48.00	1416

拓扑与超弦理论焦点问题(英文)	2021—07	58.00	1349
应用数学:理论、方法与实践(英文)	2021—07	78.00	1350
非线性特征值问题:牛顿型方法与非线性瑞利函数(英文)	2021—07	58.00	1351
广义膨胀和齐性:利用齐性构造齐次系统的李雅普诺夫函数和控制律(英文)	2021—06	48.00	1352
解析数论焦点问题(英文)	2021—07	58.00	1353
随机微分方程:动态系统方法(英文)	2021—07	58.00	1354
经典力学与微分几何(英文)	2021—07	58.00	1355
负定相交形式流形上的瞬子模空间几何(英文)	2021—07	68.00	1356

广义卡塔兰轨道分析:广义卡塔兰轨道计算数字的方法(英文)	2021—07	48.00	1367
洛伦兹方法的变分:二维与三维洛伦兹方法(英文)	2021—08	38.00	1378
几何、分析和数论精编(英文)	2021—08	68.00	1380
从一个新角度看数论:通过遗传方法引入现实的概念(英文)	2021—07	58.00	1387

刘培杰数学工作室
已出版(即将出版)图书目录——高等数学

书　　名	出版时间	定　价	编号
动力系统:短期课程(英文)	2021-08	68.00	1382
几何路径:理论与实践(英文)	2021-08	48.00	1385
广义斐波那契数列及其性质(英文)	2021-08	38.00	1386
论天体力学中某些问题的不可积性(英文)	2021-07	88.00	1396
对称函数和麦克唐纳多项式:余代数结构与Kawanaka恒等式	2021-09	38.00	1400
杰弗里·英格拉姆·泰勒科学论文集:第1卷.固体力学(英文)	2021-05	78.00	1360
杰弗里·英格拉姆·泰勒科学论文集:第2卷.气象学、海洋学和湍流(英文)	2021-05	68.00	1361
杰弗里·英格拉姆·泰勒科学论文集:第3卷.空气动力学以及落弹数和爆炸的力学(英文)	2021-05	68.00	1362
杰弗里·英格拉姆·泰勒科学论文集:第4卷.有关流体力学(英文)	2021-05	58.00	1363
非局域泛函演化方程:积分与分数阶(英文)	2021-08	48.00	1390
理论工作者的高等微分几何:纤维丛、射流流形和拉格朗日理论(英文)	2021-08	68.00	1391
半线性退化椭圆微分方程:局部定理与整体定理(英文)	2021-07	48.00	1392
非交换几何、规范理论和重整化:一般简介与非交换量子场论的重整化(英文)	2021-09	78.00	1406
数论论文集:拉普拉斯变换和带有数论系数的幂级数(俄文)	2021-09	48.00	1407
挠理论专题:相对极大值,单射与扩充模(英文)	2021-09	88.00	1410
强正则图与欧几里得若尔当代数:非通常关系中的启示(英文)	2021-10	48.00	1411
拉格朗日几何和哈密顿几何:力学的应用(英文)	2021-10	48.00	1412
时滞微分方程与差分方程的振动理论:二阶与三阶(英文)	2021-10	98.00	1417
卷积结构与几何函数理论:用以研究特定几何函数理论方向的分数阶微积分算子与卷积结构(英文)	2021-10	48.00	1418
经典数学物理的历史发展(英文)	2021-10	78.00	1419
扩展线性丢番图问题(英文)	2021-10	38.00	1420
一类混沌动力系统的分歧分析与控制:分歧分析与控制(英文)	2021-11	38.00	1421
伽利略空间和伪伽利略空间中一些特殊曲线的几何性质(英文)	2022-01	48.00	1422

刘培杰数学工作室
已出版（即将出版）图书目录——高等数学

书　名	出版时间	定　价	编号
一阶偏微分方程:哈密尔顿—雅可比理论(英文)	2021—11	48.00	1424
各向异性黎曼多面体的反问题:分段光滑的各向异性黎曼多面体反边界谱问题:唯一性(英文)	2021—11	38.00	1425
项目反应理论手册.第一卷,模型(英文)	2021—11	138.00	1431
项目反应理论手册.第二卷,统计工具(英文)	2021—11	118.00	1432
项目反应理论手册.第三卷,应用(英文)	2021—11	138.00	1433
二次无理数:经典数论入门(英文)	2022—05	138.00	1434
数,形与对称性:数论,几何和群论导论(英文)	2022—05	128.00	1435
有限域手册(英文)	2021—11	178.00	1436
计算数论(英文)	2021—11	148.00	1437
拟群与其表示简介(英文)	2021—11	88.00	1438
数论与密码学导论:第二版(英文)	2022—01	148.00	1423
几何分析中的柯西变换与黎兹变换:解析调和容量和李普希兹调和容量、变化和振荡以及一致可求长性(英文)	2021—12	38.00	1465
近似不动点定理及其应用(英文)	2022—05	28.00	1466
局部域的相关内容解析:对局部域的扩展及其伽罗瓦群的研究(英文)	2022—01	38.00	1467
反问题的二进制恢复方法(英文)	2022—03	28.00	1468
对几何函数中某些类的各个方面的研究:复变量理论(英文)	2022—01	38.00	1469
覆盖、对应和非交换几何(英文)	2022—01	28.00	1470
最优控制理论中的随机线性调节器问题:随机最优线性调节器问题(英文)	2022—01	38.00	1473
正交分解法:涡流流体动力学应用的正交分解法(英文)	2022—01	38.00	1475
芬斯勒几何的某些问题(英文)	2022—03	38.00	1476
受限三体问题(英文)	2022—05	38.00	1477
利用马利亚万微积分进行 Greeks 的计算:连续过程、跳跃过程中的马利亚万微积分和金融领域中的 Greeks(英文)	2022—05	48.00	1478
经典分析和泛函分析的应用:分析学的应用(英文)	2022—05	38.00	1479
特殊芬斯勒空间的探究(英文)	2022—03	48.00	1480
某些图形的施泰纳距离的细谷多项式:细谷多项式与图的维纳指数(英文)	2022—05	38.00	1481
图论问题的遗传算法:在新鲜与模糊的环境中(英文)	2022—05	48.00	1482
多项式映射的渐近簇(英文)	2022—05	38.00	1483

刘培杰数学工作室
已出版(即将出版)图书目录——高等数学

书　　名	出版时间	定　价	编号
一维系统中的混沌:符号动力学,映射序列,一致收敛和沙可夫斯基定理(英文)	2022—05	38.00	1509
多维边界层流动与传热分析:粘性流体流动的数学建模与分析(英文)	2022—05	38.00	1510
演绎理论物理学的原理:一种基于量子力学波函数的逐次置信估计的一般理论的提议(英文)	2022—05	38.00	1511
R^2 和 R^3 中的仿射弹性曲线:概念和方法(英文)	即将出版		1512
算术数列中除数函数的分布:基本内容、调查、方法、第二矩、新结果(英文)	2022—05	28.00	1513
抛物型狄拉克算子和薛定谔方程:不定常薛定谔方程的抛物型狄拉克算子及其应用(英文)	2022—07	28.00	1514
黎曼-希尔伯特问题与量子场论:可积重正化、戴森-施温格方程(英文)	即将出版		1515
代数结构和几何结构的形变理论(英文)	2022—08	48.00	1516
概率结构和模糊结构上的不动点:概率结构和直觉模糊度量空间的不动点定理(英文)	2022—08	38.00	1517
反若尔当对:简单反若尔当对的自同构	2022—07	28.00	1533
对某些黎曼—芬斯勒空间变换的研究:芬斯勒几何中的某些变换	2022—07	38.00	1534
内诣零流形映射的尼尔森数的阿诺索夫关系	即将出版		1535
与广义积分变换有关的分数次演算:对分数次演算的研究	即将出版		1536
强子的芬斯勒几何和吕拉几何(宇宙学方面):强子结构的芬斯勒几何和吕拉几何(拓扑缺陷)	即将出版		1537
一种基于混沌的非线性最优化问题:作业调度问题	即将出版		1538
广义概率论发展前景:关于趣味数学与置信函数实际应用的一些原创观点	即将出版		1539
纽结与物理学:第二版(英文)	2022—09	118.00	1547
正交多项式和 q—级数的前沿(英文)	即将出版		1548
算子理论问题集(英文)	即将出版		1549
抽象代数:群、环与域的应用导论:第二版(英文)	即将出版		1550
菲尔兹奖得主演讲集:第三版(英文)	即将出版		1551
多元实函数教程(英文)	即将出版		1552

联系地址:哈尔滨市南岗区复华四道街 10 号　哈尔滨工业大学出版社刘培杰数学工作室
网　　址:http://lpj.hit.edu.cn/
邮　　编:150006
联系电话:0451—86281378　　13904613167
E-mail:lpj1378@163.com